# Ergebnisse der Mathematik
## und ihrer Grenzgebiete

Band 8

Herausgegeben von

P. R. Halmos · P. J. Hilton · R. Remmert · B. Szőkefalvi-Nagy

Unter Mitwirkung von

L. V. Ahlfors · R. Baer · F. L. Bauer · R. Courant · A. Dold
J. L. Doob · S. Eilenberg · M. Kneser · G. H. Müller · M. M. Postnikov
H. Rademacher · F. K. Schmidt · B. Segre · E. Sperner

Geschäftsführender Herausgeber: P. J. Hilton

Hans Wittich

# Neuere Untersuchungen über eindeutige analytische Funktionen

Mit 31 Abbildungen

Zweite, korrigierte Auflage

Springer-Verlag  Berlin · Heidelberg · New York 1968

Prof. Dr. H. Wittich
Mathematisches Institut der Universität Karlsruhe

ISBN-13: 978-3-642-87595-3     e-ISBN-13: 978-3-642-87594-6
DOI: 10.1007/978-3-642-87594-6



Titel Nr. 4552

# Vorwort.

In der Monographie „Eindeutige analytische Funktionen" weist Herr R. NEVANLINNA auf eine Reihe von Einzelfragen hin, die aus Platzmangel nicht behandelt werden konnten. Es handelt sich dabei um Untersuchungen, die mit den beiden Hauptsätzen der Wertverteilung in enger Beziehung stehen. Mit dem vorliegenden Bericht wird der Versuch gemacht, diese Lücke auszufüllen. Eine solche Zielsetzung bedingt insofern eine Abweichung von der üblichen Berichtsform, als die Beweise eingehender dargestellt werden müssen.

In der Einleitung habe ich versucht, die zentralen Fragen der Wertverteilungslehre an den rationalen Funktionen zu erläutern. Danach ordnet sich die Theorie des Maximalgliedes bei ganzen transzendenten Funktionen organisch in den Bericht ein und erscheint nicht nur als ein wichtiges Hilfsmittel beim Studium der Lösungen gewöhnlicher Differentialgleichungen. Die Tatsache, daß die Wertverteilungslehre sich bei manchen Untersuchungen über die Lösungen gewöhnlicher Differentialgleichungen als besonders zugkräftiges Hilfsmittel erweist, rechtfertigt einen kurzen Exkurs in diese Theorie.

Im Zusammenhang mit der Umkehrung der zweiten Hauptungleichung und mit dem Umkehrproblem der Wertverteilung spielen die einfach zusammenhängenden Flächen mit endlich vielen Grundpunkten eine ausgezeichnete Rolle. Zu ihrer Behandlung eignen sich quasikonforme Abbildungen. Aus diesem Grunde werden konforme und quasikonforme Abbildungen von Ringgebieten ausführlich erörtert, insbesondere ein Satz über die Verzerrung bei quasikonformen Abbildungen. Wie wichtig Modulabschätzungen für die Theorie der konformen Abbildung sind, zeigen eindringlich die Untersuchungen von H. GRÖTZSCH, auf die gelegentlich hingewiesen wird.

Auf die Theorie der meromorphen Kurven von L. AHLFORS, H. und J. WEYL konnte ich nicht eingehen. Man wird das kaum als Mangel empfinden, da die schöne Darstellung von H. WEYL: Meromorphic functions and analytic curves (Princeton University Press, 1943) zur Verfügung steht.

Zu besonderem Dank bin ich den Privatdozenten Dr. H. P. KÜNZI (Zürich) und Dr. H. SCHUBART (Karlsruhe), sowie Herrn H. HEUSER (Karlsruhe) verpflichtet, die mich bei den Korrekturen in tatkräftiger Weise unterstützt haben.

Karlsruhe, im September 1955.
Math. Institut der Techn. Hochschule.        **Wittich.**

# Inhaltsverzeichnis.

# Einleitung.

Bei der Untersuchung ganzer transzendenter Funktionen $g(z)$ und in $|z| < \infty$ meromorpher Funktionen $w(z)$ ist es manchmal von Vorteil, sich an den Polynomen und an den rationalen Funktionen zu orientieren. So konstruierte WEIERSTRASS im Anschluß an die Produktdarstellung eines Polynoms ganze transzendente Funktionen mit vorgeschriebenen Nullstellen, und MITTAG-LEFFLER übertrug den Satz von der Partialbruchzerlegung rationaler Funktionen auf gebrochene (d. s. in $|z| < \infty$ meromorphe) Funktionen. Hier sollen noch einige einfache Sätze über rationale Funktionen etwas ausführlicher betrachtet werden. Der Versuch, diese Sätze auf transzendente Funktionen zu übertragen, hat zu jenen Ergebnissen geführt, die im folgenden dargestellt werden.

Bei Polynomen $P(z) = a_0 z^n + \cdots$ spielt der Grad $n$ eine Rolle, und zwar in zweifacher Weise: a) $n$ reguliert das Anwachsen von $|P(z)|$ für $|z| \to \infty$, b) $n$ bzw. der Grad $\gamma$ bei rationalen Funktionen gibt die Zahl der $a$-Stellen an, wobei jede $a$-Stelle ihrer Vielfachheit entsprechend zu zählen ist. Wegen $|P(z)| = |a_0 z^n| \, |1 + \varepsilon(z)|$ ist das Glied $|a_0 z^n|$ im wesentlichen maßgebend für das Anwachsen von $|P(z)|$. Es liegt nun nahe zu untersuchen, ob bei ganzen transzendenten Funktionen auch entsprechende Verhältnisse vorliegen.

$g(z) = \sum_0^\infty c_j z^j$ sei für $|z| < \infty$ konvergent und $M(r, g) = M(r)$ $= \underset{|z| = r}{\mathrm{Max}} |g(z)|$. Für gegebenes $r$ gibt es, wenn $z$ auf $|z| = r$ beschränkt wird, unter den Reihengliedern mindestens eines mit größtem Betrag. Falls es mehrere gibt, wird unter diesen dasjenige mit größtem Index $j = \nu = \nu(r)$ ausgewählt. $m(r) = |c_\nu| r^\nu$ heißt das Maximalglied, $\nu(r)$ der Zentralindex. Für $e^z = \sum_0^\infty \dfrac{z^j}{j!}$ ist $\nu(r) = [r]$, $m(r) = \dfrac{r^{[r]}}{[r]!}$. Bricht die Potenzreihe ab, $g(z) = c_0 + c_1 z + \cdots + c_n z^n$, so übernimmt von einem gewissen $r$ ab $n$ die Rolle des Zentralindex: $\nu(r) = n$ für alle $r \geqq r_0$. Die Eigenschaft $\nu(r) \to \infty$ für $r \to \infty$ ist für ganze transzendente Funktionen charakteristisch. Die Beziehungen zwischen dem Maximalglied $m(r)$ und dem Maximalbetrag $M(r)$ werden in der Theorie des Zentralindex von WIMAN [1],[2] und VALIRON [1] eingehend untersucht. Für die Theorie der gewöhnlichen Differentialgleichungen ist es bedeutungsvoll, daß sich auch die Ableitungen einer ganzen transzendenten

Funktion durch die Funktion und den Zentralindex $\nu(r)$ ausdrücken lassen. In Analogie zu der für Polynome gültigen Darstellung $\frac{P'(z)}{P(z)} = \frac{n}{z}\left(1 + \varepsilon(z)\right)$ erhält man für gewisse $\zeta$-Werte mit $|g(\zeta)| = M(r)$, $\frac{g'(\zeta)}{g(\zeta)} = \frac{\nu(r)}{\zeta}\left(1 + \varepsilon(\zeta)\right)$ und entsprechende Formeln für die höheren Ableitungen.

Bei den Bemerkungen zu b) ist es zweckmäßig, gleich rationale Funktionen $R(z) = \frac{P_\alpha(z)}{Q_\beta(z)}$ zu betrachten, wo $P_\alpha(z)$ bzw. $Q_\beta(z)$ Polynome vom Grad $\alpha$ bzw. $\beta$ sind. $R(z) - a = 0$ bzw. $\frac{1}{R(z)} = 0$ hat in der $z$-Ebene $\gamma(a)$ bzw. $\gamma(\infty)$ Wurzeln. Die wichtige Aussage über die Verteilung der $a$-Stellen bei rationalen Funktionen lautet: $\gamma(a) = \gamma = \mathrm{Max}\,(\alpha, \beta)$ für alle $a$. Es ist angebracht, diese Aussage etwas genauer zu untersuchen.

Nach dem Argumentprinzip gilt

$$n(r, 0) - n(r, \infty) = \frac{1}{2\pi} \int\limits_0^{2\pi} r \frac{\partial}{\partial r} \log|R(z)|\, d\varphi = r \frac{d}{dr} \mathfrak{M}_r \log|R(z)|;$$

$n(r, a)$ ist die Zahl der $a$-Stellen von $w = R(z)$ auf $|z| \leqq r$, $\mathfrak{M}_r \log|w(z)|$ der Mittelwert $\frac{1}{2\pi} \int\limits_0^{2\pi} \log|w(z)|\, d\varphi$. Integration von $r_0$ bis $r$ ergibt

$$\int\limits_{r_0}^r \frac{n(t, 0)}{t}\, dt - \int\limits_{r_0}^r \frac{n(t, \infty)}{t}\, dt = [\mathfrak{M}_t \log|R(z)|]_{r_0}^r.$$

Mit

$$N(r, a) = \int\limits_0^r \frac{n(t, a) - n(0, a)}{t}\, dt + n(0, a) \log r$$

folgt für $r_0 \to 0$

$$N(r, 0) - N(r, \infty) = \frac{1}{2\pi} \int\limits_0^{2\pi} \log|R(r\, e^{i\varphi})|\, d\varphi + O(1)$$

oder, wenn $R(z)$ durch $R(z) - a$ ersetzt wird,

$$N(r, a) - N(r, \infty) = \frac{1}{2\pi} \int\limits_0^{2\pi} \log|R - a|\, d\varphi + O(1).$$

Es ist zweckmäßig, diese Beziehung noch etwas umzuformen. Mit

$$\log|w| = \overset{+}{\log}|w| - \overset{+}{\log}\frac{1}{|w|}, \quad \overset{+}{\log} p = \mathrm{Max}(0, \log p), \quad p > 0,$$

und $\quad m(r, a) = m\left(r, \frac{1}{w - a}\right) = \frac{1}{2\pi} \int\limits_0^{2\pi} \overset{+}{\log}\frac{1}{|w - a|}\, d\varphi \quad$ erhält   man

$$N(r, a) - N(r, \infty) = m(r, R - a) - m\left(r, \frac{1}{R-a}\right) + O(1)$$
$$= m(r, R) - m\left(r, \frac{1}{R-a}\right) + O(1),$$

da für endliche $a$ $m(r, R - a) = m(r, R) + O(1)$ gilt. Als Folgerung aus dem Argumentprinzip erhalten wir also

$$N(r, a) + m(r, a) + O(1) = N(r, \infty) + m(r, \infty) = T(r). \tag{I'}$$

Die Funktion $m(r, a)$ ist ein Maß dafür, wie stark der Wert $a$ von $R(z)$ auf dem Kreis $|z| = r$ für $r \to \infty$ approximiert wird. Hat $R(z)$ in $z = \infty$ eine $\lambda$-fache $a$-Stelle, $R(z) = a + \frac{c_\lambda}{z^\lambda} + \cdots$, so gilt $m(r, a) = \lambda \log r + O(1)$, und für große $r$ weicht $O(1)$ von $-\log|c_\lambda|$ wenig ab; das Anwachsen von $m(r, a)$ wird also durch das Verhalten von $R(z)$ in $z = \infty$ bestimmt. (I') enthält natürlich die Aussage $\gamma(a) = \gamma$.

Wendet man (I') auf die Ableitung $w' = R'(z)$ der gegebenen rationalen Funktion $R(z)$ an, so gilt mit $a = 0$

$$N\left(r, \frac{1}{R'}\right) + m\left(r, \frac{1}{R'}\right) + O(1) = N(r, R') + m(r, R') = T(r, R').$$

Nun ist

$$N(r, w') = 2N(r, w) - N_1(r, w) \quad \text{und} \quad N\left(r, \frac{1}{R'}\right) = \sum_{a \neq \infty} N_1\left(r, \frac{1}{R-a}\right).$$

Dabei bedeutet in den Anzahlfunktionen der Index 1, daß bei den zugehörigen Grundfunktionen $n_1(r, a)$ jede $\lambda$-fache $a$-Stelle $(\lambda - 1)$mal gezählt wird. Es liegt nun nahe, auch $m\left(r, \frac{1}{R'}\right)$ und $m(r, R')$ durch $m$-Größen auszudrücken, die sich auf die Ausgangsfunktion $R(z)$ beziehen. Eine einfache Rechnung liefert

$$m\left(r, \frac{1}{R'}\right) = m\left(r, \frac{1}{R - R(\infty)}\right) + \Delta \log r + O(1)$$

und

$$m(r, R') = m(r, R) + (\Delta - 1)\log r + O(1),$$

wobei $\Delta = 1$ für endliches $R(\infty)$ und sonst Null ist. Beachtet man noch $2N(r, R) = 2T(r, R) - 2m(r, R)$, so gilt

$$\sum_{a \neq \infty} N_1\left(r, \frac{1}{R-a}\right) + m\left(r, \frac{1}{R - R(\infty)}\right) + \Delta \log r + O(1) = T(r, R') \tag{II'}$$
$$= 2T(r, R) - N_1(r, R) - m(r, R) + (\Delta - 1)\log r + O(1).$$

Betrachtet man nur die beiden Außenseiten und setzt

$$N_1(r) = N\left(r, \frac{1}{R'}\right) + 2N(r, R) - N(r, R'),$$

so folgt

$$N_1(r) + m(r, R(\infty)) + m(r, \infty) + \log r + O(1)$$
$$= 2T(r, R) = 2\gamma \log r + O(1). \tag{II''}$$

Division durch $\log r$ und Grenzübergang $r \to \infty$ ergibt die bekannte Beziehung $N_1 = 2\gamma - 2$, wenn $N_1$ die Anzahl der mehrfachen Wurzeln von $R(z)$ in der vollen $z$-Ebene bedeutet, jede $\lambda$-fache Wurzel nur $(\lambda - 1)$ mal gezählt. Die beiden Aussagen $\lambda(a) = N(a) = \gamma$ und $N_1 = 2\gamma - 2$ gestatten die folgende geometrische Deutung: Die von $w = R(z)$ erzeugte Riemannsche Fläche hat über allen Stellen $\gamma$ Blätter; die Summe der Verzweigungsordnungen aller Windungspunkte ist gleich der doppelten Blattzahl vermindert um 2. Beide Aussagen lassen sich natürlich viel kürzer herleiten. Die Einführung der Schmiegungsfunktion $m(r, a)$ ist bei rationalen Funktionen $R(z)$ wegen des Zusammenhanges mit dem Verhalten von $R(z)$ in $z = \infty$ nicht erforderlich. Der aufgezeigte Weg ist aber auch noch gangbar, wenn man zu in $|z| < \infty$ eindeutigen analytischen Funktionen $w = w(z)$ übergeht. Eine (I') entsprechende Beziehung — der erste Hauptsatz der Wertverteilungslehre — läßt sich ohne große Schwierigkeiten gewinnen. Um (II') zu übertragen, müssen $m\left(r, \dfrac{1}{w'}\right)$ und $m(r, w')$ durch $m$-Funktionen ausgedrückt werden, die sich auf $w(z)$ beziehen. Dabei treten Schwierigkeiten auf, die zuerst von R. Nevanlinna überwunden wurden. Die (II') bzw. (II'') entsprechende Aussage bei transzendenten Funktionen heißt der zweite Hauptsatz der Wertverteilungslehre.

In Analogie zu (II') erhält man

$$N_1(r) + \sum_{j=1}^{q} \dot{m}(r, a_j) < 2\,T(r, w) + \text{Restglied}.$$

Der Vergleich mit (II') legt die Frage nach solchen Funktionenklassen nahe, für welche die Ungleichung in eine asymptotische Gleichheit übergeht (Kap. IV). Mit $N_1 = \sum_{1}^{q} n_1(a_j)$ und $\vartheta(a_j) = \dfrac{n_1(a_j)}{\gamma}$ folgt aus (II') $\sum_{1}^{q} \vartheta(a_j) = 2 - \dfrac{2}{\gamma} < 2$. Dieser Aussage entspricht im transzendenten Falle die Defektrelation (Kap. II und III). In engem Zusammenhang mit der Defektrelation steht das Umkehrproblem der Wertverteilungslehre, das in den Kapiteln VI—VIII behandelt wird. Das elementare Analogon ist die Aufgabe, rationale Funktionen $R(z)$ mit zulässigen Verzweigungsindizes $\vartheta(a_j)$ zu konstruieren.

# I. Theorie des Maximalgliedes von Wiman-Valiron.

1. $w = g(z) = \sum_{0}^{\infty} a_j z^j$ sei ganz transzendent. Da für festes $r$ die Glieder $|a_j|\,r^j$ bei $j \to \infty$ gegen Null streben, gibt es unter diesen Gliedern mindestens ein größtes. Falls es mehrere gibt, wird dasjenige mit dem größten Index $j = \nu = \nu(r)$ weiterhin betrachtet. $\nu(r)$ heißt der Zentralindex, $m(r) = |a_{\nu(r)}|\,r^{\nu(r)}$ das Maximalglied. Für ein Poly-

nom $P(z) = a_0 + \cdots + a_n z^n$ ist von einem gewissen $r$ ab $\nu(r) \equiv n$ erfüllt. Aus dem Verlauf der Geraden $y = \log|a_j| + jx$, $x = \log r$, (es werden nur die von Null verschiedenen Koeffizienten $a_j$ berücksichtigt), folgt die Existenz einer Folge $r_j$ positiver Zahlen $0 = r_1 < r_2 < \cdots$, $r_j \to \infty$, mit folgender Eigenschaft: Im Intervall $r_j \leqq r < r_{j+1}$ hat $\nu(r)$ den festen Wert $\nu_j$. Die Werte $\nu_j$ bilden eine unbeschränkt wachsende Folge. $\nu(r) \equiv n$ für alle $r \geqq r_0$ bedeutet also, daß $g(z)$ ein Polynom ist. Weiter folgt aus dem Verlauf der eben definierten Geraden $y = \log|a_j| + jx$, daß $\log m(r)$ eine stückweise lineare und in $\log r$ konvexe Funktion ist. Die Eckpunkte liegen über $x_j = \log r_j$, und die durch $x_j$, $x_{j+1}$ bestimmte Strecke des Polygons hat die Steigung $\nu_j$. Für in einem Kreis $|z| < R < \infty$ konvergente Potenzreihen kann der Zentralindex ebenfalls eingeführt werden. Es braucht aber nicht $\nu(r) \to \infty$ für $r \to R$ zu gelten, wie $\sum\limits_0^\infty \left(\dfrac{z}{R}\right)^j$ mit $\nu(r) \equiv 0$ zeigt. Bildet man mit einer unendlichen wachsenden Folge positiver Zahlen $0 < p_1 < p_2 < \cdots \to R$ die Reihe $1 + \sum\limits_{j=1}^\infty \dfrac{z^j}{p_1 p_2 \cdots p_j}$, so ist der Konvergenzradius $R = \lim\limits_{n \to \infty} p_n$. Im Intervall $p_j \leqq r < p_{j+1}$ ist $\dfrac{r^j}{p_1 p_2 \cdots p_j} = m(r)$, also $\nu(r) = \nu_j = j$ für $r_j = p_j \leqq r < r_{j+1}$. Die Reihe $\sum\limits_1^\infty \exp(j^\beta) z^j$, $0 < \beta < 1$, ist für $|z| < 1$ konvergent, und es gilt $\nu(r) \to \infty$ für $r \to 1$. Gehört zu $f(z) = \sum\limits_0^\infty a_j z^j$, $|z| < R \leqq \infty$, der Zentralindex $\nu(r)$ und zu $f'(z)$ der Zentralindex $\nu_1(r)$, dann hat $c\,z\,f'(z)$ den Zentralindex $\overline{\nu_1}(r) = \nu_1(r) + 1$, wie unmittelbar aus der Definition folgt. Hat $f(x) = \sum\limits_1^\infty \exp(j^\beta) x^j$, $0 \leqq x < 1$ den Zentralindex $n$, $x \cdot f'(x)$ den Zentralindex $n_1$, dann gilt die Beziehung

$$n \leqq n_1 \leqq n\left(1 + \frac{c}{n^\beta}\right), \quad c \text{ eine feste Konstante.} \tag{1}$$

Dies ergibt sich, wenn $j$ als stetige Variable betrachtet wird und die Maximalglieder nach den Regeln über Extrema von Funktionen einer Variablen bestimmt werden.

2. Zwischen $M(r, g) = M(r) = \underset{|z|=r}{\text{Max}}\,|g(z)| = |g(\zeta)|$ und $m(r)$ besteht der Zusammenhang $m(r) < M(r)$, also $\log m(r) < \log M(r)$. Das in $\log r$ konvexe Bild von $\log M(r)$ verläuft daher oberhalb des Bildes von $\log m(r)$. Neben dieser evidenten Beziehung $m(r) < M(r)$ interessiert nun die Frage, ob sich nicht auch, wie bei Polynomen, $M(r)$ durch $m(r)$ majorisieren läßt. Zur Behandlung dieser Aufgabe setzt man

$$g(z) = a_n z^n \left\{1 + \sum_{j=1}^n \frac{a_{n-j}}{a_n} \frac{1}{z^j} + \sum_{j=1}^\infty \frac{a_{n+j}}{a_n} z^j\right\}.$$

Es folgt

$$M(r) \leq m(r)\,\mu(r) \quad \text{mit} \quad \mu(r) = 1 + \sum_1^n \left| \frac{a_{n-j}}{a_n} \right| \frac{1}{r^j} + \sum_1^\infty \left| \frac{a_{n+j}}{a_n} \right| r^j\,;$$

danach muß $\mu(r)$ untersucht werden.

Die Grundlage für die Bestimmung einer oberen Schranke für $\mu(r)$ bildet eine Konstruktion von WIMAN [1], [2]: Zu einer unendlichen Folge $(P_\nu)$ positiver Zahlen $1 < P_1 < P_2 < \cdots \to P < \infty$ gibt es $r$-Werte, die gleichzeitig die folgenden Ungleichungen erfüllen:

$$\frac{|a_{\nu(r)-j}|\,r^{\nu(r)-j}}{|a_{\nu(r)}|\,r^{\nu(r)}} \leq \frac{P_{\nu(r)-j+1}\cdots P_{\nu(r)}}{P_{\nu(r)}^j}\,, \quad j = 1, 2, \ldots, \nu(r)\,, \tag{2}$$

$$\frac{|a_{\nu(r)+j}|\,r^{\nu(r)+j}}{|a_{\nu(r)}|\,r^{\nu(r)}} \leq \frac{P_{\nu(r)}^j}{P_{\nu(r)+1}\cdots P_{\nu(r)+j}}\,, \quad j = 1, 2, \ldots \,. \tag{3}$$

Zum Beweis wird die ganze transzendente Hilfsfunktion

$$H(z) = a_0 + a_1 P_1 z + a_2 P_1 P_2 z^2 + \cdots$$

eingeführt. Für $\varrho = |z|$ sei $\nu$ der Zentralindex von $H(z)$. Nach Definition des Zentralindex und des Maximalgliedes gilt mit $\varrho = \dfrac{r}{P_\nu}$

$$\frac{|a_{\nu-j}|\,r^{\nu-j}}{|a_\nu|\,r^\nu} \leq \frac{P_{\nu-j+1}\cdots P_\nu}{P_\nu^j} < 1 \quad \text{für} \quad j = 1, 2, \ldots, \nu$$

und

$$\frac{|a_{\nu+j}|\,r^{\nu+j}}{|a_\nu|\,r^\nu} < \frac{P_\nu^j}{P_{\nu+1}\cdots P_{\nu+j}} < 1 \quad \text{für} \quad j = 1, 2, \ldots \,.$$

Diese beiden Bedingungen besagen: Wenn $\nu$ für $H(z)$ Zentralindex ist, dann ist dieselbe Zahl $\nu$ auch Vergleichsindex für die Reihe $\sum_0^\infty a_j z^j$, wenn $r = \varrho\,P_\nu$ gewählt wird. Für diese $\nu$- und $r$-Werte sind mithin (2) und (3) gleichzeitig erfüllt. Die $\nu$-Werte bilden eine echte oder unechte Teilfolge der Zentralindizes von $\sum_0^\infty a_j z^j$. Es ist klar, daß auf diesem Wege alle Vergleichsindizes erfaßt werden. Für $\nu = 0$ bleiben die Erörterungen mit $P_0 = 1$ bestehen. Die zu (2) und (3) gehörigen Vergleichsindizes fallen im allgemeinen nicht mit den Zentralindizes von $\sum_0^\infty a_j z^j$ zusammen. Es gibt also $r$-Werte, für welche (2) und (3) nicht gleichzeitig richtig sein können. Diese Ausnahmemenge hat endliches logarithmisches Maß. Zum Zentralindex $\nu_j$ gehört nämlich ein Intervall $\varrho_j \leq \varrho < \varrho_{j+1}$. Dieser Zentralindex $\nu_j$ ist auch für $\sigma_j \leq r < \sigma_j'$ verbindlich: $\sigma_j = \varrho_j P_{\nu_j}$, $\sigma_j' = \varrho_{j+1} P_{\nu_j}$. Das nächste zulässige $r$-Intervall ist $\sigma_{j+1} = \varrho_{j+1} P_{\nu_{j+1}} \leq r < \sigma_{j+1}' = \varrho_{j+2} P_{\nu_{j+1}}$ usw. Im Intervall $\sigma_j' \leq r < \sigma_{j+1}$ sind (2) und (3) nicht simultan erfüllt. Das logarithmische Maß dieser Ausnahmeintervalle bis zu einem gewissen $r$ ist

$$\log \frac{\sigma_2}{\sigma_1'} + \log \frac{\sigma_3}{\sigma_2'} + \cdots + \log \frac{\sigma_n}{\sigma_{n-1}'} = \log \frac{P_{\nu_n}}{P_{\nu_1}}\,.$$

Daraus folgt für $n \to \infty$, daß die Menge aller $r$-Werte, die keine Vergleichswerte sind, endliches logarithmisches Maß hat. Diesen Zusatz zum Wimanschen Hilfssatz gab G. Valiron [1].

3. Eine passende Folge $P_j$ bildet nach Saxer [1] die Folge

$$\log P_j = 1 + \frac{1}{1^\alpha} + \frac{1}{2^\alpha} + \cdots + \frac{1}{(j-1)^\alpha} \quad (\alpha = 1 + \delta, \ \ \delta > 0 \ \ \text{fest}).$$

Mit dieser Folge findet man für einen Vergleichswert $r$, indem man die Summen durch leichter zu handhabende Integrale majorisiert, $\mu(r) < \nu(r)^{\frac{1}{2}+\varepsilon}$ und

$$M(r) < m(r)\, \nu(r)^{\frac{1}{2}+\varepsilon}, \quad \varepsilon > 0. \tag{4}$$

(4) gilt für alle Vergleichswerte.

In $g(z) = a_n z^n + \cdots$ sei $a_n \neq 0$ und $\nu(r)$ der zu einem zulässigen $r$ gehörige Zentralindex; aus (2) folgt dann mit $j = \nu - n$

$$m(r) \geq |a_n|\, r^n \, \frac{P_\nu^{\nu-n}}{P_{n+1} \cdots P_\nu}$$

oder

$$\log \frac{m(r)}{|a_n|\, r^n} \geq \log \frac{P_\nu}{P_{n+1}} + \cdots + \log \frac{P_\nu}{P_{\nu-1}} > \int_1^{\nu-n} \frac{x\, dx}{(n+x)^\alpha},$$

wenn die angegebene Folge benützt wird. Daraus ergibt sich

$$\nu(r) < \big(\log m(r)\big)^{1+\varepsilon}, \tag{5}$$

wobei $\varepsilon > 0$ beliebig klein gewählt werden kann. Aus (4) und (5) resultiert

$$M(r) < m(r)\, \big(\log m(r)\big)^{\frac{1}{2}+\varepsilon}. \tag{6}$$

Es ist nun besonders wichtig, $g(z)$ und die Ableitungen zu vergleichen. Ein solcher Vergleich gelingt in passenden Umgebungen derjenigen Stellen $\zeta$, in denen $g(z)$ seinen Maximalbetrag erreicht. In Analogie zu den Polynomen wird man eine Beziehung der Form

$$g'(z) = \frac{\nu(r)}{z}\, g(z)\, \big(1 + \varepsilon(z)\big)$$

erwarten, die jetzt hergeleitet werden soll. Dazu betrachtet man $\frac{z}{\nu}\, g'(z) - g(z) = h(z) = \sum_{-\nu}^{\infty} \frac{j}{\nu}\, a_{\nu+j} z^{\nu+j}$ und schätzt $|h(z)|$ nach oben ab. Es ist indessen die Arbeit nicht wesentlich größer, wenn eine allgemeinere Aussage behandelt wird, die für Polynome so lautet: Ist $\alpha > 0$ eine feste reelle Zahl, so gilt

$$\lim_{|z| \to \infty} \frac{P(z\, e^{i\alpha\pi/\nu})}{P(z)} = e^{i\alpha\pi},$$

wenn $\nu$ der Grad des Polynoms $P(z)$ ist.

Für $g(t)$, $t = z\,e^{i\,\alpha\,\pi/\nu}$, kann man schreiben

$$g(t) = \sum_0^\infty a_j\,t^j = \sum_{-\nu}^\infty a_{\nu+j}\,t^{\nu+j}$$

$$= e^{i\,\alpha\,\pi} \sum_{-\nu}^\infty a_{\nu+j}\left(e^{i\,\alpha\,\pi\,j/\nu} + 1 - 1 + i\,\frac{\alpha\,\pi\,j}{\nu} - i\,\frac{\alpha\,\pi\,j}{\nu}\right) z^{\nu+j}$$

$$= e^{i\,\alpha\,\pi}\left\{\sum_{-\nu}^\infty a_{\nu+j}\,z^{\nu+j} + i\,\alpha\,\pi \sum_{-\nu}^\infty \frac{j}{\nu}\,a_{\nu+j}\,z^{\nu+j}\right.$$

$$\left. + \sum_{-\nu}^\infty a_{\nu+j}\,z^{\nu+j}\left(e^{i\,\alpha\,\pi\,j/\nu} - 1 - i\,\frac{\alpha\,\pi\,j}{\nu}\right)\right\}$$

$$= e^{i\,\alpha\,\pi}\left\{g(z) + i\,\alpha\,\pi\,h(z) + H(z)\right\}.$$

Für $g(z) \neq 0$ gilt also

$$\frac{g(z\,e^{i\,\alpha\,\pi/\nu})}{g(z)} = e^{i\,\alpha\,\pi}\left\{1 + i\,\alpha\,\pi\,\frac{h(z)}{g(z)} + \frac{H(z)}{g(z)}\right\}.$$

Nun ist

$$|H(z)| \leq \sum_{-\nu}^\infty |a_{\nu+j}|\,r^{\nu+j}\left|e^{i\,\alpha\,\pi\,j/\nu} - 1 - i\,\frac{\alpha\,\pi\,j}{\nu}\right| \leq \sum_{-\nu}^\infty |a_{\nu+j}|\,r^{\nu+j}\,\frac{\alpha^2\,\pi^2\,j^2}{2\,\nu^2}.$$

Für zulässige $r$ lassen sich die Größen $|a_{\nu+j}|\,r^{\nu+j}$ nach (2) und (3) durch $m(r)$ und die $P_n$ ausdrücken. Es gilt $|H(z)| < \dfrac{\alpha^2\,\pi^2}{2}\,m(r)\,\nu(r)^{-\frac{1}{2}+\varepsilon}$. Daraus folgt

$$|h(z)| = \left|\frac{1}{i\,\alpha\,\pi}\left(e^{-i\,\alpha\,\pi}\,g(z\,e^{i\,\alpha\,\pi/\nu}) - g(z) - H(z)\right)\right|$$

$$< M(r)\left(\frac{2}{\alpha\,\pi} + \frac{\alpha\,\pi}{2}\,\nu^{-\frac{1}{2}+\varepsilon}\right).$$

Dies bewirkt, daß für zulässige $r$-Werte und solche $z$-Stellen auf $|z| = r$, an denen $|g(z)| > M(r)\,\nu(r)^{-\frac{1}{4}+\delta}$, $0 < \delta < \frac{1}{4}$, erfüllt ist, die Größen $\left|\dfrac{h(z)}{g(z)}\right|$ und $\left|\dfrac{H(z)}{g(z)}\right|$ bei festem $\alpha$ gegen Null streben für $|z| \to \infty$. Es gilt also die Beziehung

$$\lim_{|z|\to\infty} \frac{g(z\,e^{i\,\alpha\,\pi/\nu})}{g(z)} = e^{i\,\alpha\,\pi}. \tag{7}$$

Für $|h(z)|$ bedarf es noch einer etwas anderen Abschätzung. In $|h(z)| < M(r)\left(\frac{2}{\alpha\,\pi} + \frac{\alpha\,\pi}{2}\,\nu(r)^{-\frac{1}{2}+\varepsilon}\right)$ erreicht der Klammerausdruck für

$$\frac{\alpha\,\pi}{2} = \nu^{+\frac{1}{4}-\frac{\varepsilon}{2}}$$ seinen kleinsten Wert $2\,\nu^{-\frac{1}{4}+\frac{\varepsilon}{2}}$, so daß also

$$|h(z)| < 2\,M(r)\,\nu(r)^{-\frac{1}{4}+\frac{\varepsilon}{2}}, \quad \varepsilon > 0,$$

gilt. Damit erhält man für zulässige $z = \zeta$ wegen $\dfrac{z\,g'(z)}{v(r)} - g(z) = h(z)$

$$\left| \frac{\zeta}{v(r)}\,\frac{g'(\zeta)}{g(\zeta)} - 1 \right| = \left| \frac{h(\zeta)}{g(\zeta)} \right| < 2\,v(r)^{-\frac{1}{4}+\frac{\varepsilon}{2}}, \quad \text{also}$$

$$g'(\zeta) = \frac{v(r)}{\zeta}\,g(\zeta)\,(1 + \eta(\zeta)), \qquad |\eta(\zeta)| < 2\,v(r)^{-\frac{1}{4}+\frac{\varepsilon}{2}} \tag{8'}$$

Aus (8') folgt mit $M_1(r) = \underset{|z|=r}{\mathrm{Max}}\,|g'(z)|$

$$M_1(r) \geqq |g'(\zeta)| = \frac{v(r)}{r}\,M(r)\,|1 + \eta|.$$

Weiter ersieht man aus

$$g'(z) = \frac{v(r)}{z}\,(g(z) + h(z)) \quad \text{für} \quad z = \zeta', \quad |g'(\zeta')| = M_1(r):$$

$$M_1(r) \leqq \frac{v(r)}{r}\left(M(r) + 2\,M(r)\,v(r)^{-\frac{1}{4}+\frac{\varepsilon}{2}}\right) = \frac{v(r)}{r}\,M(r)\,(1 + \varepsilon(r)).$$

Die leicht zu beweisende Beziehung

$$\frac{M(r) - |g(0)|}{r} \leqq M_1(r) < \frac{1}{R-r}\,M(R), \quad r < R,$$

läßt sich also verschärfen zu

$$\frac{v(r)}{r}\,M(r)\,(1 - \varepsilon_1(r)) \leqq M_1(r) \leqq \frac{v(r)}{r}\,M(r)\,(1 + \varepsilon_1(r)), \tag{9'}$$

$0 \leqq \varepsilon_1(r) \to 0$, wenn $r$ über zulässige Vergleichswerte gegen Unendlich strebt. Die möglicherweise vorhandenen Ausnahmewerte $r$ gestatten aber nicht, aus (9') auf $\overline{\underset{r \to \infty}{\lim}}\,\dfrac{\log_2 M(r,\,g)}{\log r} = \overline{\underset{r \to \infty}{\lim}}\,\dfrac{\log_2 M(r,\,g')}{\log r}$ zu schließen, was nach der schwächeren Aussage möglich ist.

Die Beziehung (8') gilt auch für die höheren Ableitungen in der Form

$$g^{(j)}(\zeta) = \left(\frac{v(r)}{\zeta}\right)^j g(\zeta)\,(1 + \eta_j(\zeta)), \qquad |\eta_j(\zeta)| = O\left(v(r)^{-\frac{1}{4}+\delta}\right). \tag{8}$$

Zum Beweis bildet man

$$\left(\frac{z}{v}\right)^j g^{(j)}(z) - g(z) = h_j(z)$$

$$= \sum_{\varkappa = -v}^{\infty} \frac{(v+\varkappa)(v+\varkappa-1)\cdots(v+\varkappa-j+1) - v^j}{v^j}\,a_{v+\varkappa}\,z^{v+\varkappa}$$

und beachtet, daß für die Summen $S(z,\sigma) = \sum \left(\dfrac{\varkappa}{v}\right)^\sigma a_{v+\varkappa}\,z^{v+\varkappa}$, $\sigma = 1, 2, \ldots$, gilt

$$|S(z,1)| < C_1\,M(r)\,v(r)^{-\frac{1}{4}+\delta}, \quad |S(z,\sigma)| < C_\sigma\,M(r)\,v^{-\frac{1}{2}+\delta}, \quad \sigma \geqq 2.$$

Damit folgt $|h_j(z)| < C\, M(r)\, v^{-\frac{1}{4}+\delta}$ und für $M(r) = |g(\zeta)|$ weiter

$$\left|\left(\frac{\zeta}{v}\right)^j \frac{g^{(j)}(\zeta)}{g(\zeta)} - 1\right| < \frac{C}{v^{\frac{1}{4}-\delta}},$$

also die Behauptung (8). Weiter gilt mit $M_j(r) = \operatorname*{Max}_{|z|=r}|g^{(j)}(z)|$

$$\left(\frac{v(r)}{r}\right)^j M(r)\left(1 - \varepsilon_j(r)\right) \leqq M_j(r) \leqq \left(\frac{v(r)}{r}\right)^j M(r)\left(1 + \varepsilon_j(r)\right), \qquad (9)$$

$0 \leqq \varepsilon_j(r) \to 0$ für $r \to \infty$. Dabei sind alle $r$ zugelassen, die nicht einer $r$-Menge von endlichem logarithmischem Maß angehören. Ist $v_j(r)$ der zur Ableitung $g^{(j)}(z)$ gehörige Zentralindex, dann gewinnt man aus (8) und (9) den Zusammenhang zwischen $v(r)$ und $v_j(r)$

$$v_j(r) = v(r)\left(1 + \delta_j(r)\right), \qquad 0 < \delta_j(r) = O\left(v^{-\frac{1}{4}+\delta}(r)\right). \qquad (10)$$

Eine andere Herleitung der Hauptresultate gab Valiron in [1] und [5].

Als Vergleichsfunktion wird die in 1. erwähnte Reihe $\sum\limits_{0}^{\infty} \exp(j^\beta)\, z^j$ herangezogen.

4. Mit den bisherigen Ergebnissen gelingt ein Beweis des kleinen Picardschen Satzes: Die ganze transzendente Funktion $w = g(z)$ läßt höchstens einen endlichen Wert aus.

Wäre der Satz falsch, so wäre etwa $g(z) \neq 0, 1$, also $g(z) = e^{F_1(z)}$ und wegen $g(z) - 1 \neq 0$, $e^{F_1(z)} - 1 = e^{F_2(z)}$. Es ist zu zeigen, daß diese Identität unmöglich ist. Man sieht sofort, daß $F_1(z)$ (und damit auch $F_2(z)$) kein Polynom vom Grade $\geqq 1$ sein kann. Es sei

$$\operatorname*{Max}_{|z|=r}|F_j(z)| = M_j(r), \qquad \operatorname*{Max}_{|z|=r}\Re\, F_j(z) = A_j(r).$$

Bei beliebigem $\varepsilon > 0$ gilt für alle hinreichend großen $r$, wenn eine $r$-Menge von endlichem logarithmischem Maß ausgeschlossen wird,

$$A_j(r) > M_j(r)\,(1 - \varepsilon), \qquad v_j(r) < \left(\log M_j(r)\right)^{1+\varepsilon}.$$

(Die erste Behauptung folgt aus (7), da die bei der Herleitung von (7) benützten Abschätzungen gleichmäßig für $|\alpha| \leqq \alpha_0$ gelten. Die zweite Behauptung folgt aus (5). $v_j(r)$ ist der Zentralindex von $F_j(z)$). Nun werden auf $|z| = r$ die Stellen $z_1$, $z_2$ so bestimmt, daß die Beziehungen

$$\Re\, F_1(z_1) = A_1(r), \qquad \Re\, F_2(z_2) = A_2(r)$$

bestehen. Aus der als richtig angenommenen Identität $e^{F_1} - 1 = e^{F_2}$ folgt dann $\lim\limits_{r \to \infty} \dfrac{M_1(r)}{M_2(r)} = \lim\limits_{r \to \infty} \dfrac{A_1(r)}{A_2(r)}$ und $\lim\limits_{r \to \infty} \dfrac{F_1(z_1)}{F_2(z_1)} = 1$. Nimmt man weiter $\lim\limits_{r\to\infty}\dfrac{v_1(r)}{v_2(r)} = 1$ als bewiesen an, so liefert (7) mit $z = z_1$ und $\alpha = 1$

$$F_1(z_1\, e^{i\pi/v_1}) = -F_1(z_1)\,(1 + \varepsilon_1) \quad \text{oder} \quad \Re F_1(z_1\, e^{i\pi/v_1}) = -A_1(r)\,(1 + \eta_1)$$

und

$$F_2(z_1\, e^{i\,\alpha\pi/v_2}) = F_2(z_1)\, e^{i\,\alpha\pi}(1 + \varepsilon_2)\,.$$

Mit $\;\alpha\pi = \dfrac{v_2(r)}{v_1(r)} = \pi + \delta(r)\;$ folgt $\;F_2(z_1\, e^{i\pi/v_1}) = -F_2(z_1)\,(1 + \varepsilon_2)$ $= -F_1(z_1)\,(1 + \varepsilon_3)\;$ oder $\;\Re F_2(z_1\, e^{i\pi/v_1}) = -A_1(r)\,(1 + \eta_2)$. Danach wäre jetzt

$$1 \leqq \left|e^{F_1(z')}\right| + \left|e^{F_2(z')}\right| = e^{-A_1(r)\,(1 + \eta_1)} + e^{-A_1(r)\,(1 + \eta_2)}\,,$$

was für hinreichend große zulässige $r$ unmöglich ist.

Zum Nachweis der Beziehung $\lim\limits_{r\to\infty}\dfrac{v_1(r)}{v_2(r)} = 1$ bemerkt man, daß jedenfalls für eine passende Folge zulässiger $r$-Werte $\dfrac{v_2(r)}{v_1(r)}$ gegen einen Grenzwert $c$ strebt. Die Annahme, daß $c < 1$ ist, führt zu

$$\Re F_1(z_1\, e^{i\,\alpha\pi/v_1}) = A_1(r)\cos\alpha\,\pi\,(1 + \varepsilon_1)$$

und

$$\Re F_2(z_1\, e^{i\,\alpha\pi/v_1}) = A_1(r)\cos\alpha\,\pi\,\frac{v_2}{v_1}\,(1 + \varepsilon_2)$$

und mit $0 < \alpha < \tfrac{1}{2}$ weiter zu

$$\frac{\Re F_1(z')}{\Re F_2(z')} = \frac{\cos\alpha\,\pi}{\cos\alpha\,\pi\,c}\,(1 + \varepsilon) \to 1\,,$$

was für $c < 1$ unmöglich ist. Genau so zeigt man, daß $c > 1$ nicht richtig sein kann, womit die Behauptung $\dfrac{v_1(r)}{v_2(r)} \to 1$ bewiesen ist. Saxer [1] bewies den allgemeinen Satz: Eine Identität der Form

$$p(z)\, e^{F_1(z)} + q(z)\, e^{F_2(z)} + r(z)\, F_1'(z) + s(z) \equiv 0$$

zwischen den ganzen Funktionen $F_1(z)$, $F_2(z)$ und den Polynomen $p(z)$, $q(z)$, $r(z)$, $s(z)$ ist unmöglich, wenn die folgenden Voraussetzungen gelten:

1. $p(z) \not\equiv 0$, 2. $F_1(z) - F_1(0) \not\equiv 0$, 3. $|r(z)| + |s(z)|$ verschwindet nicht identisch. 4. Wenn $r(z) \not\equiv 0$ und $s(z) \not\equiv 0$ ist, darf $\dfrac{s(z)}{r(z)}$ keine ganze Funktion sein.

Für $r(z) \equiv 0$, $s(z) \equiv 1$ liefert diese Aussage den Picardschen Satz, wobei die Bezeichnung „Ausnahmewert $a$" in dem Sinne gebraucht wird, daß $g(z)$ den Wert $a$ höchstens endlich oft annimmt.

Die Beziehung (8) spielt in der Theorie der gewöhnlichen Differentialgleichungen eine wichtige Rolle, wie später gezeigt werden soll.

## II. Die beiden Hauptsätze der Wertverteilungslehre.

*Bezeichnungen.*

$w = w(z)$ ist eine in $|z| < R \leq \infty$ eindeutige analytische Funktion. $n(r, a)$ ist gleich der Zahl der $a$-Stellen von $w(z)$ auf $|z| \leq r$, wobei jede $a$-Stelle entsprechend ihrer Vielfachheit gezählt wird. Wird eine $\lambda$-fache $a$-Stelle nur $(\lambda - 1)$ mal gezählt, dann schreibt man $n_1(r, a)$. Entsprechendes gilt für die Polstellenanzahlen $n(r, w) = n(r, \infty)$ und $n_1(r, w) = n_1(r, \infty)$.

Anzahlfunktion:

$$N(r, a) = N\left(r, \frac{1}{w - a}\right) = \int_0^r \frac{n(t, a) - n(0, a)}{t}\, dt + n(0, a) \log r ,$$

$$N(r, \infty) = N(r, w) \qquad = \int_0^r \frac{n(t, \infty) - n(0, \infty)}{t}\, dt + n(0, \infty) \log r .$$

Genau so wird mit $n_1(r, a)$ bzw. $n_1(r, \infty)$ die Anzahlfunktion $N_1(r, a)$ bzw. $N_1(r, \infty)$ gebildet.

Schmiegungsfunktion:

$$m(r, a) = m\left(r, \frac{1}{w - a}\right) = \frac{1}{2\pi} \int_0^{2\pi} \overset{+}{\log} \frac{1}{|w(r\, e^{i\varphi}) - a|}\, d\varphi , \quad a \text{ endlich,}$$

$$m(r, \infty) = m(r, w) \qquad = \frac{1}{2\pi} \int_0^{2\pi} \overset{+}{\log} |w(r\, e^{i\varphi})|\, d\varphi .$$

Dabei ist $\overset{+}{\log} p = \mathrm{Max}(0, \log p)$ für $p > 0$. Es gelten die Rechenregeln

$$\overset{+}{\log}(p_1 p_2 \ldots p_m) \leq \sum_1^m \overset{+}{\log} p_j ,$$

$$\overset{+}{\log} \sum_1^m p_j \leq \sum_1^m \overset{+}{\log} p_j + \log m .$$

1. Auf dem in der Einleitung skizzierten Wege ergibt sich analog (I′) als

*Erster Hauptsatz*: $w = w(z)$ sei in $|z| < R \leq \infty$ eindeutig analytisch und besitze in $z = 0$ die Entwicklung $w(z) - a = c\, z^\lambda + \cdots$ bzw. $w(z) = \frac{c}{z^\lambda} + \cdots$, $c = c(a)$ der erste nicht verschwindende Koeffizient der LAURENT-Entwicklung. Mit $T(r, w) = N(r, \infty) + m(r, \infty)$ gilt dann für jedes $a$

$$N(r, a) + m(r, a) = T(r, w) + S(r, a), \qquad 0 \leq r < R \qquad \text{(I)}$$

mit $\quad |S(r, a)| \leq \overset{+}{\log}|a| + |\log|c|| + \log 2, \quad$ also $\quad S(r, a) = O(1) .$

$T(r, w)$ heißt die Charakteristik oder charakteristische Funktion von $w(z)$.

Die Anzahlfunktion $N(r, a)$ ist konvex in $\log r$ und wächst mit $r$ um so schneller, je dichter die $a$-Stellen auf $|z| \leq r$ liegen. Die Schmiegungsfunktion $m(r, a)$ kann verschiedenes Verhalten aufweisen. Sie erhält nur von den Bögen des Kreises $|z| = r$, auf denen $w(z)$ wenig von dem betrachteten Wert $a$ abweicht, wesentliche Beiträge. Danach ist es überraschend, daß die Summe $N(r, a) + m(r, a)$ nur ganz unwesentlich von $a$ abhängt. Im extremen Falle eines PICARDschen Ausnahmewertes fällt die mit diesem Wert gebildete Schmiegungsfunktion mit der Charakteristik zusammen. So ist z. B. für $w = e^z$

$$N(r, a) \equiv 0 \ \text{für} \ a = 0, \infty, \qquad N(r, a) = \frac{r}{\pi} + O(1) \ \text{für alle anderen} \ a,$$

$$m(r, a) = \frac{r}{\pi} \ \text{für} \ a = 0, \infty \ \text{und} \ m(r, a) = O(1) \qquad \text{für alle anderen} \ a,$$

also $T(r, e^z) = \dfrac{r}{\pi}$. In $\Re z > 0$ bzw. $\Re z < 0$ strebt $|e^z|$ gegen $\infty$ bzw. $0$ für $z \to \infty$.

Aus der Definition der Charakteristik folgen die Regeln:

$$T(r, w_1 w_2 \ldots w_m) \leq \sum_{j=1}^{m} T(r, w_j),$$

$$T(r, w_1 + \cdots + w_m) \leq \sum_{1}^{m} T(r, w_j) + \log m,$$

$$|T(r, k w) - T(r, w)| \leq |\log|k||,$$

$$|T(r, w - a) - T(r, w)| \leq \overset{+}{\log}|a| + \log 2.$$

Zusammen mit $T(r, w) = T\left(r, \dfrac{1}{w}\right) + O(1)$ folgt schließlich, wenn $L(w) = \dfrac{\alpha w + \beta}{\gamma w + \delta}$, $\alpha \delta - \beta \gamma \neq 0$,

$$T(r, w) = T(r, L(w)) + O(1).$$

Bei einer leicht abgeänderten Definition der Charakteristik gilt strenge Invarianz für Kugeldrehungen $L(w) = \dfrac{1 + \overline{a} w}{w - a}$. Zur Kugelcharakteristik kommt man nach AHLFORS [2] und SHIMIZU [1] so:

$$\pi A(r) = \iint\limits_{|z| \leq r} \frac{|w'|^2}{(1 + |w^2|)^2} \, df_z$$

ist gleich dem in sphärischer Metrik gemessenen Inhalt des RIEMANNschen Flächenstückes $F_r$, das von $w = w(z)$ als Bild des Bereiches $|z| \leq r$ erzeugt wird. Anwendung des GAUSSschen Integralsatzes führt zu

$$\frac{1}{2\pi}\int\limits_{0}^{2\pi} \log\sqrt{1+|w(r\,e^{i\varphi})|^2}\,d\varphi + N(r,\infty) = \int\limits_{0}^{r}\frac{A(t)}{t}\,dt + \log\sqrt{1+|w(0)|^2}.$$

Das Integral links ist ein Maß dafür, wie stark $w(z)$ den Wert $w=\infty$ auf $|z|=r$ anstrebt, kann also als Schmiegungsfunktion angesehen werden:

$$\overset{0}{m}(r,\infty) = \frac{1}{2\pi}\int\limits_{0}^{2\pi} \log\sqrt{1+|w|^2}\,d\varphi - \log\sqrt{1+|w(0)|^2}.$$

Hat $w(z)$ in $z=0$ die Entwicklung $w(z) = \dfrac{c_\lambda}{z^\lambda} + \cdots,\ \lambda > 0$, so ist $\log\sqrt{1+|w(0)|^2}$ durch $\log|c_\lambda|$ zu ersetzen. Bezeichnet man den Sehnenabstand zweier Punkte $a, b$ der komplexen Zahlenebene mit $[a, b]$, also $[a, b] = \dfrac{|a-b|}{\sqrt{(1+|a|^2)(1+|b|^2)}}$, so wird $[w, \infty] = \dfrac{1}{\sqrt{1+|w|^2}}$. Für endliche $a$ wird $\overset{0}{m}(r, a)$ so definiert:

$$\overset{0}{m}(r, a) = \frac{1}{2\pi}\int\limits_{0}^{2\pi} \log\frac{1}{[w, a]}\,d\varphi - \log\frac{1}{[w(0), a]},$$

wobei im Falle $w(0) = a$ das zweite Glied der rechten Seite durch $\lim\limits_{z\to 0}\log\dfrac{z^\lambda}{[w(z), a]}$ zu ersetzen ist. Wendet man auf

$$N(r, \infty) + \overset{0}{m}(r, \infty) = \int\limits_{0}^{r}\frac{A(t)}{t}\,dt = \overset{0}{T}(r, w) = \text{Kugelcharakteristik}$$

eine Kugeldrehung $w^* = L(w)$ an, die $w^*, \infty$ in $w, a$ abbildet, dann erhält man für $0 \leqq r < R$ und jedes $a$

$$N(r, a) + \overset{0}{m}(r, a) = \overset{0}{T}(r, w). \tag{I}$$

Aus

$$0 \leqq \frac{1}{2\pi}\int\limits_{0}^{2\pi} \log\frac{1}{[w, \infty]}\,d\varphi - \frac{1}{2\pi}\int\limits_{0}^{2\pi} \overset{+}{\log}|w|\,d\varphi \leqq \log\sqrt{2}$$

folgt

$$\overset{0}{T}(r, w) = T(r, w) + h(r),$$

wobei $|h(r)| \leqq \log\sqrt{2} + \log\dfrac{1}{[w(0), \infty]}$ gilt. Wegen $\dfrac{d\overset{0}{T}(r, w)}{d\log r} = A(r)$ ist $\overset{0}{T}(r, w)$ eine mit $r$ wachsende und in $\log r$ konvexe Funktion, eine Tatsache, die auch noch für die zuerst eingeführte charakteristische Funktion $T(r, w)$ gilt. Ein einfacher Beweis dieser durchaus nicht trivialen

Behauptung kann auf eine von H. CARTAN [1] herrührende Beziehung gestützt werden. (Man vgl. dazu Kapitel III, 4.) Von der Kugelcharakteristik kann man mit Vorteil in der Theorie der Differentialgleichungen Gebrauch machen.

Über das Verhalten von $T(r, w)$ für $r \to R$ wurde bisher noch keine Aussage gemacht. Da $T(r, w)$ monoton mit $r$ wächst, existiert der Grenzwert $\lim_{r \to R} T(r, w)$ und kann endlich oder unendlich sein. Für nicht konstantes $w(z)$ gilt im Falle $R = \infty$

$$\overset{0}{T}(r, w) > \int_{r_0}^{r} \frac{A(t)}{t}\, dt > A(r_0) \log \frac{r}{r_0},$$

also $\lim_{r \to \infty} \dfrac{\overset{0}{T}(r, w)}{\log r} > 0$ und damit auch $\lim_{r \to \infty} \dfrac{T(r, w)}{\log r} > 0$. Es sei noch darauf hingewiesen, daß $T(r, w) = O(\log r)$ dann und nur dann gilt — immer $R = \infty$ vorausgesetzt —, wenn $w(z)$ eine rationale Funktion ist. Für jede in $|z| < \infty$ transzendente Funktion ist also $\lim_{r \to \infty} \dfrac{\log r}{T(r, w)} = 0$. Die Klasse der in $|z| < R < \infty$ meromorphen Funktionen mit beschränkter Charakteristik — man nennt sie, da sie sich stets als Quotient zweier in $|z| < R$ beschränkter Funktionen darstellen lassen, beschränktartig — ist eingehend untersucht worden; man vergleiche dazu die ausführliche Darstellung bei R. NEVANLINNA [2].

Es hat sich als zweckmäßig erwiesen, das Anwachsen der Charakteristik durch einfache bekannte Funktionen zu messen.

*Definition der Ordnung $\lambda$ einer meromorphen Funktion:*

$$R = \infty, \qquad\qquad R < \infty, \text{ o.B.d.A. } R = 1,$$

$$\varlimsup_{r \to \infty} \frac{\log T(r, w)}{\log r} = \lambda, \qquad\qquad \varlimsup_{r \to 1} \frac{\log T(r, w)}{-\log(1 - r)} = \lambda.$$

Für endliche Ordnung $\lambda$ hat sich die folgende Terminologie durchgesetzt:

$$\varlimsup_{r \to \infty} \frac{T(r, w)}{r^\lambda} \quad\text{bzw.}\quad \varlimsup_{r \to 1} \frac{T(r, w)}{(1/(1 - r))^\lambda} = \begin{cases} \infty: & \text{Maximaltypus,} \\ \text{endl.}: & \text{Mittel- oder Normaltypus,} \\ 0: & \text{Minimaltypus.} \end{cases}$$

Die klassische Theorie der ganzen transzendenten Funktionen definiert die Ordnung mit Hilfe des Maximalbetrages: $\lambda = \varlimsup_{r \to \infty} \dfrac{\log \log M(r, g)}{\log r}$. Wegen $T(r, g) \leq \log M(r, g) \leq \dfrac{\rho + r}{\rho - r} T(\rho, g)$ mit $r = \Theta \rho, 0 < \Theta < 1$, stimmen Ordnung und Typus nach beiden Definitionen überein. Für $g(z) = e^z$ ist $T(r, g) = \dfrac{r}{\pi}$ und $\log M(r, g) = r$. Es ist $\lambda = 1$ und

$$\lim_{r \to \infty} \frac{T(r, g)}{r} = \frac{1}{\pi}, \qquad \lim_{r \to \infty} \frac{\log M(r, g)}{r} = 1.$$

Für einen bei ganzen transzendenten Funktionen benützten verfeinerten Ordnungsbegriff, die sogenannte präzise Wachstumsordnung, vergleiche man G. VALIRON [1]. Aus der Definition der Ordnung folgt: Ist $w_j(z)$ von der Ordnung $\lambda_j$, so gilt, wenn $\lambda$ die Ordnung von $w_1(z)\,w_2(z)$ bzw. $w_1(z) + w_2(z)$ ist, $\lambda \leqq \mathrm{Max}\,(\lambda_1,\,\lambda_2)$.

2. Um das transzendente Analogon zu (II′) herzuleiten, kann man den in der Einleitung angedeuteten Weg weiter verfolgen. Es soll also die Charakteristik der Ableitung $w'(z)$ beiderseitig so abgeschätzt werden, daß die Schranken möglichst nur Größen enthalten, die sich auf die gegebene Funktion $w(z)$ beziehen. Nach (I) ist

$$T(r,\,w') = N(r,\,w') + m(r,\,w') = N(r,\,w') + m\left(r,\,w\,\frac{w'}{w}\right).$$

Mit $N(r,\,w') = N_1(r,\,w) + N(r,\,w)$ erhält man zunächst

$$T(r,\,w') \leqq N(r,\,w) + N_1(r,\,w) + m(r,\,w) + m\left(r,\,\frac{w'}{w}\right) + O(1).$$

Die Schmiegungsfunktion $m\left(r,\,\dfrac{w'}{w}\right)$ der logarithmischen Ableitung läßt sich nach verschiedenen Methoden behandeln. Unter Verwendung der Integralformel von POISSON-JENSEN fand R. NEVANLINNA [1] die Abschätzung

$$m\left(r,\,\frac{w'}{w-a}\right) < C_1(c_\mu,\,\mu,\,a,\,r_0) + 3\overset{+}{\log}\frac{1}{\varrho - r} + 4\overset{+}{\log}T(\varrho,\,w),$$

gültig für $0 < r_0 \leqq r < \varrho < R \leqq \infty$. $C_1$ ist eine Konstante, auf deren Größe es hier nicht ankommt; $c_\mu,\,\mu$ ergeben sich aus $w(z) - a = c_\mu z^\mu + \cdots$. Für endliche Ordnung folgt daraus

$$R = \infty: \qquad\qquad\qquad\qquad R = 1:$$
$$m\left(r,\,\frac{w'}{w-a}\right) = O\,(\log r), \qquad m\left(r,\,\frac{w'}{w-a}\right) = O\left(\log\frac{1}{1-r}\right).$$

Im Falle $\lambda = \infty$ kann man sich ebenfalls von $T(\varrho,\,w)$ frei machen und statt dessen $T(r,\,w)$ einführen. Es gilt dann der folgende Satz:
(L) Satz über die Schmiegungsfunktion der log. Ableitung:
Ist $w = w(z)$ in $|z| < R \leqq \infty$ meromorph, so gilt

$$R = \infty: \quad m\left(r,\,\frac{w'}{w}\right) = O\,(\log r\,T(r,\,w))$$

für alle $r$, ausgenommen höchstens eine $r$-Menge $\varDelta_r$, auf der $\int_{\varDelta_r} r^{\varkappa-1}\,dr$, $\varkappa \geqq 0$, beschränkt ist (z. B. endl. log. Maß für $\varkappa = 0$);

$$R = 1: \quad m\left(r,\,\frac{w'}{w}\right) = (\varkappa + 1)\log\frac{1}{1-r} + O\left(\log\log\frac{1}{1-r}\right)$$
$$+ O\,(\log T(r,\,w))$$

für alle $r < 1$, ausgenommen höchstens eine $r$-Menge $\Delta_r$, auf der $\int\limits_{\Delta_r} r^{\varkappa-1}\,dr$, $\varkappa \geqq 0$, beschränkt ist.

Im Falle endlicher Ordnung $\lambda$ fällt die Ausnahmemenge $\Delta_r$ weg. Dieser Zusatz über die Ausnahmeintervalle scheint aus den neuen Beweisen von SELBERG [1] und F. NEVANLINNA [1], [2] nicht gefolgert werden zu können, während er sich aus der ursprünglichen Beweisanordnung von R. NEVANLINNA [1] sofort ablesen läßt, wie oben angedeutet wurde. Mit (L) ist die Abschätzung von $T(r, w')$ nach oben erledigt. Zur Abschätzung von $T(r, w')$ nach unten geht man von $T(r, w') = N\left(r, \dfrac{1}{w'}\right) + m\left(r, \dfrac{1}{w'}\right) + O(1)$ aus. Um sich des Gliedes $m\left(r, \dfrac{1}{w'}\right)$ zu entledigen, betrachtet man die Hilfsfunktion

$$h(z) = \prod_1^q (w - a_j),$$

wo die $a_j$ $q \geqq 1$ verschiedene endliche komplexe Zahlen sind. Mit $m\left(r, \dfrac{1}{h}\right) \leqq m\left(r, \dfrac{1}{w'}\right) + m\left(r, \dfrac{w'}{h}\right)$ gilt dann

$$T(r, w') \geqq N\left(r, \frac{1}{w'}\right) + m\left(r, \frac{1}{h}\right) - m\left(r, \frac{w'}{h}\right) + O(1).$$

Nun ist $\dfrac{1}{h} = \sum\limits_1^q \dfrac{A_j}{w - a_j}$, also

$$m\left(r, \frac{w'}{h}\right) = m\left(r, \sum_1^q \frac{w' A_j}{w - a_j}\right) \leqq \sum_1^q m\left(r, \frac{w'}{w - a_j}\right) + O(1).$$

Nach (I) gilt

$$m\left(r, \frac{1}{h}\right) = N(r, h) - N\left(r, \frac{1}{h}\right) + m(r, h) + O(1)$$

$$= q\,N(r, w) - \sum_1^q N(r, a_j) + m(r, h) + O(1).$$

Beachtet man schließlich noch die Beziehung $m(r, h) \geqq q\,m(r, w) + O(1)$, so ergibt sich

$$T(r, w') \geqq N\left(r, \frac{1}{w'}\right) + q\,N(r, w) - \sum_1^q N(r, a_j) + q\,m(r, w)$$

$$- \sum_1^q m\left(r, \frac{w'}{w - a_j}\right) + O(1) = N\left(r, \frac{1}{w'}\right) + \sum_1^q m(r, a_j)$$

$$- \sum_1^q m\left(r, \frac{w'}{w - a_j}\right) + O(1)$$

oder

$$N\left(r, \frac{1}{w'}\right) + \sum_1^q m(r, a_j) - \sum_1^q m\left(r, \frac{w'}{w - a_j}\right) + O(1) \leqq T(r, w')$$

$$\leqq N(r\ w') + m(r, w) + m\left(r, \frac{w'}{w}\right) + O(1)$$

und nach (L)

$$N\left(r, \frac{1}{w'}\right) + \sum_1^q m(r, a_j) + S(r) \leqq T(r, w') \leqq N(r, w') + m(r, w) + S(r). \quad \text{(H)}$$

Die Hauptungleichung (H) gilt für alle $r$ außerhalb $\Delta_r$ ($\Delta_r$ z. B. von endlichem log. Maß). Dabei ist im Falle endlicher Ordnung (keine Ausnahmemenge $\Delta_r$)

$$R = \infty: \qquad\qquad R = 1:$$
$$S(r) = O(\log r), \qquad\qquad S(r) = O\left(\log \frac{1}{1 - r}\right)$$

und im Falle unendlicher Ordnung

$$R = \infty: \qquad\qquad R = 1:$$
$$S(r) = O\left(\log r\, T(r, w)\right), \qquad S(r) = O\left(\log \frac{1}{1 - r}\, T(r, w)\right).$$

Läßt man in (H) das Mittelglied weg und schreibt für $N(r, w') + m(r, w)$ nach (I) $2\,T(r, w) + N(r, w') - 2\,N(r, w) - m(r, w)$, so folgt mit $a_{q+1} = \infty$, $N_1(r) = N\left(r, \frac{1}{w'}\right) + 2\,N(r, w) - N(r, w')$:

*Zweiter Hauptsatz:*

$$\sum_{j=1}^q m(r, a_j) < 2\,T(r, w) - N_1(r) + S(r) \qquad\qquad \text{(II)}$$

oder nach (I)

$$(q - 2)\,T(r, w) < \sum_{j=1}^q N(r, a_j) - N_1(r) + S(r). \qquad\qquad \text{(II*)}$$

Dabei sind jetzt die $q \geqq 3$ Größen $a_1, a_2, \ldots, a_q$ voneinander verschiedene endliche oder unendliche komplexe Zahlen. Für $q \leqq 2$ gilt **(II*) trivialerweise ebenfalls. Die endliche Zahl $q$ kann sehr groß gewählt werden; immer ist man aber an die Endlichkeit gebunden. Das gilt auch für alle anderen bekannten Beweise des zweiten Hauptsatzes. Folgerungen aus (II).**

Man nehme an, daß auf den zulässigen $r$-Intervallen $\frac{S(r)}{T(r)} \to 0$ für $r \to R$ gilt, was z. B. für nichtrationales $w(z)$ im Falle $R = \infty$ erfüllt ist. Im Falle $R = 1$ bedeutet diese Forderung eine Einschränkung, die, wie noch festzustellen sein wird, in der Natur der Sache liegt. Dann folgt aus (II)

$$\sum_1^q \underline{\lim} \frac{m(r, a_j)}{T(r, w)} + \underline{\lim} \frac{N_1(r)}{T(r, w)} \leqq 2$$

oder mit

$$\delta(a_j) = \delta(w, a_j) = \varliminf \frac{m(r, a_j)}{T(r, w)} = 1 - \varlimsup \frac{N(r, a_j)}{T(r, w)}, \quad \Phi = \varlimsup \frac{N_1(r)}{T(r, w)}$$

$$\sum_1^q \delta(a_j) + \Phi \leq 2.$$

Dabei nennt man $\delta(a_j)$ „NEVANLINNAschen Defekt" oder kurz „Defekt", $\Phi$ „Gesamtindex der algebraischen Verzweigtheit". Nach Definition ist $0 \leq \delta(a_j) \leq 1$ und $0 \leq \Phi \leq 2$. Da in $\sum_1^q \delta(a_j) \leq 2$ $q$ beliebig ist, gibt es höchstens abzählbar viele Werte $a_j$ mit positivem Defekt, so daß gilt

$$\sum_1^\infty \delta(a_j) + \Phi \leq 2. \tag{D}$$

Es ist zu bemerken, daß zur Zeit keine in $|z| < \infty$ meromorphe Funktion mit unendlich vielen positiven Defekten bekannt ist.

In der Anzahlfunktion $N_1(r)$ ist $2N(r, w) - N(r, w') = N_1(r, \infty)$. Da auf jedem Kreis $|z| \leq r$ nur endlich viele mehrfache $a$-Stellen (alle $a$ zugelassen) liegen, darf man

$$N_1(r) = \sum_{a \neq \infty} N_1(r, a) + N_1(r, \infty) = \sum_a N_1(r, a)$$

setzen.

Mit dem Verzweigungsindex der Stelle $a_j$

$$\vartheta(a_j) = \varliminf \frac{N_1(r, a_j)}{T(r, w)}$$

erhält man daher $\sum_1^q \vartheta(a_j) \leq \Phi$ und damit auch $\sum_a \vartheta(a) \leq \Phi$. Es gibt höchstens abzählbar viele Werte $a$ mit positivem Verzweigungsindex. Nach (D) gilt

$$\sum_a \delta(a) + \sum_a \vartheta(a) \leq 2. \tag{D'}$$

Wegen $N_1(r, a) < N(r, a)$ folgt aus (I) $\delta(a) + \vartheta(a) \leq 1$, so daß $\delta(a) > 0$ stets $\vartheta(a) < 1$ nach sich zieht. Für einen Wert $a$, der nur endlich oft angenommen wird, ist $\delta(a) = 1$. Nach (D) gibt es höchstens zwei Werte mit maximalem Defekt 1. (D) enthält also den PICARDschen Satz. Mit (II) und $N_1(r) \geq \sum_1^q N_1(r, a_j)$ gilt

$$\sum_1^q \varliminf \frac{m(r, a_j) + N_1(r, a_j)}{T(r, w)} \leq 2.$$

Nach (I) kann man schreiben

$$\frac{m(r, a) + N_1(r, a)}{T(r, w)} = 1 - \frac{N(r, a) - N_1(r, a) + O(1)}{T(r, w)} = 1 - \frac{\bar{N}(r, a) + O(1)}{T(r, w)};$$

$\bar{N}(r, a)$ entsteht in üblicher Weise aus $\bar{n}(r, a)$ durch Integration, wobei $\bar{n}(r, a)$ die auf $|z| \leq r$ gelegenen $a$-Stellen von $w(z)$ angibt, wenn jede $a$-Stelle nur einfach gezählt wird. Mit der sog. „Verzweigtheit einer Stellensorte"

$$\Theta(a) = \varliminf \frac{m(r, a) + N_1(r, a)}{T(r, w)} = 1 - \varlimsup \frac{\bar{N}(r, a)}{T(r, w)}$$

gilt $\delta(a) + \vartheta(a) \leq \Theta(a)$ und

$$\sum_a \Theta(a) \leq 2 \,. \tag{D''}$$

Von Interesse sind die vollständig verzweigten Werte, also diejenigen Werte $a$, für welche $w - a = 0$ bzw. $\frac{1}{w} = 0$ bei $a = \infty$ überhaupt keine einfachen Wurzeln hat. $a$ wird also, wenn überhaupt, mindestens doppelt angenommen. Jedenfalls ist $\varlimsup \dfrac{\bar{N}(r, a)}{T(r, a)} \leq \dfrac{1}{2} \varlimsup \dfrac{N(r, a)}{T(r, a)} \leq \dfrac{1}{2}$, also $\Theta(a) \geq \frac{1}{2}$. Nach (D'') ist die Zahl der vollständig verzweigten Werte höchstens gleich vier. Die WEIERSTRASSsche Pe-Funktion besitzt genau vier vollständig verzweigte Werte, nämlich $w = e_1, e_2, e_3$ und $\infty$.

Es ist nützlich, die eingeführten Verzweigungsgrößen auf der RIEMANNschen Fläche $F$, die von $w = w(z)$ als Bild des Kreises $|z| < R$ erzeugt wird, zu deuten. $\delta(a) > 0$ besagt, daß der Punkt $w = a$ relativ selten von inneren Punkten der Fläche $F$ überdeckt wird. Danach wird man erwarten, daß logarithmische Windungspunkte über $w = a$ einen positiven Defekt bewirken können. Bei hinreichend einfachen Flächenklassen ist das auch tatsächlich der Fall. Es lassen sich aber auch leicht Flächen angeben, bei denen über $w = a$ neben logarithmischen Windungspunkten so viele flächeninnere Punkte liegen, daß $\dfrac{m(r, a)}{T(r, w)} \to 0$ gilt. Der Einfluß der logarithmischen Windungspunkte macht sich noch in $m(r, a)$ bemerkbar, ist aber nicht so stark, um $\delta(a) > 0$ zu erzwingen. $\vartheta(a) > 0$ besagt, daß über $w = a$ relativ viele algebraische Windungspunkte liegen, da $N_1(r, a)$ von schlichten Blättern keinen Beitrag erhält. Der Einfluß aller algebraischen Windungspunkte der Fläche wird durch den Gesamtindex der algebraischen Verzweigtheit erfaßt. In der Relation $\sum_a \vartheta(a) \leq \Phi$ kann tatsächlich das Zeichen $<$ stehen; in extremen Fällen ist $\sum_a \vartheta(a) = 0$ und $\Phi = 2$. Das gilt z. B. für die Lösungen gewisser RICCATIscher Differentialgleichungen, wie später gezeigt werden soll. Vom Flächenbau aus betrachtet bedeutet diese Tatsache: Über $w = a$ liegen so wenig algebraische Windungspunkte, daß sie keinen positiven Index der algebraischen Verzweigtheit bewirken können, während doch die gesamte Fläche relativ viele algebraische Windungspunkte enthält.

Bei diesen Deutungsversuchen wird man die wenig präzisen Begriffe „relativ selten" usw. beanstanden. Dazu ist zu bemerken, daß die in den Verzweigungsgrößen vorkommenden Bestimmungsstücke auf die Ausschöpfung durch konzentrische Kreise $|z| = r \to R$ bezogen sind. Für eine befriedigende Deutung der Verzweigungsgrößen wäre die Kenntnis der Näherungsfläche $F_r$ — d. i. das Bild von $|z| \leqq r$ — erforderlich. Dazu braucht man aber weitreichende Aussagen über die Verzerrung bei der konformen Abbildung $|z| < R \longleftrightarrow F$. Solche Aussagen liegen bislang nur für hinreichend einfach gebaute Flächen vor. Trotz dieser Mängel sind solche Betrachtungen nützlich und geben wichtige Anhaltspunkte, wenn z. B. meromorphe Funktionen mit vorgeschriebenen Defekten und Indizes konstruiert werden sollen.

3. Bisher wurden nur die beiden Außenglieder der Hauptungleichung betrachtet. Jetzt soll von der vollen Hauptungleichung Gebrauch gemacht werden (man vgl. dazu ULLRICH [1]).

Zunächst findet man nach (H) Schranken für die Ausdrücke

$$\varliminf \frac{T(r, w')}{T(r, w)} \quad \text{und} \quad \varlimsup \frac{T(r, w')}{T(r, w)}.$$

Es ist

$$\varliminf \frac{T(r, w')}{T(r, w)} \geqq \varliminf \left( N\left(r, \frac{1}{w'}\right) + \sum_1^q m(r, a_j)\right) \frac{1}{T(r, w)} + \varliminf \frac{S(r)}{T(r, w)} = v_e,$$

wobei $v_e$ für $\Phi_e + \sum_a \delta(a)$ oder $\sum_a \delta(a) + \sum_a \vartheta(a)$ oder $\sum_a \Theta(a)$ stehen kann. Summiert wird über alle endlichen $a$. Dabei wird

$$\Phi_e = \varliminf \frac{N(r, 1/w')}{T(r, w)}$$

als „Gesamtindex der algebraischen Verzweigtheit im Endlichen" definiert.

Weiter gilt

$$\varliminf \frac{T(r, w')}{T(r, w)} \leqq \varliminf \left(1 + \frac{\overline{N}(r, w)}{T(r, w)}\right) = 2 - \overline{\Theta}(\infty)$$

mit $\overline{\Theta}(\infty) = \varlimsup \left(1 - \frac{\overline{N}(r, w)}{T(r, w)}\right)$. Damit erhält man

$$v_e \leqq \varliminf \frac{T(r, w')}{T(r, w)} \leqq 2 - \overline{\Theta}(\infty).$$

Ganz entsprechend folgt

$$V_e \leqq \varlimsup \frac{T(r, w')}{T(r, w)} \leqq 2 - \Theta(\infty).$$

Dabei entsteht $V_e$ aus $v_e$, indem dort ein $\underline{\lim}$ durch einen $\overline{\lim}$ ersetzt wird. Ist für eine in $|z| < R$ meromorphe Funktion $w(z)$ $v_e + \overline{\Theta}(\infty) = 2$, so gilt $\underline{\lim}\dfrac{T(r, w')}{T(r, w)} = 1 + \underline{\lim}\dfrac{\overline{N}(r, w)}{T(r, w)}$ und im Falle $V_e + \Theta(\infty) = 2$

$\overline{\lim}\dfrac{T(r, w')}{T(r, w)} = 1 + \overline{\lim}\dfrac{\overline{N}(r, w)}{T(r, w)}$. Unter diesen speziellen Annahmen besteht die folgende Vermutung von R. NEVANLINNA [1] zu Recht: Die Unbestimmtheitsgrenzen von $\dfrac{T(r, w')}{T(r, w)}$ sind gleich denen von $\dfrac{\overline{N}(r, w)}{T(r, w)}$ vermehrt um 1. Ist $v_e$ größer als 0, so gilt für alle $r(\varepsilon) < r < R$

$v_e - \varepsilon < \dfrac{T(r, w')}{T(r, w)}$ oder $\lambda \leq \lambda'$. Für endliche Ordnung folgt aus (H) $T(r, w') \leq N(r, w') + m(r, w) + O(\log r) \leq 2 T(r, w) + O(\log r)$, also $\lambda' \leq \lambda$. Die Annahme $v_e > 0$ gestattet also den Schluß, daß Funktion und Ableitung von gleicher Ordnung sind. Weiter unten wird gezeigt werden, daß allgemein $\lambda = \lambda'$ für in $|z| < \infty$ meromorphe Funktionen gilt.

Aus

$$\sum_1^q m(r, a_j) - S(r) \leq m\left(r, \frac{1}{w'}\right) \text{ und } T(r, w') \leq T(r, w) + \overline{N}(r, w) + S(r)$$

folgt

$$\frac{1}{1 + \overline{\lim}\dfrac{\overline{N}(r, w)}{T(r, w)}} \sum_1^q \delta(w, a_j) \leq \delta(w', 0)$$

und nach einem bekannten Schluß zusammen mit

$$1 + \overline{\lim}\,\frac{\overline{N}(r, w)}{T(r, w)} = 2 - \Theta(\infty):$$

$$\frac{1}{2}\sum_{a \neq \infty} \delta(w, a) \leq \frac{1}{2 - \Theta(\infty)} \sum_{a \neq \infty} \delta(w, a) \leq \delta(w', 0). \tag{1}$$

Für ganze transzendente Funktionen ist wegen $\Theta(\infty) = 1$ die einfachere Beziehung $\sum_a \delta(w, a) \leq \delta(w', 0)$ erfüllt. Es gilt weiter

$$m\left(r, \frac{1}{w''}\right) \geq m\left(r, \frac{1}{w'}\right) - S(r)$$

und

$$T(r, w'') \leq T(r, w) + \overline{N}(r, w) + \overline{N}(r, w') + S(r);$$

daraus ergibt sich $\frac{1}{3} \sum\limits_{a \neq \infty} \delta(w, a) \leq \delta(w'', 0)$ und allgemein

$$\frac{1}{n + 1} \sum_{a \neq \infty} \delta(w, a) \leq \delta(w^{(n)}, 0); \tag{1'}$$

auch hier kann bei ganzen transzendenten Funktionen der Faktor $\dfrac{1}{n + 1}$ durch den Faktor 1 ersetzt werden. Eine obere Schranke für $\delta(w', 0)$

gewinnt man ebenfalls aus (H). Aus

$$\underline{\lim} \frac{N(r, 1/w')}{T(r, w)} \leq \overline{\lim} \frac{N(r, 1/w')}{T(r, w')} \; \underline{\lim} \frac{T(r, w')}{T(r, w)}$$

folgt $\underline{\lim} \dfrac{N(r, 1/w')}{T(r, w)} = \Phi_e \leq \left(1 - \delta(w', 0)\right)\left(2 - \Theta(\infty)\right)$ oder

$$\delta(w', 0) \leq \frac{2 - \Theta(\infty) - \Phi_e}{2 - \Theta(\infty)} . \tag{2}$$

Die Schranken in (1) und (2) fallen zusammen, wenn $w(z)$ die Defektrelation $\Phi_e + \Theta(\infty) + \sum_{a \neq \infty} \delta(w, a) = 2$ erfüllt.

Auch für den Wert $w = \infty$ lassen sich Defektschranken angeben. Die Beziehung

$$\frac{N(r, w')}{T(r, w')} = \frac{N(r, w) + \overline{N}(r, w)}{T(r, w)} \; \frac{T(r, w)}{T(r, w')}$$

führt zu

$$1 - \delta(w', \infty) = \overline{\lim} \frac{N(r, w')}{T(r, w')} \leq \left(1 - \delta(w, \infty) + 1 - \Theta(\infty)\right) \overline{\lim} \frac{T(r, w)}{T(r, w')}$$

oder

$$1 - \frac{2 - \delta(w, \infty) - \Theta(\infty)}{v_e} \leq \delta(w', \infty). \tag{3}$$

(3) ist nur von Bedeutung, wenn die linke Seite positiv ist. In ganz entsprechender Weise gelangt man zu einer oberen Schranke für $\delta(w', \infty)$. Man bildet

$$\overline{\lim} \frac{N(r, w')}{T(r, w')} = 1 - \delta(w', \infty) \geq \overline{\lim} \frac{N(r, w) + \overline{N}(r, w)}{T(r, w)} \; \underline{\lim} \frac{T(r, w)}{T(r, w')}$$

und erhält

$$\delta(w', \infty) \leq \frac{\Delta(\infty)}{2 - \Theta(\infty)} . \tag{3'}$$

Dabei ist

$$\Delta(a) = \overline{\lim} \frac{m(r, a)}{T(r, w)} = 1 - \underline{\lim} \frac{N(r, a)}{T(r, w)} ;$$

$\Delta(a)$ nennt man den VALIRONschen Defekt.

Für eine in $|z| < R$ meromorphe Funktion $w = w(z)$ gelte $\delta(w, \infty) = 1$, also auch $\Theta(w, \infty) = 1$ und $\delta(w', \infty) = 1$ nach (3). Aus $\sum_{a \neq \infty} \delta(w, a) > 0$ folgt dann:

Entweder gilt $\delta(w', 0) > 0$ und $\delta(w', a) = 0$ für alle $a \neq 0, \infty$ oder $\sum_{a \neq \infty} \delta(w', a) \leq 1$, letzteres wegen $\delta(w', \infty) = 1$ und (D) für $w'(z)$.

Die Summe $\sum_{a \neq 0, \infty} \delta(w', a)$ fällt kleiner als 1 aus, da in

$$\sum_{a \neq 0, \infty} \delta(w', a) \leq 2 - \delta(w', \infty) - \delta(w', 0) = 1 - \delta(w', 0)$$

$\delta(w', 0) > 0$ ist. Gilt neben $\delta(w, \infty) = 1$ auch noch $\sum\limits_{a \neq \infty} \delta(w, a) = 1$, so ergibt sich nach (1) $\delta(w', 0) = 1$, also $\sum\limits_{a \neq 0, \infty} \delta(w', a) = 0$. Alle Ableitungen erfüllen eine genaue Defektrelation:

$$\delta(w^{(j)}, 0) + \delta(w^{(j)}, \infty) = 2, \quad j = 1, 2, \ldots .$$

Diese Folgerungen werden von MILLOUX [1] für gebrochene Funktionen auf etwas anderem Wege gewonnen.

Dazu wird (II) für eine in $|z| < R \leqq \infty$ meromorphe Funktion verallgemeinert zu

$$p\, q\, T(r, w) < \overline{N}(r, w) + q \sum_1^p N\left(r, \frac{1}{w - a_j}\right) + \sum_1^q N\left(r, \frac{1}{w' - b_j}\right)$$
$$- \left[(q - 1) N\left(r, \frac{1}{w'}\right) + N\left(r, \frac{1}{w''}\right)\right] + S(r).$$

Die $a_j$, $j = 1, \ldots p$, bzw. $b_j \neq 0$, $j = 1, \ldots, q$, sind endliche, voneinander verschiedene komplexe Zahlen. Das Restglied ist von der Form

$$S(r) = 4(q\, p + 2) \overset{+}{\log} T(\varrho, w) + (3p\, q + 14) \log \frac{\varrho}{\varrho - r}$$
$$+ (2\, p\, q + 7) \log \frac{\varrho}{r} + (p\, q + 12) \overset{+}{\log} \frac{1}{r}$$
$$+ C\left(|w(0)|, |w'(0)|, |w''(0)|, a_j, b_j\right), \quad r < \varrho < R.$$

Von MILLOUX [1] wird der relative Defekt eingeführt:

$$\delta_r(w', a) = 1 - \overline{\lim} \frac{N(r, 1/(w' - a))}{T(r, w)}.$$

Aus

$$(1 - \delta(w', a))\, v_e \leqq \overline{\lim} \frac{N(r, 1/(w' - a))}{T(r, w')}\, \frac{T(r, w')}{T(r, w)} \leqq (1 - \delta(w', a))\, (2 - \Theta(\infty))$$

folgt

$$(1 - \delta(w', a))\, v_e \leqq 1 - \delta_r(w', a) \leqq (1 - \delta(w', a))\, (2 - \Theta(\infty))$$

oder

$$1 + (\delta(w', a) - 1)\, (2 - \Theta(\infty)) \leqq \delta_r(w', a) \leqq 1 + v_e(\delta(w', a) - 1),$$

also insbesondere

$$2\delta(w', a) - 1 \leqq \delta_r(w', a) \leqq 1.$$

Beispiel:

$w = \dfrac{e^z}{e^z - 1}$ ist von endlicher Ordnung und Lösung der Differentialgleichung $w' = w - w^2$. Aus $w = 1 - \dfrac{w'}{w}$ folgt also $m(r, w) = O(\log r)$ und danach aus $w' = w - w^2$ auch $m(r, w') = O(\log r)$. Zusammen mit

$N(r, w') = 2N(r, w)$ $\left(w(z) \text{ hat unendlich viele einfache Pole}\right)$ erhält man also

$$T(r, w') = N(r, w') + m(r, w') = 2N(r, w) + O(\log r)$$
$$= 2T(r, w) + O(\log r)$$

oder

$$\lim_{r \to \infty} \frac{T(r, w')}{T(r, w)} = 2 \text{ und damit für beliebiges } a \quad \delta_r(w', a) = 2\delta(w', a) - 1.$$

$w = \dfrac{e^z}{e^z - 1}$ hat die PICARDschen Ausnahmewerte 0 und 1, $w'(z)$ den PICARDschen Ausnahmewert 0. Weiter ist $\vartheta(w', \infty) = \frac{1}{2} = \vartheta(w', \frac{1}{4})$. Das entnimmt man ohne große Rechnung den Differentialgleichungen $w'' = (1 - 2w)w'$ und $w''' = w'' - 2w'^2 - 2ww''$. Es gilt daher $\delta_r(w', a) = -1 (a \neq 0)$ und $\delta_r(w', 0) = 1$.

4. Für gebrochene Funktionen $w = w(z)$ sollen noch die folgenden Beziehungen (CHI-TAI CHUANG [1]) zwischen $T(r, w)$ und $T(r, w')$ hergeleitet werden:

$$T(r, w') < C_1 T(\varkappa r, w) + 2\overset{+}{\log}\frac{1}{r} + C_2,$$

$$T(r, w) < C_1' T(\varkappa r, w') + \overset{+}{\log}(\varkappa r) + C_2',$$

gültig für $\varkappa > 1$ und $r > 0$ unter der Annahme $w(0) \neq \infty$. Für $r > r_0$ gilt also

$$T(r, w') < K_1 T(\varkappa r, w),$$
$$T(r, w) < K_1' T(\varkappa r, w').$$

Zum Beweis wird $r > 0$ beliebig gewählt und dann für $j = 1, 2, 3$ $r_j = k^j r$, $k^3 = \varkappa$, gesetzt. Mit den auf $|z| \leq r_2$ gelegenen Polstellen $z_1, \ldots, z_n$ wird

$$P(z) = \frac{1}{(2r_2)^n} \prod_1^n (z - z_j)$$

gebildet. Wegen $|P(z)| \leq 1$ auf $|z| \leq r_2$ gilt dort für die eindeutige regulär analytische Funktion $g(z) = w(z) P(z)$ $|g(z)| \leq |w(z)|$. Aus

$$m(r, w') \leq m\left(r, \frac{1}{P}\right) + m(r, Pw') \leq m\left(r, \frac{1}{P}\right) + m(r, g') + m(r, w)$$
$$+ m(r, P') + \log 2$$

folgt

$$m(r, w') \leq n(r_2, w)\log 2 + N(r_2, w) + \frac{r_2 + r_1}{r_2 - r_1} m(r_2, w) + m(r, w)$$
$$+ 2\overset{+}{\log}\frac{1}{r_1 - r} + \log 2.$$

Es ist nämlich

$$m\left(r, \frac{1}{P}\right) \leq \log\frac{(2r_2)^n}{|z_1 \ldots z_n|} = n(r_2, w)\log 2 + N(r_2, w),$$

$$m(r, P') \leq \frac{1}{r_1 - r} M(r_1, P) \leq \frac{1}{r_1 - r} \quad \text{und} \quad M(r, g') \leq \frac{1}{r_1 - r} M(r, g).$$

Beachtet man weiter

$$m(r_2, w) \log \frac{r_3}{r_2} \leqq N(r_3, w) \leqq T(r_3, w),$$

$$N(r_2, w) + \frac{r_2 + r_1}{r_2 - r_1} m(r_2, w) \leqq \frac{r_2 + r_1}{r_2 - r_1} T(r_3, w)$$

und

$$m(r, w) + 2N(r, w) \leqq 2T(r_3, w),$$

so erhält man

$$T(r, w') \leqq \left( \frac{\log 2}{\log \frac{r_3}{r_2}} + \frac{r_2 + r_1}{r_2 - r_1} + 2 \right) T(r_3, w) + 2 \overset{+}{\log} \frac{1}{r_1 - r} + \log 2,$$

also die erste Behauptung. Aus $T(r, w') = N(r, w') + m(r, w')$ $\leqq 2T(r, w) + m\left(r, \frac{w'}{w}\right)$ folgt, wenn man die Abschätzung für $m\left(r, \frac{w'}{w}\right)$ S. 16 benützt, $T(r, w') < 3T(r_3, w) + K$, gültig für alle hinreichend großen $r$.

Der Beweis der zweiten Behauptung stützt sich wesentlich auf die beiden folgenden Hilfssätze (vgl. S. 29):

a) Ist $0 < R < R'$, so gibt es eine reelle Zahl $\varphi$ mit der Eigenschaft, daß für $0 \leqq t \leqq R$

$$\overset{+}{\log} |w(t e^{i\varphi})| \leqq n(R', w) \log 4 + N(R', w) + \frac{R' + R}{R' - R} m(R', w)$$

gilt.

b) Zu $0 < R < R' < R''$ existiert eine Zahl $\varrho$, $R \leqq \varrho \leqq R'$, derart, daß auf $|z| = \varrho$ die Ungleichung

$$\overset{+}{\log} |w(z)| \leqq n(R'', w) \log \frac{4e R''}{R' - R} + \frac{R'' + R'}{R'' - R'} m(R'', w)$$

besteht.

Zunächst ist nach b) für $|z| = \varrho$, $r \leqq \varrho \leqq r_1$,

$$\overset{+}{\log} |w'(z)| \leqq n(r_2, w') \log \frac{4e r_2}{r_1 - r} + \frac{r_2 + r_1}{r_2 - r_1} m(r_2, w').$$

Nach a) läßt sich $|w'(z)|$ auf der Strecke $0 \leqq |z| \leqq \varrho$, $\arg z = \varphi$ majorisieren. Danach ist die Abschätzung von $|w(z)|$ in jedem Punkte des Kreises $|z| = \varrho$ möglich und ergibt

$$\overset{+}{\log} |w(z)| \leqq \overset{+}{\log} M(\varrho, w) \leqq n(r_2, w') \log \frac{16 e r_2}{r_1 - r} + N(r_2, w')$$

$$+ 2 \frac{r_2 + r_1}{r_2 - r_1} m(r_2, w') + \log r_1 + \log(8\pi) + \overset{+}{\log} |w(0)|.$$

Daraus folgt

$$T(r, w) \leqq \left( \frac{1}{\log \frac{r_3}{r_2}} \log \frac{16 e r_2}{r_1 - r} + 2 \frac{r_2 + r_1}{r_2 - r_1} \right) T(r_3, w')$$

$$+ \overset{+}{\log} r_1 + \log 8\pi + \overset{+}{\log} |w(0)|,$$

also die zweite Behauptung. Ausnahmeintervalle treten nicht auf.

Ist $w = w(z)$ in $|z| < \infty$ meromorph von endlicher Ordnung $\lambda$ und $\lambda'$ die Ordnung von $w'(z)$, so schließt man: Aus $\log T(r, w') < \log T(\varkappa r, w) + \log k_1$ folgt $\lambda' \leq \lambda$ und aus $\log T(r, w) < \log T(\varkappa r, w') + \log k_1'$ $\lambda \leq \lambda'$, also $\lambda = \lambda'$. Ist $\lambda = \infty$, so muß auch $\lambda' = \infty$ sein und umgekehrt. Für gebrochene Funktionen gilt also $\lambda = \lambda'$. Aus der angegebenen Beziehung folgt weiter, daß $w(z)$ und $w'(z)$ vom gleichen Typus sind.

Alle bisherigen Folgerungen aus (H) setzten voraus, daß bei $r \to R$ die Restglieder $S(r)$ gegenüber $T(r, w)$ eine untergeordnete Rolle spielten. Im Falle $R = 1$ muß also $\lim\limits_{r \to 1} \dfrac{-\log(1-r)}{T(r, w)} = 0$ erfüllt sein. Ist $L = \lim\limits_{r \to 1} \dfrac{T(r, w)}{-\log(1-r)}$ endlich, so erhält man statt 2 die Defektschranke $2 + \dfrac{1}{L}$, und Beispiele zeigen, daß diese Schranke genau sein kann. Daraus folgt, daß sicher $L = 0$ ist, wenn die Menge $\mathfrak{M}$ der defekten Werte nicht abzählbar ist. Über die Struktur der Menge $\mathfrak{M}$ für in $|z| < 1$ meromorphe Funktionen mit unbeschränkter Charakteristik gibt ein Satz von FROSTMANN [1] Aufschluß: Jede abgeschlossene Teilmenge $\mathfrak{M}'$ von $\mathfrak{M}$ hat das harmonische Maß Null, d. h. $\mathfrak{M}$ ist vom inneren harmonischen Maß Null. Man wird erwarten, daß für meromorphe Funktionen $(R \leq \infty)$ mit unbeschränkter Charakteristik für Werte $a$, die nicht zur Menge $\mathfrak{M}$ ($\mathfrak{M}$ ist im Falle $R = \infty$ höchstens abzählbar) gehören, die Schmiegungsfunktionen $m(r, a)$ eine untergeordnete Rolle spielen. Das ist auch tatsächlich der Fall. Es besteht die Relation $\lim\limits_{r \to R} \dfrac{N(r, a)}{T(r, w)} = 1$, wobei höchstens eine $a$-Menge von der inneren Kapazität Null auszulassen ist. Wegen der Einzelheiten muß auf die ausführliche Darstellung bei R. NEVANLINNA [2] verwiesen werden.

**5.** Es sollen noch zum Abschluß zwei Beispiele angeführt werden, die gewisse Mängel in den Defektrelationen aufdecken.

α) Die Nullstellen der Funktion $w(z) = \dfrac{\exp(2\pi i\, e^z) - 1}{\exp(2\pi i\, e^{-z}) - 1}$ (DUGUÉ [1]) liegen in $z_{m, n} = \log m + n\pi i$, $m \geq 2$ und $n$ ganz, die Polstellen in $-z_{m, n}$. Danach gilt $N(r, 0) = N(r, \infty)$. Außerdem ist, wie man nachrechnet, $\overline{\lim\limits_{r \to \infty}} \dfrac{N(r, 0)}{T(r, w)} \geq \dfrac{1}{2}$, also $\delta(0) = \delta(\infty) \leq \dfrac{1}{2}$ erfüllt. Ist nun $n(r, c; a)$ gleich der Anzahl der auf $|z - a| \leq r$ gelegenen $c$-Stellen von $w(z)$, so berechnet man $\lim\limits_{r \to \infty} \dfrac{n(r, 0; a)}{n(r, \infty; a)} = \lim\limits_{r \to \infty} \dfrac{N(r, 0; a)}{N(r, \infty; a)} = e^{2\Re a}$. Daraus folgt mit $\delta_a(c) = 1 - \overline{\lim\limits_{r \to \infty}} \dfrac{N(r, c; a)}{T_a(r)}$ ($T_a(r)$ ist die Charakteristik, die sich auf die Ausschöpfung $|z - a| = r \to \infty$ bezieht) $\dfrac{1 - \delta_a(0)}{1 - \delta_a(\infty)} = e^{2\Re a}$. Für $\Re a \neq 0$ kann also nicht gleichzeitig $\delta(0) = \delta_a(0)$ und $\delta(\infty) = \delta_a(\infty)$ gelten. Das zeigt aber, daß der Wert eines Defektes von einer Verschiebung des Nullpunktes abhängen kann. Eine solche Verschiebung bleibt nach VALIRON [2] ohne Einfluß auf den Defekt, wenn $\lim\limits_{r \to \infty} \dfrac{T(r+1)}{T(r)} = 1$ gilt. Für endliche Ordnung kann, da $T(r)$ konvex in $\log r$ ist, diese Beziehung durch $\overline{\lim\limits_{r \to \infty}} \dfrac{\log T(r)}{\log r} - \underline{\lim\limits_{r \to \infty}} \dfrac{\log T(r)}{\log r} < 1$ ersetzt werden. Das ist z. B. der Fall, wenn die betrachtete Funktion der endlichen Ordnung $\lambda$ von regulärem Wachstum ist $\left(\lim\limits_{r \to \infty} \dfrac{\log T(r, w)}{\log r} = \lambda\right)$. So zeichnen sich die Lösungen linearer Differentialgleichungen

$$w^{(m)} + a_1(z)\, w^{(m-1)} + \cdots + a_m\, w = 0$$

mit Polynomkoeffizienten dadurch aus, daß Defekte und Verzweigungsindizes gegenüber Verschiebungen des Nullpunktes invariant sind.

$\beta$) Die ganze transzendente Funktion $g(z) = \int\limits_0^z \exp(e^t)\, dt$ genügt wegen $\eta = g(2\pi i) \neq 0$ der Funktionalgleichung $g(z + 2\pi i) = g(z) + \eta$. Es gilt $\delta(\infty) = 1$, $\delta(a) = 0$ für alle endlichen $a$ und $\Phi_e = 0$. $g(z)$ hat die folgenden Zielwerte:

$$\begin{array}{lll}
\infty & \text{auf den Halbstrahlen } \Re z > 0, \quad \Im z = 2\mu\pi & \left.\begin{array}{l} \\ \\ \end{array}\right\} \mu = 0, \\
a + \mu\eta & \text{auf den Halbstrahlen } \Re z > 0, \quad \Im z = (2\mu+1)\pi & \pm 1, \ldots \\
\infty & \text{auf jedem Wege mit } \Re z \to -\infty. &
\end{array}$$

Dabei ist $a = \int\limits_0^{\pi} \exp(e^{ix})\, dx + \int\limits_0^{\infty} \exp(-e^x)\, dx$. Die von $w = g(z)$ erzeugte Fläche hat logarithmische Stellen über den Punkten

$$w = a_\mu = a + \mu\eta.$$

Der Einfluß dieser Stellen kommt aber in der Defektrelation nicht zum Ausdruck. Das liegt daran, daß im zweiten Hauptsatz nur die Schmiegungsfunktionen von endlich vielen Werten $a_j$ erfaßt werden. Darüber darf man sich nicht durch die Defektrelation $\sum\limits_a \delta(a) \leqq 2$ hinwegtäuschen lassen, da dieses Ergebnis erst nach Durchführung des Grenzüberganges $r \to R$ aus $\sum\limits_1^q \delta(a_j) \leqq 2$ gewonnen wurde. Die Defektsumme $\sum\limits_a \delta(a)$ kann man im allgemeinen nicht als Gesamtdefekt ansprechen, wenn dabei zum Vergleich an den Begriff Gesamtindex der algebraischen Verzweigtheit gedacht wird. In $\Phi = \underline{\lim} \dfrac{N_1(r)}{T(r)}$ werden durch die Größe $N_1(r)$ alle algebraischen Windungspunkte der Fläche ihrem Einfluß nach bei $r \to R$ erfaßt. Die Indexsumme $\sum\limits_a \vartheta(a)$ kann sehr wohl Null sein, ohne daß auch $\Phi = 0$ ist. Als Maß für den Gesamtdefekt schlägt R. Nevanlinna [2] die Größe $\varliminf \dfrac{m(r, w') + m(r, 1/w')}{T(r, w)}$ vor.

Ein einfaches Beispiel einer ganzen Funktion mit $\sum\limits_{a} \vartheta(a) = 0$, aber $\Phi = 1$ ist die Besselsche Funktion $w(z) = J_0(z)$. Es ist $T(r, w) = \dfrac{2r}{\pi} + O(\log r)$; $J_0(z)$ ist vom Mitteltypus der Ordnung 1. Aus $N(r, 0) = \dfrac{2r}{\pi} + O(\log r)$ folgt $m(r, 0) = O(\log r)$. Ist $a \neq 0, \infty$, so ergibt sich aus $w'' + \dfrac{1}{z} w' + w - a = -a$ nach Division mit $w - a$ und Übergang zur Schmiegungsfunktion $m\left(r, \dfrac{1}{w - a}\right) = O(\log r)$. $J_0(z)$ hat also keine endlichen defekten Werte. Aus $w'' + \dfrac{1}{z} w' + w = 0$ folgt $m\left(r, \dfrac{w}{w'}\right) = O(\log r)$ und daher $m(r, w') \leq m(r, w) + O(\log r)$,

$$m(r, w) = m\left(r, \dfrac{w}{w'} w'\right) \leq m(r, w') + O(\log r),$$

also $m(r, w') = m(r, w) + O(\log r)$. Nach (I) gilt daher

$$T(r, J_0') = T(r, J_0) + O(\log r).$$

Weiter erhält man $m\left(r, \dfrac{1}{w'}\right) = m\left(r, \dfrac{w}{w'} \dfrac{1}{w}\right) \leq m\left(r, \dfrac{1}{w}\right) + O(\log r)$, also $m\left(r, \dfrac{1}{w'}\right) = O(\log r)$. Zufolge (I) ist dann $N_1(r) = N\left(r, \dfrac{1}{w'}\right) = T(r, w') + O(\log r)$ und daher $\Phi = \Phi_e = \lim\limits_{r \to \infty} \dfrac{N(r, 1/w')}{T(r, w)} = 1$. Nun hat die von $w = J_0(z)$ erzeugte Fläche $F$ über $w = a \neq \infty$ höchstens endlich viele zweiblättrige algebraische Windungspunkte. Daher ist $\vartheta(a) = 0$ für alle $a$ und $\sum\limits_{a} \vartheta(a) = 0 < \Phi = \Phi_e = 1$. $w = J_0(z)$ erfüllt eine genaue Defektrelation $\delta(\infty) + \Phi = 2$.

6. **Beweis der beiden Hilfssätze** (Chi-Tai Chuang [1]). Zum Beweis der beiden Hilfssätze benötigt man zwei Aussagen über die absoluten Beträge der Polynome $p(z) = \prod\limits_{1}^{n} (z - z_j)$. Zu $n$ komplexen Zahlen $z_j = r_j e^{i \varphi_j} \neq 0$, $0 \leq \varphi_j < 2\pi$, gibt es eine reelle Zahl $\Theta_0$, so daß für alle reellen $t \geq 0$ die Beziehung

$$\left| \prod_{1}^{n} (t e^{i \Theta_0} - z_j) \right| > \dfrac{1}{2^n} \prod_{1}^{n} |z_j| \tag{x}$$

gilt. Wegen

$$\left| t\, e^{i \Theta_0} - r_j e^{i \varphi_j} \right| \geq r_j \left| \sin(\Theta_0 - \varphi_j) \right|$$

und

$$\left| \prod_{1}^{n} \sin(\Theta - \varphi_j) \right| = \left| \prod_{1}^{n} \sin(\Theta - \alpha_j) \right|, \qquad \varphi_j \equiv \alpha_j \bmod \pi,$$

genügt es, $\left| \prod_1^n \sin(\Theta_0 - \varphi_j) \right| \geq \dfrac{1}{2^n}$, $0 \leq \varphi_j < \pi$, zu beweisen. Mit

$$h(\Theta) = \log \left| \prod_1^n \sin(\Theta - \varphi_j) \right| \quad \text{und} \quad \int_0^{2\pi} h(\Theta)\, d\Theta = -n\,\pi \log 2 \quad \text{folgt die}$$

Existenz einer Zahl $\Theta_0$ mit der Eigenschaft $\left| \prod_1^n \sin(\Theta_0 - \varphi_j) \right| \geq \dfrac{1}{2^n}$.

Zu $n$ komplexen Zahlen $z_j$ und zwei positiven Zahlen $0 < R < R'$ gibt es eine positive Zahl $\varrho$, $R \leq \varrho \leq R'$, so daß auf der Kreislinie $|z| = \varrho$ gilt

$$\left| \prod_1^n (z - z_j) \right| > \frac{(R' - R)^n}{(2e)^n}. \tag{xx}$$

(xx) folgt aus einem Satz von VALIRON [1]: Zu $n$ reellen Zahlen $a_j$, $0 \leq a_j \leq 1$, kann man eine Zahl $x_0$, $0 \leq x_0 \leq 1$, finden, die der Bedingung $\left| \prod_1^n (x_0 - a_j) \right| > \dfrac{1}{(2e)^n}$ genügt. Diese Aussage gilt auch noch, wenn die $a_j$ beliebige reelle Zahlen sind. Ist nun $k$ eine reelle Zahl $> 1$ und wird $A_j = \dfrac{a_j - 1}{k - 1}$ gesetzt, so gibt es danach eine Zahl $y_0$, $0 \leq y_0 \leq 1$, für welche $\left| \prod_1^n (y_0 - A_j) \right| > \dfrac{1}{(2e)^n}$ gilt, und damit auch eine Zahl $x_0$, $1 \leq x_0 \leq k$, für welche $\left| \prod_1^n (x_0 - a_j) \right| > \dfrac{(k-1)^n}{(2e)^n}$ richtig ist. Mit $a_j = \dfrac{|z_j|}{R}$, $k = \dfrac{R'}{R}$ und $\varrho = R\,x_0$ erhält man

$$\prod_1^n |z - z_j| \geq \prod_1^n |\varrho - |z_j|| = R^n \prod_1^n |x_0 - a_j| > \frac{(R' - R)^n}{(2e)^n},$$

also (xx).

Hat die in $|z| < \infty$ meromorphe Funktion $w = w(z)$, $w(0) \neq \infty$, auf $|z| \leq R'$ die Polstellen $z_1, z_2, \ldots, z_n$, so ist mit $P(z) = (2R')^{-n} \prod_1^n (z - z_j)$ $g(z) = w(z)\,P(z)$ eindeutig regulär analytisch auf $|z| \leq R'$. Weiter gilt dort $|g(z)| \leq |w(z)|$. Aus (x) folgt mit $\Theta_0 = \varphi$ für $0 \leq t \leq R$

$$|g(t\,e^{i\varphi})| \geq \left( 4^{-n}\, R'^{-n} \prod_1^n |z_j| \right) |w(t\,e^{i\varphi})|$$

oder

$$|w(t\,e^{i\varphi})| \leq \frac{4^n\, R'^n}{\prod_1^n |z_j|} |g(t\,e^{i\varphi})|$$

und nach Übergang zum Pluslogarithmus

$$\overset{+}{\log} |w(t\,e^{i\varphi})| \leq n(R', w) \log 4 + N(R', w) + \overset{+}{\log} M(R, g).$$

Das ist, wenn man noch $\overset{+}{\log} M(R, g) \leqq \dfrac{R'+R}{R'-R} m(R', w)$ beachtet, der erste Hilfssatz.

Zum Beweis des zweiten Hilfssatzes wird $P(z) = (2R'')^{-n} \overset{n}{\underset{1}{\prod}} (z - z_j)$ betrachtet; $z_1, z_2, \ldots, z_n$ sind die Polstellen von $w(z)$ auf der Kreisscheibe $|z| \leqq R''$. Nach (xx) gibt es eine Kreislinie $|z| = \varrho$, $R \leqq \varrho \leqq R'$, auf der $|g(z)| \geqq |w(z)| (2R'')^{-n} \left(\dfrac{R'-R}{2e}\right)^n$ oder $|w(z)| \leqq \dfrac{(4e\,R'')^n}{(R'-R)^n} |g(z)|$ gilt. Daraus folgt

$$\overset{+}{\log} |w(z)| \leqq n(R'', w) \log \frac{4e\,R''}{R'-R} + \overset{+}{\log} M(R', g)$$

$$\leqq n(R'', w) \log \frac{4e\,R''}{R'-R} + \frac{R''+R'}{R''-R'} m(R'', w), \quad |z| = \varrho.$$

## III. Weitere Folgerungen aus den Hauptsätzen. Ergänzungen.

1. Die Funktion $w(z) = e^z + a$ hat die PICARDschen Ausnahmewerte $a$ und $\infty$, $w'(z)$ und alle höheren Ableitungen lassen die Werte Null und Unendlich vollständig aus. Diese Eigenschaft ist nach PÓLYA-SAXER typisch für ganze transzendente Funktionen $g(z)$, die einen endlichen Wert $a$ nur endlich oft annehmen. Alle Ableitungen $g'(z)$, $g''(z), \ldots$ nehmen dann jeden endlichen Wert, höchstens von der Null abgesehen, unendlich oft an. ULLRICH [1] hat mit den in II. entwickelten Hilfsmitteln die analoge Frage bei meromorphen Funktionen untersucht. Dabei stellte sich heraus, daß der feinere Defektbegriff ähnliche Eigenschaften aufweist wie der PICARDsche Ausnahmewert.

$w = w(z)$ habe die Werte $a$ und $b$ zu NEVANLINNAschen Ausnahmewerten (pos. Defekt), und zwar gelte $\delta(a) = \delta(b) = 1$. Nach II, 3. ist dann $\delta(w', 0) = 1$ und $\delta(w'', 0) \geqq \frac{2}{3}$, falls $a$ und $b$ endlich sind. Für $b = \infty$ ist wieder $\delta(w', 0) = 1$. Wegen II, (3) ist $\delta(w', \infty) = 1$, woraus $\delta(w'', 0) = 1$, $\delta(w'', \infty) = 1$ usw. folgt. Das gilt insbesondere für meromorphe Funktionen mit PICARDschen Ausnahmewerten, da für sie der NEVANLINNAsche Defekt den maximalen Wert 1 hat. Dasselbe Resultat bleibt für BORELsche Ausnahmewerte sicher erhalten, wenn $w(z)$ von endlicher Ordnung ist (etwas allgemeiner, wenn in (H) keine Ausnahmeintervalle auftreten).

Hat $w = w(z)$ keine einfachen Pole und gilt die genaue Defektrelation $\underset{a}{\sum} \delta(a) = 2$, so ist wegen (D') $\vartheta(\infty) = 0$. Daraus folgt, wenn man $N(r, w) \leqq 2N_1(r, w)$ beachtet (hier wird benützt, daß keine einfachen Pole vorkommen), $\lim\limits_{r \to \infty} \dfrac{N(r,w)}{T(r,w)} = 0$, also $\varDelta(\infty) = 1$. Wegen $\sum\limits_{a \neq \infty} \delta(a) + \varDelta(\infty) \leqq 2$ ist daher $\sum\limits_{a \neq \infty} \delta(a) \leqq 1$. $w = w(z)$ kann nicht zwei endliche Werte mit extremalem Defekt haben. Falls solche Werte vorkommen, muß einer davon $\infty$ sein. Das gilt auch wieder bei Funktionen endlicher Ordnung für BORELsche Ausnahmewerte. An den Überlegungen ändert sich nichts Wesentliches, wenn man für $w = w(z)$ endlich viele einfache Pole zuläßt. Ein schönes Beispiel dazu liefert die Funktion $w = \operatorname{tg} z$. Sie ist vom Mitteltypus der Ordnung 1 und hat die beiden PICARDschen Ausnahmewerte $\pm i$, wie man der Definition oder der Differentialgleichung $w' = (w + i)(w - i)$ entnimmt. $w'(z)$ hat den PICARDschen Ausnahmewert 0. Aus $w'' = 2ww'$, $m(r,w) = O(\log r)$ und $m\left(r, \dfrac{1}{w}\right) = O(\log r)$ folgt $m\left(r, \dfrac{1}{w''}\right) = m\left(r, \dfrac{1}{w'}\right) + O(\log r)$. Wegen $T(r, w^{(j)}) = N(r, w^{(j)}) + O(\log r) = (j + 1)N(r, w) + O(\log r)$ erhält man

$$\delta(w'', 0) = \lim_{r \to \infty} \frac{m(r, 1/w'')}{T(r, w')} \frac{T(r, w')}{T(r, w'')} \leqq \frac{2}{3}\,\delta(w', 0) = \frac{2}{3}$$

und damit $\delta(w'', 0) = \frac{2}{3}$. Die Defektrelation für $w'(z)$ lautet

$$\delta(w', 0) + \vartheta(w', \infty) + \vartheta(w', 1) = 1 + \tfrac{1}{2} + \tfrac{1}{2} = 2.$$

$\vartheta(w', 1) = \tfrac{1}{2}$ folgt aus $w'' = 2ww'$. Die einzigen Nullstellen von $w''$ fallen mit den Nullstellen von $w(z)$ zusammen; in diesen Stellen ist $w'(z) = 1$ und $w'''(z) \neq 0$. Es ist also $N_1\left(r, \dfrac{1}{w' - 1}\right) = N\left(r, \dfrac{1}{w}\right)$.

Unter weiteren Einschränkungen lassen sich aus der Voraussetzung $\sum\limits_{a} \delta(a) = 2$ interessante Aussagen über das Wachstumsverhalten und die Defektverteilung ableiten. Aus der kanonischen Produktdarstellung und den Eigenschaften kanonischer Produkte folgt das wichtige Resultat (R. NEVANLINNA [1]):

Zu jeder in $|z| < \infty$ meromorphen Funktion von nichtganzzahliger Ordnung $\lambda > 0$ gibt es eine Zahl $\varkappa(\lambda) > 0$ derart, daß für alle $a$ und $b$, $a \neq b$,

$$\overline{\lim_{r \to \infty}} \frac{N(r, a) + N(r, b)}{T(r, w)} \geqq \varkappa(\lambda)$$

gilt. Danach ist z. B. $\delta(a) = \delta(b) = 1$ nur bei ganzzahliger Ordnung oder der Ordnung $\infty$ möglich. Ist $w = w(z)$ ganz transzendent $\left(N(r, b) = N(r, \infty) \equiv 0\right)$, so muß für alle endlichen $a$ $\overline{\lim\limits_{r \to \infty}} \dfrac{N(r, a)}{T(r, a)} \geqq \varkappa(\lambda)$ erfüllt sein, eine Beziehung, die auch noch richtig ist, wenn $T(r, w)$ durch den Logarithmus des Maximalbetrages ersetzt wird:

$$\overline{\lim_{r \to \infty}} \frac{N(r, a)}{\log M(r)} \geqq \varkappa(\lambda).$$

Aus $\log M(r, g) \geqq \log M(r, g')\,(1 + \varepsilon(r))$ und

$$2 \geqq \sum_a \delta(a) + \varlimsup_{r \to \infty} \frac{N(r, 1/g')}{T(r, g)} \geqq \sum_a \delta(a) + \varlimsup_{r \to \infty} \frac{N(r, 1/g')}{\log M(r, g)}$$

folgt: Für eine ganze Funktion $w = g(z)$ mit endlicher nichtganzzahliger Ordnung gilt

$$\sum_a \delta(a) \leqq 2 - \varkappa(\lambda) < 2.$$

Eine ganze transzendente Funktion endlicher Ordnung, deren Defektsumme den maximalen Wert 2 hat, muß also notwendigerweise von ganzzahliger Ordnung $\lambda \geqq 1$ sein. Der Zusatz $\lambda \geqq 1$ folgt aus einem Satz von WIMAN [3], nach dem es zu jeder ganzen Funktion der Ordnung $\lambda < \frac{1}{2}$ eine Folge von Kreisen $|z| = r_j \to \infty$ gibt, auf denen $|g(z)|$ gleichmäßig über alle Grenzen wächst. Für endliches $a$ ist dann aber $\lim\limits_{r \to \infty} \dfrac{m(r, a)}{T(r, g)} = \delta(a) = 0$, so daß die Annahme $\sum\limits_{a \neq \infty} \delta(a) = 1$ die Möglichkeit $\lambda = 0$ ausschließt. Nach II, (1) ist $\delta(g', 0) = 1$.

Die für $\lambda < \dfrac{1}{2}$ gültige Beziehung $\varlimsup\limits_{r \to \infty} \dfrac{N(r, a)}{T(r, g)} = 1$ ist schwächer als $\lim\limits_{r \to \infty} \dfrac{N(r, a)}{T(r, w)} = 1$ in II, 4.; sie gilt aber für alle endlichen $a$. Nach VALIRON [4] ist bei ganzen transzendenten Funktionen der Ordnung Null, die noch der Zusatzbedingung $\varlimsup\limits_{r \to \infty} \dfrac{\log M(r, g)}{(\log r)^2} < \infty$ genügen, für alle endlichen $a$ $\lim\limits_{r \to \infty} \dfrac{N(r, 1/(g - a))}{T(r, g)} = 1$ richtig. PFLUGER [1] stellte fest, daß bei ganzen transzendenten Funktionen sich aus $\sum\limits_a \delta(a) = 2$ eine überraschend einfache Verteilung der defekten Werte ergibt. Die Zahl der verschiedenen defekten Werte ist höchstens $\lambda + 1$, und jeder Defekt $\delta(a_j)$ ist ein ganzzahliges Vielfaches von $\dfrac{1}{\lambda}$:

$$\delta(a_j) = \frac{\mu_j}{\lambda}, \quad j = 1, 2, \ldots, q \leqq \lambda, \quad \delta(\infty) = 1.$$

Die Beziehung $\lim\limits_{r \to \infty} \dfrac{N(r, 1/g')}{T(r, g)} = 0$ erlaubt die Anwendung eines von PFLUGER bewiesenen Satzes über ganze Funktionen ganzer Ordnung, auf den sich die Berechnung der Defekte wesentlich stützt (PFLUGER [2]). Für meromorphe Funktionen kann man im allgemeinen ohne zusätzliche Voraussetzungen die Anzahl der defekten Werte nicht durch die Ordnung limitieren. Das zeigt ein einfaches, von R. NEVANLINNA [1] angegebenes Beispiel. Aus der Annahme, daß die in $|z| < \infty$ meromorphe Funktion $w(z)$ die Ordnung $\lambda < 1$ hat und auf der imaginären Achse beschränkt ($|w(z)| \leqq 1$) ist, ergibt sich für $\delta(w, \infty)$

$$\delta(w, \infty) \leqq 1 - \cos \frac{\pi \lambda}{2} \quad \text{oder} \quad \frac{2}{\pi} \arccos(1 - \delta(\infty)) \leqq \lambda.$$

Zum Beweis wird $\log|w(z)|$ in $\Re z > 0$ durch die auf jedem Halbkreis $\Re z \geqq 0$, $|z| \leqq R$ gleichmäßig konvergente Reihe $\sum\limits_{j} g(z, p_j)$ mit $g(z, p_j) = \log\left|\dfrac{z + \bar{p}_j}{z - p_j}\right|$ abgeschätzt: $\log|w(z)| \leqq \sum\limits_{j} g(z, p_j)$. Die Summation ist über alle Pole $p_j$ von $w(z)$ in der rechten Halbebene zu erstrecken. $m(r, \infty)$ erhält von der rechten Halbebene den Beitrag $m_1(r, \infty)$:

$$m_1(r, \infty) = \frac{1}{2\pi} \int\limits_{-\pi/2}^{\pi/2} \overset{+}{\log}|w(r e^{i\varphi})|\, d\varphi \leqq \sum_{j} \frac{1}{2\pi} \int\limits_{-\pi/2}^{\pi/2} g(r e^{i\varphi}, p_j)\, d\varphi$$

$$= \sum_{j} h(r, p_j).$$

Zur Berechnung von $h(r) = h(r, p)$ wird $\dfrac{dh}{d\log r} = \dfrac{1}{2\pi} \int\limits_{z=-ir}^{z=ir} \dfrac{\partial g}{\partial n}\, ds$ gebildet. $\dfrac{dh}{d\log r}$ ist wegen einfacher Eigenschaften des harmonischen Maßes $\leqq \dfrac{2}{\pi} \operatorname{arctg} \dfrac{r}{|p|}$ für $r < |p|$ und $\geqq \dfrac{2}{\pi} \operatorname{arctg} \dfrac{r}{|p|} - 1$ für $r > |p|$. Integration ergibt

$$h(r, p) \leqq H\left(\frac{r}{|p|}\right) - \overset{+}{\log} \frac{r}{|p|} \quad \text{mit} \quad H\left(\frac{r}{|p|}\right) = \frac{2}{\pi} \int\limits_{0}^{r} \operatorname{arctg} \frac{\varrho}{|p|}\, \frac{d\varrho}{\varrho},$$

also

$$m_1(r, \infty) \leqq \sum_{j} \left(H\left(\frac{r}{|p_j|}\right) - \overset{+}{\log} \frac{r}{|p_j|}\right).$$

Nun ist $\sum\limits_{j} \overset{+}{\log} \dfrac{r}{|p_j|} = N^{(1)}(r, \infty)$ der Beitrag zu $N(r, \infty)$, der von $\Re z > 0$, $|z| \leqq r$ herrührt. (Die Beiträge von $\Re z < 0$ sind $N^{(2)}(r, \infty)$ und $m_2(r, \infty)$, also $N^{(1)}(r, \infty) + N^{(2)}(r, \infty) = N(r, \infty)$ und $m_1(r, \infty) + m_2(r, \infty) = m(r, \infty)$). Danach besteht die Beziehung

$$N^{(1)}(r, \infty) + m_1(r, \infty) \leqq \sum_{j} H\left(\frac{r}{|p_j|}\right).$$

Die Funktion $H(x)$ genügt für alle $a > 0$ und alle $\mu$, $0 < \mu < 1$, der Beziehung:

$$\int\limits_{a}^{\infty} \frac{H(x)}{x^{\mu+1}}\, dx \leqq \frac{1}{\cos \dfrac{\pi \mu}{2}} \int\limits_{a}^{\infty} \frac{\overset{+}{\log} x}{x^{\mu+1}}\, dx.$$

Wählt man nun $\mu$ aus dem offenen Intervall $(\lambda, 1)$, so folgt schließlich

$$\int\limits_{a}^{\infty} \frac{N^{(j)}(r, \infty) + m_j(r, \infty)}{r^{\mu+1}}\, dr \leqq \frac{1}{\cos \dfrac{\pi \mu}{2}} \int\limits_{a}^{\infty} \frac{N^{(j)}(r, \infty)}{r^{\mu+1}}\, dr,$$

zunächst für $j = 1$ und ganz analog für $j = 2$. Addition ergibt

$$\int\limits_a^\infty \frac{T(r, w)}{r^{\mu+1}} \, dr \leqq \frac{1}{\cos\dfrac{\pi\mu}{2}} \int\limits_a^\infty \frac{N(r, \infty)}{r^{\mu+1}} \, dr .$$

Da $a > 0$ beliebig wählbar ist, gibt es eine Folge $r_j$ von $r$-Werten, $r_j \to \infty$, mit der Eigenschaft $N(r_j, \infty) \geqq \cos\dfrac{\pi\mu}{2}\, T(r_j, w)$ oder

$$m(r_j, \infty) \leqq \left(1 - \cos\frac{\pi\mu}{2}\right) T(r_j, w), \quad \text{d. h.} \quad \delta(\infty) \leqq 1 - \cos\frac{\pi\mu}{2} .$$

Da $\mu - \lambda > 0$ beliebig klein gewählt werden kann, gilt also die Behauptung $\delta(\infty) \leqq 1 - \cos\dfrac{\pi\lambda}{2}$. Daß die Defektschranke genau ist, zeigt die Funktion $E(z) = \prod\limits_1^\infty \dfrac{j^{1/\lambda} + z}{j^{1/\lambda} - z}$, $0 < \lambda < 1$. $E(z)$ ist vom Mitteltypus der Ordnung $\lambda$ und hat den Defekt $\delta(\infty) = 1 - \cos\dfrac{\pi\lambda}{2}$.

Folgerungen aus diesem Satz (TEICHMÜLLER [1]) liegen auf der Hand:

a) $w = w(z)$ sei von der Ordnung $\lambda < \frac{1}{2}$ und auf einem Strahl $\arg z = \alpha$ beschränkt, dann gilt $\delta(\infty) \leqq 1 - \cos\pi\lambda$. Die Schranke ist genau.

b) Ist $w = w(z)$ auf endlich vielen Strahlen $\arg z = $ const beschränkt und $\alpha$ der größte Winkel zwischen zwei benachbarten Strahlen, so gilt für $\lambda < \dfrac{\pi}{\alpha} : \delta(\infty) \leqq 1 - \cos\dfrac{\alpha\lambda}{2}$.

2. Einige Behauptungen (R. NEVANLINNA [1]) über Zusammenhänge zwischen defekten Werten und Wachstumsordnung stützen sich auf die folgende Vermutung: Ein defekter Wert einer in $|z| < \infty$ eindeutigen analytischen Funktion ist Zielwert. Nach Definition des Defektes durch die Schmiegungsfunktion liegt diese Vermutung sehr nahe und wird im übrigen durch viele bekannte Funktionen gestützt. Daß diese Vermutung nicht richtig ist, zeigten TEICHMÜLLER [1] und LAURENT-SCHWARTZ [1] für meromorphe, HAYMAN [1] für ganze transzendente Funktionen. TEICHMÜLLER betrachtet die Funktion

$$w = f(z) = \sum_{j=0}^\infty \left(\frac{3 \cdot 4^j}{z - 5 \cdot 4^j}\right)^{2^j} + \sum_{j=0}^\infty \left(\frac{6 \cdot 4^j}{z + 10 \cdot 4^j}\right)^{2^j} .$$

Auf jedem endlichen Teilbereich der $z$-Ebene besitzt die Partialbruchreihe einen gleichmäßig konvergenten Rest, stellt also eine in $|z| < \infty$ meromorphe Funktion dar. Auf der imaginären Achse ist $|f(z)| \leqq C_1$. Weiter gilt auf den Halbkreisen $|z| = 2 \cdot 4^\mu$, $\Re z \geqq 0$ und $|z| = 4^\mu$, $\Re z \leqq 0$ $|f(z)| \leqq C_2$ bzw. $|f(z)| \leqq C_3$. Es ist also $|f(z)| \leqq C = \operatorname*{Max}_{1}^{3} C_j$ auf jeder Kurve $\Gamma_\mu$, die sich wie folgt zusammensetzt: Strecke $-i2 \cdot 4^\mu \cdots -i4^\mu$, Halbkreis $|z| = 4^\mu$, $\Re z \leqq 0$, Strecke $i4^\mu \cdots i2 \cdot 4^\mu$ und Halbkreis $|z| = 2 \cdot 4^\mu$, $\Re z \geqq 0$. Jede Kurve $\Gamma_\mu$ trennt $\Gamma_{\mu-1}$ von $\Gamma_{\mu+1}$ und von $z = \infty$. Für $\mu \to \infty$ ziehen sich die Kurven $\Gamma_\mu$ auf den Punkt $z = \infty$ zusammen. $w = f(z)$ kann also $w = \infty$ nicht zum Zielwert haben. Für $N(r, w)$ findet man $N(r, w) \leqq C_4 \sqrt{r}$, für die Schmiegungsfunktion $m(r, w) \geqq C_5 \sqrt{r}$ und $m(r, w) \leqq C_6 \sqrt{r}$, gültig für alle $r \geqq r_0$. $C_4$, $C_5$ und $C_6$ sind von Null verschiedene endliche positive Zahlen. Nach (I) gilt $C_5 \sqrt{r} \leqq T(r, w) < (C_4 + C_6) \sqrt{r}$, also $\lambda = \tfrac{1}{2}$. Weiter ist

$$\frac{m(r, w)}{T(r, w)} \geqq \frac{C_5 \sqrt{r}}{(C_4 + C_6) \sqrt{r}} = \frac{C_5}{C_4 + C_6} > 0,$$

also $\delta(\infty) > 0$. Die genauere Betrachtung der von $w = f(z)$ erzeugten Fläche $F$ zeigt, daß über $|w| \geqq R$, $R$ hinreichend groß, aber dann fest, nur algebraische Windungsflächenstücke liegen, die allein über $w = \infty$ verzweigt sind. $w = \infty$ ist eine algebraische Sorte wachsender Ordnung. Das Beispiel zeigt, daß bei hinreichend schnellem Anwachsen der Blattzahl eine solche Sorte einen positiven Defekt bewirken kann.

LAURENT-SCHWARTZ [1] betrachtet die Funktion

$$f(z) = \prod_{j=1}^{\infty} \left( \frac{1 + z/4^j}{1 - z/4^j} \right)^{(-2)^j}$$

Sie ist meromorph in $|z| < \infty$, von der Ordnung $\tfrac{1}{2}$ und hat die defekten Werte 0 und $\infty$: $\delta(0) = \delta(\infty) > 0$. Die Werte 0 und $\infty$ sind aber keine Zielwerte.

HAYMAN [1] geht von der Funktion

$$g(z) = \prod_{n=1}^{\infty} \left[ 1 + \left( \frac{z}{n} \right)^{3n} \right]^{2^n}$$

aus. Die Abschätzung der Summen $S_j$ in

$$\log |g(z)| = \sum_{1}^{N} 2^n \cdot 3n \cdot \log \left| \frac{z}{n} \right| + \sum_{1}^{N} 2^n \log \left| 1 + \left( \frac{z}{n} \right)^{3n} \right|$$
$$+ \sum_{N+1}^{\infty} 2^n \log \left| 1 + \left( \frac{z}{n} \right)^{3n} \right| = S_1 + S_2 + S_3$$

ergibt mit $|z| = r_N = N + \tfrac{1}{2}$

$$8.01 \cdot 2^N < \log |g(z)| < 9.99 \cdot 2^N. \tag{1'}$$

Daraus folgt, wenn $\overline{M}(r, g) = M(r, g)$, $\underline{M}(r, g) = \underset{|z|=r}{\mathrm{Min}} |g(z)|$ gesetzt wird,

$$\underline{M}\left( n + \frac{1}{2}, g \right) > \overline{M}^{\frac{4}{5}}\left( n + \frac{1}{2}, g \right), \qquad n \geqq n_0. \tag{1}$$

$g(z)$ ist von der Ordnung $\infty$ und hat nach (1) keinen endlichen defekten Wert, da $m\left(r_N, \dfrac{1}{g(z) - c}\right) \to 0$ strebt, was mit $\delta(g, c) > 0$ nicht vereinbar ist. Mit $g(z)$ ist auch $G(z) = g(z + a)$, $a$ eine endliche komplexe Zahl, von der Ordnung $\infty$. Aus (1) folgt, daß $G(z)$ keinen endlichen Zielwert haben kann, wie auch $a$ gewählt wird. Dagegen ist für $|a| \geqq \frac{1}{2}$ der Wert $w = 0$ stets defekter Wert von $G(z)$: $\delta(G, 0) > 0$. Der Beweis dieser Behauptung stützt sich auf die beiden folgenden Bemerkungen:

$\alpha$) Ist $z_0 = n\, e^{i\varphi_0}$ eine Nullstelle von $g(z)$, so gilt $\log|g(z)| < 2^{n-1}\log\eta$, wenn $z$ der Bedingung $|z - z_0| < \eta \leqq \frac{1}{4}\, e^{-20}$ genügt. Der Beweis ergibt sich aus dem SCHWARZschen Lemma und (1').

$\beta$) Es sei $|a| \geqq \frac{1}{2}$, $0 < \eta \leqq \frac{1}{2}$ und $z_0 = n\, e^{i\varphi_0}$ eine Nullstelle von $g(z)$, wobei die natürliche Zahl $n$ der Bedingung $r - |a| \leqq n < r + |a|$ genügt. Dann ist das lineare Maß der $\varphi$-Werte, für welche $|a + r\, e^{i\varphi} - z_0| < \eta \leqq \frac{1}{2}$ gilt, nicht kleiner als $\dfrac{\eta^2}{2\pi|a|}$, $r > r(|a|)$. Zum Beweis nützt man die symmetrische Lage der Nullstellen von $g(z)$ auf $|z| = n$ aus.

Ist $n$ die größte ganze Zahl, die bei gegebenem $r$ der Bedingung $n - \frac{1}{2} \leqq |a| + r$ genügt, so wird der Kreis $|z| = r$ von $|a + z| = n - 1$ oder $|a + z| = n$ geschnitten. Aus (1'), $\alpha$) und $\beta$) folgt

$$\log|G(r\, e^{i\varphi})| = \log|g(a + r\, e^{i\varphi})| < 2^{n-1}\log\eta < -\log\overline{M}(r, g(a + z))$$
$$\leqq -T(r, g(a + z)) = -T(r, G)$$

mit $\eta = \frac{1}{4}\, e^{-20}$. Die Beziehung gilt für eine $\varphi$-Menge $M$ auf $|z| = r > r_0$, deren lineares Maß $\geqq \dfrac{\eta^2}{2\pi|a|}$ ist. Damit erhält man

$$m\left(r, \frac{1}{G(z)}\right) = \frac{1}{2\pi}\int_0^{2\pi} \overset{+}{\log}\frac{1}{|G(z)|}\, d\varphi$$

$$\geqq \frac{1}{2\pi}\int_M \overset{+}{\log}\frac{1}{|G|}\, d\varphi \geqq \frac{1}{2\pi}\, T(r, G)\int_M d\varphi \geqq \frac{\eta^2}{4\pi^2|a|}\, T(r, G),$$

also

$$\lim_{r \to \infty} \frac{m(r, 1/G)}{T(r, G)} = \delta(G, 0) \geqq \frac{10^{-21}}{|a|} > 0.$$

$G(z)$ ist daher eine ganze transzendente Funktion, die den defekten Wert $w = 0$ nicht zum Zielwert hat.

3. Die in III, 1. betrachtete Schrankenfunktion $E(z)$ hat einige interessante Eigenschaften, die noch besprochen werden sollen. Wegen $m(r, w) = m\left(r, \dfrac{1}{w}\right)$, $N(r, w) = N\left(r, \dfrac{1}{w}\right)$ gilt $\delta(0) = \delta(\infty) = 1 - \cos\dfrac{\pi\lambda}{2}$. Alle Nullstellen $q_j$ von $w'(z)$ sind reell und liegen zwischen zwei

benachbarten Polstellen $j^{1,2} = p_j < q_j < p_{j+1}$ und Nullstellen $-p_{j+1} < -q_j < -p_j$. Die Nullstellen $z = q_j$ sind einfach. Für $j \to \infty$ gilt $|w(q_j)| = |r_j| \to \infty$; es ist nämlich $m(q_j, w) \leqq \frac{1}{2} \log|r_j|$ und wegen $\delta(\infty) > 0$ $m(q_j, w) \to \infty$. Danach erhält man

$$N_1(r) = N(r, w) + N\left(r, \frac{1}{w}\right) + O(\log r) = 2N(r, w) + O(\log r)$$
$$= 2T(r, w) - 2m(r, w) + O(\log r).$$

Mithin ist $\Phi = 2 - 2\delta(\infty)$ und $\Phi + \delta(0) + \delta(\infty) = 2$. Weiter gilt wegen $|r_j| \to \infty$ $\vartheta(a) = 0$ für alle $a$ und $\delta(a) = 0$, $a \neq 0, \infty$, nach der Defektrelation. Der zweite Hauptsatz geht in eine asymptotische Gleichheit über: $N_1(r) + m(r, w) + m\left(r, \frac{1}{w}\right) = 2T(r, w) + O(\log r)$. Die positiv reelle Achse bzw. negativ reelle Achse ist Zielweg mit dem Zielwert $\infty$ bzw. 0. Die genauere Diskussion der von $w = E(z)$ erzeugten Fläche zeigt, daß neben schlichten Blättern über $w = 0, \infty$ eine indirekte Randstelle der Fläche liegt. Solche Randstellen können also auch positive Defekte erzeugen. Nach II, 1. bedingt $\delta(w, a) > 0$, $a \neq \infty$, einen positiven Defekt $\delta(w', 0)$; man spricht daher von Ableitungsfestigkeit des Defektes. Die Tatsache, daß mittelbare Randstellen positive Defekte bewirken können, legt es nahe, auch die Ableitungsfestigkeit dieser Randstellen zu betrachten. Hier zeigen schon einfache Beispiele, daß mittelbare Randstellen nicht ableitungsfest zu sein brauchen. So hat z. B. die von $w = \dfrac{\sin z^2}{z}$ erzeugte Fläche vier mittelbare Randstellen über $w = 0$, während die zu $w'(z)$ gehörige Fläche keine mittelbare Randstelle über $w = 0$ hat. Allgemeinere Beispiele gab HANCK [1] an. Ein solches ist

$$w(z) = \frac{A_\alpha(z)\cos z^p + B_\beta(z)\sin z^p}{C_\gamma(z)}; \tag{2}$$

$A_\alpha(z)$, $B_\beta(z)$, $C_\gamma(z)$ sind Polynome vom Grad $a, \beta, \gamma$ mit $\alpha \neq \beta$. Ist $\text{Max}(\alpha, \beta) \leqq \gamma - 1$, so hat die von $w(z)$ erzeugte Fläche genau $2p$ indirekt kritische Stellen über $w = 0$. Das erkennt man an den für große $|z|$ leicht anzugebenden asymptotischen Darstellungen von $w(z)$. Bei mehrfacher Differentiation ändern sich in (2) lediglich die Polynome. In $w^{(n)}(z)$ seien die Grade der entsprechenden Polynome $\alpha_n, \beta_n, \gamma_n$; dann hat $w^{(n)}(z)$ genau $2p$ indirekt kritische Stellen über $w = 0$, wenn $\text{Max}(\alpha_n, \beta_n) \leqq \gamma_n - 1$ ist. Für $w(z) = \dfrac{\sin z^p}{z^q}$ hat im Falle $1 + n(p - 1) \leqq q$ die von $w^{(n)}(z)$ erzeugte Fläche $2p$ mittelbare Randstellen über $w = 0$, so daß etwa für $p = 2$ die Randstellen $(q - 1)$-mal ableitungsfest sind. Mit wachsendem $q$ wird die Ableitungsfestigkeit stärker. Im vorliegenden Beispiel streben die Koordinaten der algebraischen Windungspunkte um so stärker gegen die Randstellenkoordinate 0 bei $|z| \to \infty$, je größer $q$ ist. Man wird erwarten, daß bei hinreichend starker Konvergenz mittelbare Randstellen positive Defekte bewirken; ihr Einfluß wird mit dem eines logarithmischen Windungspunktes vergleichbar. Daß beliebig hohe Ableitungsfestigkeit der mittelbaren Randstelle nicht für $\delta(0) > 0$ genügt, zeigt etwa $w = J_0(z)$ mit zwei mittelbaren Randstellen über $w = 0$, die beliebig oft ableitungsfest sind. Es ist aber $\delta(J_0(z), 0) = 0$. Auf Veranlassung von ULLRICH [5] sind diese Fragen von MÖLLER an den eindeutigen Lösungen der Differentialgleichung $w'' + p(z)\,w' + q(z)\,w = 0$ mit rationalen Koeffizienten untersucht worden. Nach den knappen Andeutungen bei ULLRICH [5] erhält man je nach den Graden der Koeffizienten

a) Mittelbare Randstellen beliebig hoher Ableitungsfestigkeit über $w = 0$, aber $\delta(0) = 0$.

b) Mittelbare Randstellen beliebig hoher Ableitungsfestigkeit über $w = 0$ und $0 < \delta(a) < 1$.

Wir geben dazu ein Beispiel an, das auch sonst Interesse verdienen dürfte. Es sei $F(z) = \sum_{j=1}^{n} P_j(z)\, e^{a_j z} + P(z)$; keines der Polynome $P_j(z)$, $P(z)$ soll identisch verschwinden. Weiter soll keine der voneinander verschiedenen komplexen Zahlen $a_j$ Null sein. $f(z) = F(z) - P(z)$ ist Lösung einer linearen Differentialgleichung mit konstanten Koeffizienten:

$$L(w) = w^{(m)} + A_{m-1}\, w^{(m-1)} + \cdots + A_0\, w = 0, \qquad A_0 \neq 0; \qquad (3)$$

$F(z)$ genügt der inhomogenen Differentialgleichung

$$L(z) = Q(z) = L\big(P(z)\big),$$

$Q(z) \not\equiv 0$, falls $P(z) \not\equiv 0$. Ist $c$ eine beliebige endliche komplexe Zahl, so folgt aus

$$w^{(m)} + \cdots + A_0(w - c) = Q(z) - c\,A_0 = D(z),$$

falls $D(z) \not\equiv 0$ ist, nach dem Hilfssatz über die Schmiegungsfunktion der logarithmischen Ableitung (für $w(z)$ ist $\lambda = 1$) $m\!\left(r, \dfrac{1}{w-c}\right) = O(\log r)$. Falls $P(z)$ einen Grad $\geq 1$ hat, ist $D(z) \not\equiv 0$, also $\delta(c) = 0$ für alle endlichen $c$. Für $Q(z) = c\,A_0$ kann $\delta(c)$ positiv sein. Sind schließlich in einer Exponentialsumme alle $a_j = 0$, d. h. $P(z) \equiv 0$, dann ist höchstens $c = 0$ NEVANLINNAscher Ausnahmewert. Im Falle $D(z) \equiv 0$ gilt aber $m\!\left(r, \dfrac{w-c}{w'}\right) = O(\log r)$. Daraus folgt

$$m\!\left(r, \frac{1}{w'}\right) = m\!\left(r, \frac{1}{w-c}\right) + O(\log r).$$

Zusammen mit $m(r, w') = m(r, w) + O(\log r)$ folgt

$$T(r, w') = T(r, w) + O(\log r)$$

und

$$N\left(r, \frac{1}{w'}\right) + m(r, w) + m\left(r, \frac{1}{w-c}\right) = 2\,T(r, w) + O(\log r)\,.$$

Eine explizite Angabe der Defekte ist leicht möglich. In $f(z) = \sum_1^n P_j(z)\, e^{a_j z}$ seien alle $a_j \neq 0$ und $c$ sei eine beliebige komplexe Zahl $\neq 0, \infty$. Zu den Exponentenpunkten $\bar a_1, \bar a_2, \ldots, \bar a_n$, $0$ bilde man das kleinste konvexe Polygon (Indikatordiagramm). Sein Umfang sei $U(a_j, 0)$ und $U(a_j)$ der Umfang des zu $\bar a_1, \ldots, \bar a_n$ gehörigen Indikatordiagramms. Nach PÓLYA-SCHWENGELER [1] gilt

$$n(r, c) = \frac{U(a_j, 0)}{2\pi}\, r + O(\log r) \quad \text{und} \quad n(r, 0) = \frac{U(a_j)}{2\pi}\, r + O(\log r)\,,$$

also

$$N\left(r, \frac{1}{f-c}\right) = \frac{U(a_j, 0)}{2\pi}\, r\left(1 + \varepsilon(r)\right)\,, \qquad N\left(r, \frac{1}{f}\right) = \frac{U(a_j)}{2\pi}\, r\left(1 + \varepsilon(r)\right)\,.$$

Mithin folgt wegen $m\left(r, \dfrac{1}{f-c}\right) = O(\log r)$ nach (I)

$$T(r, f) = \frac{U(a_j, 0)}{2\pi}\, r\left(1 + \varepsilon(r)\right)\,,$$

d. h.

$$\delta(f, 0) = 1 - \frac{U(a_j)}{U(a_j, 0)}\,.$$

Aus $N\left(r, \dfrac{1}{f'}\right) = N\left(r, \dfrac{1}{f}\right) + O(\log r) = \dfrac{U(a_j)}{2\pi}\, r\left(1 + \varepsilon(r)\right)$ ergibt sich

$$\Phi_e = \frac{U(a_j)}{U(a_j, 0)}\,,$$

also

$$\delta(0) + \delta(\infty) + \Phi_e = 2\,,$$

und für beliebige Exponentialsummen $F(z)$ entsprechend

$$\delta(\infty) + \delta(c) + \Phi_e = 2\,.$$

Im Falle $w(z) = \dfrac{\sin z}{e^{az}} = \dfrac{1}{2i}\left(e^{iz-az} - e^{-iz-az}\right)$, $a$ reell, ist

$$U(a_j, 0) = 2 + 2\sqrt{1 + a^2}\,, \quad U(a_j) = 4\,, \quad \text{also} \quad \delta(f, 0) = 1 - \frac{2}{1 + \sqrt{1 + a^2}}\,.$$

Wir betrachten noch $w(z) = A\,e^{az} + B\,e^{bz}$, alle Konstanten $\neq 0$ und $a \neq b$; dabei darf $a > 0$ angenommen werden. Je nach Lage der

Exponentenpunkte sind drei Fälle zu beachten: 1. $\arg a = 0$, $\arg b = \pi$, 2. $\arg b = \arg a = 0$, 3. $\arg b \neq 0, \pi$.

Im Falle 1. ist $\delta(w, 0) = 0$. Über $w = 0$ hat die Fläche nur schlichte Blätter. Alle algebraischen Windungspunkte liegen über einem festen Kreis $|w| = R$, und zwar im Falle $\dfrac{a}{a-b} = \dfrac{p}{q} = \text{rat.}$ über $q$ gleichwinklig verteilten Punkten: $\Phi_e = \sum_{1}^{q} \vartheta(a_j) = q\dfrac{1}{q} = 1$. Im anderen Falle liegen die Grundpunkte überall dicht auf $|w| = R$. Es ist $\Phi_e = 1 > \sum_{a} \vartheta(a) = 0$. Im Falle 2. ist $0 < \delta(0) < 1$, und zwar $\delta(0) = \text{Min}\left(\dfrac{b}{a}, \dfrac{a}{b}\right)$. Neben schlichten Blättern liegt jetzt ein logarithmischer Windungspunkt über $w = 0$. Die algebraischen Windungspunkte zeigen das gleiche Verhalten wie in 1., wobei für $\dfrac{a}{|a-b|} = \dfrac{p}{q}$ $\vartheta(a_1) = \cdots = \vartheta(a_q)$ gilt, also, wegen $\Phi_e = 1 - \delta(0)$, $\vartheta(a_j) = \dfrac{1}{q}\left(1 - \delta(0)\right)$. Im Falle 3. häufen sich die Grundpunkte der algebraischen Windungspunkte gegen $w = 0$ und $w = \infty$. Über $w = 0$ liegt eine mittelbare Randstelle, die den positiven Defekt $\delta(0) = 1 - \dfrac{2|a-b|}{|a|+|b|+|a-b|}$ bewirkt. Die numerischen Werte von $A$ und $B$ sind, wenn $A \neq 0$, $B \neq 0$ gilt, für das Wertverteilungsverhalten der Funktion $w = A e^{az} + B e^{bz}$ unwesentlich. Da bei wiederholter Differentiation von $w(z)$ die Fallunterscheidung erhalten bleibt, sind die Randstellen über $w = 0$ beliebig oft ableitungsfest.

4. Ist die Funktion $w = w(z)$ in $|z| < R \leq \infty$ eindeutig analytisch, so gilt nach dem Argumentprinzip

$$\frac{r}{2\pi} \frac{d}{dr} \int_0^{2\pi} \log \frac{|w(r e^{i\varphi}) - a|}{|w(r e^{i\varphi}) - \zeta|} \, d\varphi = n(r, a) - n(r, \zeta).$$

Nimmt man an, $\zeta$ variiere auf einer beschränkten abgeschlossenen Menge $E$, über die eine nichtnegative Belegung $\mu(\zeta)$ vom Gesamtbetrage $\mu(E)$ verteilt ist, so ergibt Integration nach $\mu(\zeta)$ mit

$$u(w) = -\int_E \log|w - \zeta| \, d\mu(\zeta):$$

$$\frac{r}{2\pi} \frac{d}{dr} \left\{\int_0^{2\pi} u(w(r e^{i\varphi})) \, d\varphi + \mu(E) \int_0^{2\pi} \log|w(r e^{i\varphi}) - a| \, d\varphi\right\}$$

$$= \mu(E)\, n(r, a) - \int_E n(r, \zeta) \, d\mu(\zeta).$$

Ist das Potential $u(w)$ stetig bei $w = w(0)$, so folgt durch Integration nach $\log r$

$$\int_{\dot{E}} N(r,\zeta)\, d\mu(\zeta) - \mu(E)\, N(r,a) = u(w(0)) - \frac{1}{2\pi} \int_0^{2\pi} u(w)\, d\varphi$$

$$+ \mu(E)\left\{\log|w(0) - a| - \frac{1}{2\pi}\int_0^{2\pi} \log|w - a|\, d\varphi\right\}, \tag{4}$$

$$a \neq w(0) \quad \text{und} \quad N(r,a) = \int_0^r n(t,a)\, d\log t.$$

Für eine ausführliche Begründung dieser formalen Rechnung vgl. man FROSTMANN [*1*]. (4) geht für $a = \infty$ über in

$$u\big(w(0)\big) + \mu(E)\, N(r,\infty) = \frac{1}{2\pi}\int_0^{2\pi} u\big(w(r\, e^{i\varphi})\big)\, d\varphi + \int_{E} N(r,\zeta)\, d\mu(\zeta). \tag{4'}$$

Nun sei $E$ eine Punktmenge von positivem harmonischem Maß und $\mu$ eine Belegung, die die Aufgabe von ROBIN für die Menge $E$ löst. Dann gilt $u(w) = -g(w,\infty) + \gamma$; $g(w,\infty)$ ist die GREENsche Funktion des Komplementärgebietes von $E$ mit $w = \infty$ als Pol. (4') wird besonders einfach, wenn $E$ mit $|w| = 1$ zusammenfällt. Dann gilt nämlich $d\mu = \dfrac{d\varphi}{2\pi}$, $\mu(E) = 1$ und

$$-u = \begin{cases} \log|w| & \text{für} \quad |w| \geq 1 \\ 0 & \text{für} \quad |w| \leq 1. \end{cases}$$

Aus (4') folgt nach Definition der Charakteristik

$$T(r,w) = \frac{1}{2\pi}\int_0^{2\pi} N(r,e^{i\varphi})\, d\varphi + \overset{+}{\log}|w(0)|.$$

Mit $N(r,e^{i\varphi})$ ist auch $\displaystyle\int_0^{2\pi} N(r,e^{i\varphi})\, d\varphi$ konvex in $\log r$, also auch $T(r,w)$. Auf diese Eigenschaft wurde bereits in II, 1. hingewiesen.

Ist $E$ wieder von positivem harmonischem Maß und $\mu$ eine ROBINsche Belegung, so gilt wegen $\dfrac{1}{2\pi}\displaystyle\int_0^{2\pi} u(w)\, d\varphi = -m(r,\infty) + O(1)$

$$T(r,w) = \int_{E} N(r,\zeta)\, d\mu(\zeta) + O(1).$$

Zusammen mit $T(r) = \int\limits_E N(r, \zeta)\, d\mu + \int\limits_E m(r, \zeta)\, d\mu + O(1)$ folgt, daß

$\int\limits_E m(r, \zeta)\, d\mu(\zeta)$ für alle $r$ beschränkt ist. Für allgemeinere Belegungen

$\mu(\zeta)$ mit $\mu(E) = 1$ erhält man aus der sphärischen Normalform der Charakteristik:

$$\int\limits_E N(r, \zeta)\, d\mu(\zeta) \leq T(r) + U(w(0)), \qquad U(w) = \int\limits_E \log\frac{1}{[w, \zeta]}\, d\mu(\zeta).$$

Bei der Wahl der Belegung ist darauf zu achten, daß $U(w(0))$ eine endliche Zahl ist. In

$$\int\limits_E N(r, \zeta)\, d\mu(\zeta) = \int\limits_0^r \frac{dt}{t} \int\limits_E n(t, \zeta)\, d\mu(\zeta) = \int\limits_0^r \frac{\Omega(t)}{t}\, dt$$

kann die Größe $\Omega(r) = \int\limits_E n(r, \zeta)\, d\mu(\zeta)$ in folgender Weise gedeutet

werden: $w = w(z)$ bildet $|z| \leq r$ auf ein RIEMANNsches Flächenstück $F_r$ ab. Ordnet man jedem Flächenelement auf $F_r$, das über dem Flächenelement $\boxed{d\zeta}$ der $w$-Ebene liegt, die Masse $\mu(\zeta)$ zu, so bedeutet $\Omega(r)$ die Gesamtmasse, die auf $F_r$ verteilt ist. Eine wichtige Abschätzung des Integrals $\int\limits_0^r \frac{\Omega(t)}{t}\, dt$ erhält man aus dem Prinzip der Anzahlfunktionen (LEHTO [3] und R. NEVANLINNA [2]) dann, wenn $w = w(z)$ in $|z| < 1$ meromorph ist und Werte $w$ annimmt, die einem schlichten Teilgebiet der $w$-Ebene mit mindestens drei Randpunkten angehören.

In diesem Falle ist $\int\limits_0^r \frac{\Omega(t, w)}{t}\, dt \leq \int\limits_0^r \frac{\Omega(t, \omega)}{t}\, dt$. $\omega = \omega(z)$ bildet den Einheitskreis $|z| < 1$ auf die universelle Überlagerungsfläche $G^\infty$ des Gebietes $G$ ab mit der Normierung $\omega(0) = w(0)$. Diese Aussage ist die integrierte Form des Prinzips der Anzahlfunktionen.

Ist $G$ ein beliebiges Gebiet der $w$-Ebene und sein Rand $\Gamma$ von positiver Kapazität, dann wähle man in (4) für $E$ die Menge $\Gamma$ und für die Mengenfunktion $\mu(\zeta)$ das harmonische Maß $\omega(a, \zeta, G)$, $a \in G$. Es gilt dann $\mu(E) = \omega(a, \Gamma, G) = 1$ und

$$u(w) = \begin{cases} -\log|w - a| - g(w, a, G) & \text{für} \quad w \in G \\ -\log|w - a| & \text{für} \quad w \in C(G); \end{cases}$$

($C(G)$ ist das Komplement von $G$) oder $u(w) = -\log|w - a| - g^+(w, a, G)$ mit $g^+(w, a, G) = g(w, a, G)$ für $w \in G$, $= 0$ für $w \in C(G)$. (4) geht über in

$$\frac{1}{2\pi} \int\limits_0^{2\pi} g^+(w(r\,e^{i\varphi}), a, G)\, d\varphi + N(r, a)$$
$$= \int\limits_\Gamma N(r, \zeta)\, d\omega(a, \zeta, G) + g^+(a, w(0), G). \tag{5}$$

$$\Phi(r, a) = \frac{1}{2\pi} \int_0^{2\pi} g^+ \, d\varphi$$ ist ein Maß dafür, wie stark $w(z)$ auf $|z| = r$

im Mittel gegen den Wert $a$ strebt, eine Eigenschaft, die auch bei der Schmiegungsfunktion $m(r, a)$ festgestellt wurde. Zwischen diesen beiden Schmiegungsfunktionen besteht der Zusammenhang

$$\Phi(r, a) = m(r, a) + O(1).$$

Das Integral $p(r, a) = \int_\Gamma N(r, \zeta) \, d\omega$ ist harmonisch in $G$ und hat auf $\Gamma$

die Randwerte $N(r, a)$. Die Anzahlfunktion $N(r, a)$ ist eine subharmonische Funktion von $a$ in $G$ und hat dort in

$$P(r, a) = p(r, a) + g^+\big(a, w(0), G\big)$$

ihre kleinste harmonische Majorante. Nach (5) gilt mit diesen Bezeichnungen

$$\Phi(r, a) + N(r, a) = P(r, a) \tag{6}$$

für alle $a$ aus $G$. Für Funktionen mit unbeschränkter Charakteristik folgt

$$T(r) = P(r, a) + O(1).$$

Die Beziehung (6) ist, wie LEHTO [5] gezeigt hat, besonders nützlich, wenn die Wertverteilung von beschränktartigen meromorphen Funktionen zu untersuchen ist. Hier sei nur noch erwähnt, daß unter gewissen Voraussetzungen über $\Gamma$ und $G$ $\Phi(R, a) = 0$ gilt und die Grenzwerte $N(R, a)$, $P(R, a)$ existieren, so daß die Größe $\delta(a) = 1 - \dfrac{N(R, a)}{P(R, a)}$ als Verallgemeinerung des klassischen Defektbegriffes $\delta(a) = 1 - \varlimsup\limits_{r \to R} \dfrac{N(r, a)}{T(r, w)}$ $(w = w(z)$ von unbeschränkter Charakteristik) aufgefaßt werden kann.

5. Nach II, 1. folgt aus $\quad n(r, a) + \dfrac{r}{2\pi} \int_0^{2\pi} \dfrac{\partial}{\partial r} \log \dfrac{1}{[w, a]} \, d\varphi = A(r)$ durch Integration

$$N(r, a) + m(r, a) = \int_0^r \frac{A(t)}{t} \, dt = T(r),$$

also $N(r, a) \leq T(r)$. Da in der Theorie der Überlagerungsflächen von AHLFORS [6] die nicht gemittelten Größen $n(r, a)$ und $A(r)$ eine Rolle spielen, liegt die Frage nahe, ob nicht auch $n(r, a)$ durch $A(r)$ majorisiert werden kann. Integration ergibt

$$\int_1^r \frac{n(t, a)}{t} \, dt \leq \int_1^r \frac{A(t)}{t} \, dt + \frac{1}{2\pi} \int_0^{2\pi} \log \frac{1}{[w(e^{i\varphi}), a]} \, d\varphi \leq \int_1^r \frac{A(t)}{t} \, dt + C,$$

$$C = \overline{\operatorname{fin}_a} \frac{1}{2\pi} \int\limits_0^{2\pi} \log \frac{1}{[w(e^{i\varphi}), a]} \, d\varphi < \infty. \text{ Mit } x = \log r \geqq 0 \text{ sind}$$

$$f(x, a) = \int\limits_1^r \frac{n(t, a)}{t} \, dt \quad \text{und} \quad \mu(x) = \int\limits_1^r \frac{A(t)}{t} \, dt + \cdot C$$

nicht fallend und konvex in $x$. Nach HAYMAN-STEWART [1] folgt aus $f(x, a) \leqq \mu(x)$ die Beziehung $f'(x, a) \leqq K e \mu'(x)$, also

$$n(r, a) \leqq K e A(r), \quad K > 1,$$

gültig für eine von $a$ unabhängige $r$-Menge, deren untere logarithmische Dichte $\left( = \lim\limits_{r \to \infty} \dfrac{m_l E(1, r)}{\log r}\right.$; $m_l E(1, r)$ ist das logarithmische Maß der Menge $E(1, r)$ derjenigen $\varrho$-Werte auf $1 \leqq \varrho \leqq r$, für welche $n(\varrho, a) \leqq K e A(\varrho)$ gilt$\big)$ positiv ist.

Erzeugt die in $|z| < R \leqq \infty$ eindeutige analytische Funktion $w(z)$ eine nur über endlich vielen Grundpunkten $w = a_j$ verzweigte RIEMANNsche Fläche $F_q$, dann nimmt, wie in IV gezeigt wird, der erste Hauptsatz für alle $a \neq a_j$ die einfache Form an

$$|N(r, a) - T(r)| \leqq C(a) < \infty.$$

Für unbeschränkte Charakteristik gilt also $\lim\limits_{r \to R} \dfrac{N(r, a)}{T(r, w)} = 1$, $a \neq a_j$. AHLFORS [6] bewies die Aussage (für Flächen $F_q$)

$$|n(r, a) - A(r)| < h L(r) + 2, \, h \text{ eine pos. Konstante.}$$

$$L(r) = \int\limits_0^{2\pi} \frac{|w'|}{1 + |w|^2} \, r \, d\varphi \text{ ist die in sphärischer Metrik gemessene Länge}$$

des Randes der Näherungsfläche $F_q(r)$, die von $w(z)$ als Bild der Kreisscheibe $|z| \leqq r$ erzeugt wird. Ist $F_q$ vom parabolischen Typus, dann genügt $L(r)$ außerhalb einer $r$-Menge $\varDelta$ von endlichem logarithmischem Maß der Bedingung $L(r) < A(r)^{\frac{1}{2}+\varepsilon}$, $\varepsilon > 0$.

DINGHAS [2] hat für ganze transzendente Funktionen $n(r, a)$ durch $A(r)$ abgeschätzt. Mit $W = w - a$ findet man

$$n(r, a) = A(r, W) + \frac{h}{2\pi} \int\limits_0^{2\pi} \frac{|w'|}{|W|(1 + |W|^2)} \, r \, d\varphi, \quad |h| < 1,$$

und

$$|A(r, W) - A(r, w)| \leqq \frac{12\,|a|}{2\pi} (1 + |a|^2) L(r).$$

Daraus folgt

$$n(r, a) - A(r) = \Theta(a) \frac{L(r)}{\mu}$$

mit $|\Theta(a)| < \dfrac{2(1 + |a|^2)(1 + 3|a|)}{\pi}$ und $\mu = \mathrm{Min}\ (1, \underset{|z|=r}{\mathrm{Min}}|w(z) - a|)$.
Auszuschließen sind diejenigen Kreise $|z| = r$, auf denen $a$-Stellen von $w(z)$ liegen. Aus $\dfrac{L(r)}{\mu(r)} \geqq A^\delta(r),\ \dfrac{1}{2} < \delta < 1$, gültig in einer Menge $M'$ von $r$-Intervallen, folgt $\displaystyle\int_{M'} \mu^2\,\dfrac{dr}{r} < \infty$; in der komplementären Menge $M$ besteht dann die Beziehung

$$n(r, a) = A(r) + O\left(A^\delta(r)\right).$$

Daraus gewinnt man die Aussagen: Ist $w(z)$ ganz transzendent und $\displaystyle\int^\infty \mu^2\,\dfrac{dr}{r}$ divergent, so gilt $\varliminf\limits_{r\to\infty} \dfrac{n(r, a)}{A(r)} \leqq 1 \leqq \varlimsup\limits_{r\to\infty} \dfrac{n(r, a)}{A(r)}\ \left(\varlimsup\limits_{r\to\infty} \dfrac{n(r, a)}{A(r)} < 1\right.$
zieht die Konvergenz des Integrals $\displaystyle\int^\infty \mu^2\,\dfrac{dr}{r}$ nach sich$\Big)$. Auf einer Menge $\varDelta$ besteht die Relation

$$\lim_{r\to\infty} \frac{n(r, a)}{A(r)} = 1,$$

wenn $\displaystyle\int_{\varDelta} \mu^2\,\dfrac{dr}{r}$ divergiert. Solche Mengen $\varDelta$ existieren für alle ganzen Funktionen der Ordnung $\lambda < \frac{1}{2}$ (DINGHAS [3]), die Funktionen $\sin z$, $\cos z$ und $\dfrac{1}{\Gamma(z)}$.

AHLFORS folgerte aus der Theorie der Überlagerungsflächen:

$$\sum_{j=1}^q n(r, a_j) - \sum_{j=1}^q n_1(r, a_j) > (q - 2)\,A(r) - O(A^{\frac{1}{2}+\varepsilon}),$$

gültig außerhalb von Ausnahmeintervallen $\varDelta_r$. DINGHAS [1] hat gezeigt, wie der AHLFORSsche Beweis des zweiten Hauptsatzes zur Begründung des folgenden Resultates ausgebaut werden kann: Es gibt eine unendliche Folge $r_j \to R$ mit der Eigenschaft

$$\frac{F(r_j)}{A(r_j)} \to 0, \quad F(r) = (q - 2)\,A(r) + n_1(r) - \sum_1^q n(r, a_j). \tag{7}$$

Die von der Theorie der Überlagerungsflächen unabhängige Herleitung soll angedeutet werden. Aus

$$n_1(r) - 2A(r) = \frac{r}{2\pi} \int_0^{2\pi} \frac{\partial}{\partial r} \log \frac{|w'|}{1 + |w|^2}\,d\varphi$$

und

$$\sum^q n(r, a_j) + \frac{r}{2\pi} \int_0^{2\pi} \frac{\partial}{\partial r} \log P\,d\varphi = q\,A(r), \quad P = \prod_{j=1}^q \frac{1}{[w, a_j]},$$

folgt

$$\frac{r}{2\pi}\frac{d}{dr}\int_0^{2\pi}\log\left(\frac{|w'|}{1+|w|^2}\,P\right)d\varphi = (q-2)\,A(r)+n_1(r)-\sum_1^q n(r,\,a_j).$$

Nun wird $P$ durch die von AHLFORS benützte Massenbelegung

$$\log\varrho(w) = 2\sum_1^q\log\frac{1}{[w,\,a_j]} - 2\log\sum_1^q\log\frac{1}{[w,\,a_j]} + c = \log\left(C\,P^2\,(\log P)^{-2}\right)$$

ausgedrückt; $c$ ist so zu wählen, daß die Gesamtmasse gleich 1 wird.
Es folgt

$$F(r) = \frac{r}{2\pi}\frac{d}{dr}\int_0^{2\pi}\log H\,d\varphi\,, \qquad H(r,\,\varphi) = \frac{|w'|}{1+|w|^2}\,\sqrt{\varrho(w)}\,\log P.$$

Ist $w(z)$ in $|z|<\infty$ meromorph, so führt die Annahme $F(r) > \varepsilon\,A(r)$,

$\varepsilon > 0$ und $r \geqq r_0(\varepsilon)$, wenn man die Abschätzung $\dfrac{1}{\beta-\alpha}\displaystyle\int_\alpha^\beta \log f(x)\,dx$

$\leqq \log\left(\dfrac{1}{\beta-\alpha}\displaystyle\int_\alpha^\beta f(x)\,dx\right)$ beachtet, zu

$$\log J_1(r) + \log J_2(r) + C \geqq T(r)$$

mit $J_1(r) = \dfrac{1}{2\pi}\displaystyle\int_0^{2\pi}\frac{|w'|}{1+|w|^2}\sqrt{\varrho(w)}\,d\varphi$ und $J_2(r) = \dfrac{1}{2\pi}\displaystyle\int_0^{2\pi}\log P\,d\varphi$. Aus

$$\frac{1}{2\pi}\int_0^{2\pi}\log\frac{1}{[w,\,a]}\,d\varphi \leqq T(r)\,, \qquad \int_0^r\frac{A_\varrho(t)}{t}\,dt \leqq T(r)\,,$$

$$A_\varrho(r) = \iint\limits_{|z|\leqq r}\frac{|w'|^2}{(1+|w|^2)^2}\,\varrho(w)\,df_z$$

folgt

$$J_2(r) \leqq q\,T(r) \quad\text{und}\quad J_1^2(r) \leqq \frac{1}{2\pi r}\frac{dA_\varrho}{dr}\,,$$

also $K_1\,T^m(r) = \dfrac{dA_\varrho}{dr}$, $r \geqq r_1 \geqq r_0$ und $m$ eine natürliche Zahl.

Mit $m = 8$ findet man

$$K_2\,h(r) = K_2\int_{r_1}^r\left\{\int_{r_1}^t T^8(\tau)\,d\tau\right\}\frac{dt}{t} \leqq \int_0^r\frac{A_\varrho(t)}{t}\,dt \leqq T(r)$$

oder, wenn $x = \log r$ und $h(r) = y(x)$ gesetzt wird,

$$K\,y^8(x) \leqq y''(x)\,, \quad x \geqq x_0.$$

Nach einem bekannten Schluß ist das lineare Maß der Menge $\Delta_x$, auf der $y'' \leqq y'^2 \leqq y^4$ gilt, endlich. Somit gibt es eine Folge $x_j \to \infty$ mit der Eigenschaft $K y^8(x_j) \leqq y''(x_j) \leqq y^4(x_j)$, was wegen $y(x) \to \infty$ für $x \to \infty$ nicht möglich ist.

Ähnlich zeigt man, wenn $w(z)$ im Einheitskreis meromorph ist und $\lim\limits_{r \to 1} \dfrac{-\log(1-r)}{T(r)} = 0$ gilt, die Existenz einer Folge $r_j \to 1$, für welche $\dfrac{F(r_j)}{A(r_j)}$ gegen Null strebt. Diese Aussagen über das Restglied $F(r)$ reichen zum Beweis des PICARDschen Satzes aus.

6. Eine Übertragung der beiden Hauptsätze auf Funktionen, die in mehrfach zusammenhängenden Gebieten eindeutig analytisch sind, wurde von HÄLLSTRÖM [1] vorgenommen. Im Falle des einfachen Zusammenhanges wird $|z| < R \leqq \infty$ durch die Niveaulinien $|z| = r$ der harmonischen Funktion $g(z) = \log|z|$, $g + ih = \log z = \log|z| + i\varphi$, ausgeschöpft. $g(z)$ hat in $z = 0$ eine logarithmische Unstetigkeit und nähert sich bei $r \to R$ dem Wert $\log R$ bzw. $\infty$. Nun werden, wenn man die Voraussetzung des einfachen Zusammenhanges fallen läßt, solche Gebiete $G$ betrachtet, die in $G$ harmonische Funktion $g(z)$ mit folgenden Eigenschaften zulassen: 1) $g(z)$ ist in $G$ eindeutig und regulär harmonisch bis auf eine in einem Gebietspunkt $z_0$ gelegene logarithmische Unstetigkeit der Form $g(z) = \log|z - z_0| + v(z)$. 2) Bei Annäherung an einen Randpunkt $\zeta$ von $G$ soll $\lim\limits_{z \to \zeta} g(z) = c$ gelten. Diese Bedingung soll für jeden Randpunkt $\zeta$ mit derselben Konstanten $c$ erfüllt sein. Ist die Randpunktmenge $\Gamma$ von $G$ von der Kapazität Null, dann gibt es nach SELBERG [2] eine Funktion $g(z)$, die den Forderungen 1) und 2) mit $c = \infty$ genügt. Sie ist nicht eindeutig bestimmt. Ist z. B. $G$ die in den Punkten $z_1$, $z_2$, ..., $z_n$, $z_j \neq \infty$, punktierte $z$-Ebene, so ist mit $z_0 = \infty$

$$g(z) = \sum_{j=1}^{n} \mu_j \log \frac{1}{|z - z_j|} + C,$$

alle $\mu_j > 0$, $\sum_1^n \mu_j = 1$ und $C$ eine willkürliche Konstante, eine Potentialfunktion mit den Eigenschaften 1) und 2). Wenn $\Gamma$ von positiver Kapazität ist, existiert die GREENsche Funktion $\gamma(z, z_0, G)$ und $g(z) = -\gamma(z)$ genügt 1). Wegen 2) sind aber nicht alle Gebiete mit positiver Randkapazität zugelassen; es scheiden diejenigen Gebiete aus, für welche nicht $g(z) = -\gamma(z) \to 0$ für alle Randpunkte $\zeta$ gilt. Ist $G$ ein zulässiges Gebiet mit positiver Kapazität, so darf $c = 0$ gesetzt werden. Im folgenden soll $w(z)$ in $G$ eindeutig analytisch sein.

Durch $g(z) < \lambda$ wird ein Teilgebiet $G_\lambda$ von $G$ erklärt; für $\lambda \to 0$ bzw. $\infty$ schöpfen die Gebiete $G_\lambda$ das Existenzgebiet $G$ von $w = w(z)$ vollständig aus. Mit $m(\lambda, a) = \dfrac{1}{2\pi} \int\limits_{\Gamma_\lambda} \log \dfrac{1}{[w, a]} \, dh$, $h(z)$ die zu $g(z)$ konjugiert harmonische Funktion und $\Gamma_\lambda$ der Rand von $G_\lambda$, gilt für zwei beliebige komplexe Zahlen $a$ und $b$

$$m(\lambda, a) - m(\lambda, b) = \frac{1}{2\pi} \int\limits_{\Gamma_\lambda} \log \frac{[w, b]}{[w, a]}\, dh;$$

Differentiation nach $\lambda$ ergibt

$$\frac{d}{d\lambda}\left(m(\lambda, a) - m(\lambda, b)\right) = \frac{1}{2\pi} \int\limits_{\Gamma_\lambda} \frac{\partial}{\partial\lambda} \log \frac{|w - b|}{|w - a|}\, dh = \frac{1}{2\pi} \int\limits_{\Gamma_\lambda} d\arg \frac{w - b}{w - a}$$

$$= n(\lambda, b) - n(\lambda, a).$$

$n(\lambda, a)$ ist gleich der Zahl der $a$-Stellen von $w(z)$ auf dem Bereich $G_\lambda + \Gamma_\lambda$. Integration nach $g$ von $\lambda_0$ bis $\lambda$ $(-\infty < \lambda_0 < \lambda)$ führt zu

$$[N(\lambda, a) + m(\lambda, a)]^\lambda_{\lambda_0} = [N(\lambda, b) + m(\lambda, b)]^\lambda_{\lambda_0}.$$

Dabei wird die Anzahlfunktion $N(\lambda, c)$ so erklärt, daß

$$\lim_{\lambda \to -\infty} \left(N(\lambda, c) + m(\lambda, c)\right) = 0$$

gilt. Das ist für $N(\lambda, c) = \int\limits_{-\infty}^{\lambda} n(g, c)\, dg + n_0\lambda + k$ der Fall; $k$ ist eine

passende Konstante und $n_0$ gibt die Vielfachheit der $c$-Stelle $z_0$ an. Man erhält so

$$N(\lambda, a) + m(\lambda, a) = N(\lambda, b) + m(\lambda, b) = T(\lambda, w). \qquad \text{(I*)}$$

$T(\lambda, w)$ ist die charakteristische Funktion. Da die geometrische Deutung von $T(\lambda, w)$ nach AHLFORS-SHIMIZU auch hier möglich ist, erkennt man, daß die Charakteristik $T(\lambda, w)$ eine positive, wachsende und konvexe Funktion von $\lambda$ ist. Mit

$$m(\lambda, a) = \frac{1}{2\pi} \int\limits_{\Gamma_\lambda} \overset{+}{\log} \frac{1}{|w - a|}\, dh \quad \text{und} \quad N(\lambda, a) = \int\limits_{-\infty}^{\lambda} n(g, a)\, dg$$

hat der erste Hauptsatz die Gestalt

$$N(\lambda, a) + m(\lambda, a) + O(\lambda) = T(\lambda, w) = N(\lambda, \infty) + m(\lambda, \infty).$$

Die Überlegungen ändern sich nur unwesentlich, wenn $w = w(z)$ nur in $G_{\lambda_0}$, $\lambda_0 > -\infty$, eindeutig analytisch ist. Ist z. B. $w(z)$ in $R \leqq |z| < \infty$ eindeutig analytisch, so wird man $g(z) = \log|z|$ wählen mit $\lambda_0 = \log R$. Mit

$$N(r, a) = \int\limits_{R}^{r} \frac{n(t, a)}{t}\, dt \quad \text{und} \quad m(r, a) = \frac{1}{2\pi} \int\limits_{0}^{2\pi} \overset{+}{\log} \frac{1}{|w - a|}\, d\varphi$$

lautet dann der erste Hauptsatz:

$$N(r, a) + m(r, a) + O(\log r) = N(r, \infty) + m(r, \infty) = T(r, w).$$

Eine (II) entsprechende Beziehung für Funktionen mit mehrfach zusammenhängenden Existenzgebieten läßt sich, ebenso wie der erste Hauptsatz (I*), durch Übertragung der AHLFORSschen Beweismethode [5] herleiten. Ist $\psi(\lambda)$ eine beliebige positive, wachsende Funktion von $\lambda$, so lautet der zweite Hauptsatz:

$$\sum_{j=1}^{q} m(\lambda, a_j) + N_1(\lambda) < 2\,T(\lambda, w) + F(\lambda) + (1 + \varepsilon) \log \psi(\lambda) \\ + O\big(\log T(\lambda)\big). \qquad \text{(II*)}$$

(II*) gilt für alle $\lambda$, ausgenommen möglicherweise eine $\lambda$-Menge $\Delta$, für welche $\int\limits_{\Delta} \psi(\lambda)\, d\lambda < \infty$ gilt.

Beim Vergleich mit (II) fällt in (II*) die Funktion $F(\lambda)$ auf. Sie hängt wesentlich vom Existenzgebiet $G$ ab, da $\dfrac{dF}{d\lambda}$ gleich ist der Zusammenhangszahl von $G_\lambda$ vermindert um 2. Für die Funktion $\psi(\lambda)$ kann, wenn die Charakteristik unbeschränkt ist, $T(\lambda, w)$ gewählt werden. (II*) hat dann die Form

$$\sum_{1}^{q} m(\lambda, a_j) + N_1(\lambda) < 2\,T(\lambda, w) + F(\lambda) + O\big(\log T(\lambda)\big). \qquad \text{(II}_1^*)$$

Es gilt z. B. $\lim\limits_{\lambda \to \infty} \dfrac{T(\lambda)}{\lambda} = \infty$, wenn die Kapazität des Randes $\Gamma$ gleich Null ist. Ist noch $\lim \dfrac{F(\lambda)}{T(\lambda, w)} = 0$ $(\lambda \to \infty$ oder $\to 0)$, dann folgt aus (II$_1^*$) mit

$$\delta(w, a) = \varliminf \frac{m(\lambda, a)}{T(\lambda, w)}, \qquad \Phi = \varliminf \frac{N_1(\lambda)}{T(\lambda, w)}$$

die Defektrelation

$$\sum_{1}^{q} \delta(w, a_j) + \Phi \leqq 2. \qquad \text{(D*)}$$

Für die Theorie der gewöhnlichen Differentialgleichungen ist der Fall endlich vieler Randpunkte $z_1, z_2, \ldots, z_n$ von Interesse. Dann gilt (D*), da $\dfrac{F(\lambda)}{T(\lambda)} \to 0$ für $\lambda \to \infty$ gilt. Hat überdies $w = w(z)$ noch endliche Ordnung $L = \varlimsup\limits_{\lambda \to \infty} \dfrac{\log T(\lambda, w)}{\lambda}$, so fallen, wie in (II), die Ausnahmeintervalle weg, und das Restglied ist von der Form $O(\lambda)$. Von einem gewissen $\lambda$ ab zerfällt $\Gamma_\lambda$ in $n$ geschlossene Kurven $\Gamma_\lambda^{(j)}$, die sich für $\lambda \to \infty$ auf die singulären Stellen $z_j$ zusammenziehen. Die Kurven $\Gamma_\lambda^{(j)}$ weichen für große $\lambda$ wenig von Kreisen $|z - z_j| = \varrho_j$ ab,

$\varrho_j \to 0$ für $\lambda \to \infty$. Das kann man ausnützen zur Definition von Anzahlfunktionen $\overline{N}_j(\varrho, a)$, die sich auf die Ausschöpfung $|z - z_j| = \varrho \to 0$ beziehen. Die Anzahlfunktionen $N(\lambda, a)$ und Schmiegungsfunktionen $m(\lambda, a)$ spalten sich, entsprechend der Beziehung $\Gamma_\lambda = \sum_1^n \Gamma_\lambda^{(j)}$ für alle hinreichend großen $\lambda$, in $n$ Funktionen $N_j(\lambda, a)$ und $m_j(\lambda, a)$ auf. Sie charakterisieren das Verhalten von $w(z)$ in der unmittelbaren Umgebung von $z = z_j$. Da die Kurven $\Gamma_\lambda^{(j)}$ für große $\lambda$ wenig von Kreisen abweichen, können die $N_j(\lambda, a)$ durch die NEVANLINNAschen Anzahlfunktionen $\overline{N}_j(\varrho, a)$ ausgedrückt werden, was für die Berechnung von

$$N(\lambda, a) = \sum_1^q N_j(\lambda, a) \quad \text{und} \quad T(\lambda, w)$$ von Vorteil sein kann. Im Falle

endlich vieler Randpunkte läßt sich der Einfluß der Funktion $g(z)$, die die Ausschöpfung definiert, auf die Wertverteilungsgrößen genau verfolgen.

Ist $t = r(z)$ eine rationale Funktion mit den Polstellen $z_1, z_2, \ldots, z_n$ und $f(t)$ eine in $|t| < \infty$ meromorphe Funktion, so erhält man in $w(z) = f(r(z))$ eine meromorphe Funktion mit den singulären Stellen $z_1, z_2, \ldots, z_n$. Weitere Beispiele liefern Lösungen der RICCATIschen Differentialgleichung $w' = a_0(z) + a_1(z)\,w + a_2(z)\,w^2$ mit rationalen Koeffizienten, sofern die Lösungen eindeutig sind, z. B.

$$w' = \left(\frac{z^3 - 1}{z^2}\right)^2 + \frac{z^3 + 2}{z^4 - 2}\,w + w^2$$

mit dem allgemeinen Integral

$$w(z) = \left(z - \frac{1}{z^2}\right) \operatorname{tg}\left(\frac{z^2}{2} + \frac{1}{z} + C\right).$$

Von Interesse ist der nächst einfachere Fall einer abzählbaren Menge wesentlicher Singularitäten $z_1, z_2, \ldots$ mit einem einzigen Häufungspunkt: $0 < |z_1| \leqq |z_2| \leqq \ldots, \lim\limits_{n \to \infty} z_n = \infty$. Ist $t = h(z)$ eine in $|z| < \infty$ meromorphe Funktion mit den Polstellen $z_1, z_2, \ldots$ und die nichtrationale Funktion $F(t)$ eindeutig analytisch in $|t| < \infty$, dann hat $w = w(z) = F(h(z))$ die Stellen $z_1, z_2, \ldots$ zu wesentlichen Singularitäten. Nunmehr bedeutet $n(r)$ die Anzahl der auf $|z| \leqq r$ gelegenen Stellen $z_j$,

$$N(r) = \int_0^r \frac{n(t)}{t}\,dt.$$ Der Grenzexponent $\sigma$ der Folge $|z_j|$ heißt die Häu-

fungsordnung von $w(z)$. Da sich die $z_j$ nicht im Endlichen häufen, kann man zu jeder singulären Stelle $z_j$ die NEVANLINNAsche Charakteristik $\overline{T}_j(\varrho_j)$ (für die Ausschöpfung $|z - z_j| = \varrho_j \to 0$) bilden und damit die Ordnung $\overline{L}_j = \varlimsup\limits_{\varrho_j \to 0} \dfrac{\log \overline{T}_j(\varrho_j)}{-\log \varrho_j}$ von $w(z)$ in der Umgebung

4*

von $z_j$ definieren. Die Funktion

$$g(z) = \log|z| + \sum_{j=1}^{\infty} \mu_j \log\left|\frac{z_j}{z - z_j}\right| \tag{8}$$

ist eine zulässige Potentialfunktion, wenn $\sum_1^{\infty} \mu_j = c \leqq 1$ ist; dabei muß für $c = 1$ die Summe $\sum_1^{\infty} \mu_j \log|z_j|$ divergieren. Diese Bedingung ist nötig, um $\lim_{z \to \infty} g(z) = \infty$ zu sichern. (8) ist, von einer Konstanten abgesehen, die einzige Potentialfunktion, die den Bedingungen 1) und 2) genügt. Zur Niveaulinie $\Gamma_\lambda$ gehört für $\lambda > \lambda_j$ eine einfache geschlossene Kurve $\Gamma_\lambda^{(j)}$, die $z = z_j$ von allen anderen singulären Stellen trennt. $\Gamma_\lambda^{(j)}$ weicht für große $\lambda$ wenig von den Kreisen $|z - z_j| = \varrho_j$ ab. Wie im Falle endlich vieler $z_j$, zerfällt $N(\lambda, a)$ in Anzahlfunktionen $N_j(\lambda, a)$; mit wachsendem $\lambda$ wächst die Zahl dieser Funktionen $N_j(\lambda, a)$ unbeschränkt. Für $c < 1$ folgt aus $g(z) = (1 - c) \log|z| + \sum_1^{\infty} \mu_j \log\left|\frac{z\, z_j}{z - z_j}\right|$ wegen

$$\sum_1^{\infty} \mu_j \log\left|\frac{z_j\, z}{z - z_j}\right| = -\sum_1^{\infty} \mu_j \log\left|\frac{1}{z} - \frac{1}{z_j}\right| > -\sum_1^{\infty} \mu_j \log\left(1 + \frac{1}{|z_1|}\right)$$

$$= -c \log\left(1 + \frac{1}{|z_1|}\right), \qquad |z| \geqq 1,$$

$$g(z) > (1 - c) \log|z| - c \log\left(1 + \frac{1}{|z_1|}\right),$$

also

$$g(z) > (1 - c) \log r - c \log\left(1 + \frac{1}{|z_1|}\right) \quad \text{auf} \quad |z| = r.$$

Daraus erhält man, wenn $r(\lambda) = \exp\left(\dfrac{\lambda + c \log\left(1 + \dfrac{1}{|z_1|}\right)}{1 - c}\right)$ gesetzt wird,

$$F(\lambda) < (1 - c) N(r) + O(1).$$

Im Falle endlicher Häufungsordnung $\sigma$ gilt also

$$F(\lambda) < K \exp\left(\frac{\sigma + \varepsilon}{1 - c}\, \lambda\right), \qquad \varepsilon > 0.$$

Nun sei für ein $j = \alpha$ $\overline{L}_\alpha > 0$. Da $N_\alpha(\lambda, a)$ die Ordnung $\overline{L}_\alpha/\mu_\alpha$ hat, erhält man $T(\lambda) > N_\alpha(\lambda, a) > \exp\left(\dfrac{L_\alpha - \varepsilon}{\mu_\alpha}\, \lambda\right)$. Dabei ist möglicherweise eine Intervallfolge $\Delta$ auszuschließen, für welche $\int_\Delta e^\lambda\, d\lambda$ endlich ist. Mit $\psi(\lambda) = e^\lambda$ folgt aus (II*)

$$\sum_{j=1}^{q} \frac{m(\lambda, a_j)}{T(\lambda)} + \frac{N_1(\lambda)}{T(\lambda)} < 2 + \frac{F(\lambda)}{T(\lambda)} + \frac{O(\log T(\lambda)) + O(\lambda)}{T(\lambda)}.$$

Nun gilt

$$\frac{F(\lambda)}{T(\lambda)} < K \exp\left(\frac{\sigma + \varepsilon}{1 - c} - \frac{\overline{L}_\alpha - \varepsilon}{\mu_\alpha}\right) \lambda \to 0, \quad \text{wenn} \quad \frac{\sigma + \varepsilon}{1 - c} < \frac{\overline{L}_\alpha - \varepsilon}{\mu_\alpha} \quad \text{ist.}$$

Da $\varepsilon > 0$ beliebig war, folgt aus $c < 1$, $\overline{L}_\alpha > 0$ und $\sigma \mu_\alpha < (1 - c) \overline{L}_\alpha$:

$$\sum_1^q \delta(w, a_j) + \varPhi \leq 2 \, .$$

Ist die Randkapazität positiv, so kann die Wahl $\psi(\lambda) = T(\lambda)$ unzweckmäßig sein. Mit $\psi(\lambda) = \dfrac{1}{|\lambda|^p}$, $p \geq 1$, geht (II*) dann über in

$$\sum_1^q m(\lambda, a_j) + N_1(\lambda) < 2T(\lambda, w) + F(\lambda) + O\left(\log T(\lambda)\right) \\ + O\left(\log \frac{1}{|\lambda|}\right) . \tag{II$_2^*$}$$

Diese Formel gilt außerhalb einer Intervallmenge $\varDelta$, für welche $\displaystyle\int_\varDelta \frac{d\lambda}{|\lambda|^p}$ endlich ist.

Mit $\varlimsup\limits_{\lambda \to 0} \dfrac{-\log|\lambda|}{T(\lambda, w)} = D$ führt schließlich (II$_2^*$) zur Defektrelation

$$\sum_{j=1}^q \delta(w, a_j) + \varPhi \leq 2 + D \, ;$$

insbesondere ist die Defektsumme $\leq 2$, wenn $D = 0$ ist.

## IV. Umkehrung des zweiten Hauptsatzes.

1. Für eine Reihe bekannter, in $|z| < \infty$ meromorpher Funktionen geht der zweite Hauptsatz in die asymptotische Gleichheit über von der Form

$$N_1(r) + \sum_{j=1}^q m(r, a_j) = 2T(r, w) + O\left(\log r \, T(r, w)\right), \tag{1}$$

gültig für alle $r$, abgesehen von der mehrfach erwähnten Ausnahmemenge. Sofern solche Funktionen einer linearen Differentialgleichung mit rationalen Koeffizienten

$$p_m(z) \, w^{(m)} + p_{m-1}(z) \, w^{(m-1)} + \cdots + p_0(z) \, w = 0 \tag{2}$$

($p_j(z)$ Polynome und $p_0(z) \not\equiv 0$) genügen, gilt (1) mit dem Restglied $S(r) = O(\log r)$ für alle $r$. Nach der Herleitung des zweiten Hauptsatzes kommt es, um (1) zu erzielen, entscheidend auf die Abschätzung von $m\left(r, \dfrac{1}{w'}\right)$ nach oben durch Schmiegungsfunktionen an, die mit $w(z)$

bzw. $w(z) - a$ gebildet sind. Das wird hier durch (2) ermöglicht. Wir nehmen vorweg, daß jede in $|z| < \infty$ eindeutige Lösung von (2) endliche Wachstumsordnung hat. Weiter hat $w(z)$ nur endlich viele Polstellen. Für $a \neq 0, \infty$ folgt aus

$$\frac{1}{w-a} = -\frac{1}{a\,p_0(z)}\left(p_m\,\frac{w^{(m)}}{w-a} + \cdots + p_0(z)\right):$$

$$m\left(r, \frac{1}{w-a}\right) = O(\log r).$$

Teilt man (2) durch $w'(z)$, so folgt $m\left(r, \frac{w}{w'}\right) = O(\log r)$. Aus

$$\frac{1}{w} = \frac{w'}{w}\,\frac{1}{w'}\,, \qquad \frac{1}{w'} = \frac{w}{w'}\,\frac{1}{w} \quad \text{und} \quad w = \frac{w}{w'}\,w'\,, \qquad w' = \frac{w'}{w}\,w$$

erhält man

$$m\left(r, \frac{1}{w'}\right) = m\left(r, \frac{1}{w}\right) + O(\log r) \quad \text{und} \quad m(r, w') = m(r, w) + O(\log r),$$

also $T(r, w') = T(r, w) + O(\log r)$. Nun gilt weiter

$$N\left(r, \frac{1}{w'}\right) + m\left(r, \frac{1}{w'}\right) = T(r, w') + O(1) = T(r, w) + O(\log r),$$

also

$$N\left(r, \frac{1}{w'}\right) + m\left(r, \frac{1}{w}\right) = T(r, w) + O(\log r) \qquad (*)$$

und

$$m(r, w) = T(r, w) + O(\log r). \qquad (**)$$

Addition von (*) und (**) ergibt

$$N_1(r) + m\left(r, \frac{1}{w}\right) + m(r, w) = 2T(r, w) + O(\log r),$$

also (1) mit $a_1 = 0$, $a_2 = \infty$. Für $q$ beliebige komplexe Zahlen $a_j$ gilt natürlich

$$N_1(r) + \sum_1^q m(r, a_j) \leq 2T(r, w) + O(\log r)$$

und $<$ sicher, wenn $a_j \neq 0$ und $\infty$ ist. Kommen dagegen unter den $q \geq 2$ Zahlen $a_j$ 0 und $\infty$ vor, so gilt wegen $m(r, a_j) = O(\log r)$, $a_j \neq 0, \infty$, das Gleichheitszeichen. (H) nimmt die einfache Form an

$$N\left(r, \frac{1}{w'}\right) + m\left(r, \frac{1}{w}\right) + O(\log r) = T(r, w') = m(r, w) + O(\log r).$$

2. Die Gültigkeit von (1) läßt sich für eine weitere Klasse meromorpher Funktionen beweisen. Zur Kennzeichnung dieser Klasse ist es zweck-

mäßig, die von diesen Funktionen erzeugten einfach zusammenhängenden RIEMANNschen Flächen heranzuziehen. Wie schon erwähnt, muß eine Relation der Form $m\left(r, \dfrac{1}{w'}\right) \leqq \sum\limits_{1}^{q} m(r, a_j) + \text{Rest}$ abgeleitet werden. Nun wird man eine einfache Klasse einfach zusammenhängender RIEMANNscher Flächen auswählen in der Annahme, daß die zugehörigen in $|z| < R \leqq \infty$ meromorphen Funktionen bezüglich Anzahl- und Schmiegungsfunktionen ein so regelmäßiges Verhalten aufweisen, daß die Gültigkeit von (1) erwartet werden darf. Legt man „einfache Klasse" dahingehend aus, daß die Randstellen der Fläche von einfacher Bauart sein sollen, dann wird man sich zunächst an diejenigen Flächen $F_q$ halten, deren Windungspunkte über endlich vielen Grundpunkten $a_1$, $a_2$, ..., $a_q$ liegen. Über diesen Punkten hat $F_q$ logarithmische oder algebraische Windungspunkte, alle anderen Stellen $w \neq a_j$ werden schlicht überdeckt.

Man darf annehmen, daß die Grundpunkte $w = a_j$ im Endlichen liegen und $w(0) \neq \infty$, $a_j$ ist. Es gibt eine Zahl $\varrho > 0$ derart, daß die Kreise $|w - w(0)| < 2\varrho$ und $|w - a_j| < 2\varrho$ punktfremd sind. Mit dem Flächenpunkt $w(0)$ als Mittelpunkt liegt das Bild der schlichten Kreisscheibe $\Re_0 : |w - w(0)| < \varrho$ vollständig in $|z| < r_0$. Es sei von jetzt ab $r \geqq r_0$. Über den Kreisen $K_j: |w - a_j| < \varrho$ findet man dann Windungsflächenstücke $\Re_j$ (genauer $\Re_j^{(\nu)}$), die die $K_j$ endlich oder unendlich oft überdecken, wobei die Windungspunkte allein über den $a_j$ liegen. Ihre $z$-Bilder $G_j$ (genauer $G_j^{(\nu)}$) sind Inseln (einfach zusammenhängende Gebiete, die vollständig in $|z| < R$ liegen) oder Zungen (einfach zusammenhängende Gebiete, die an $|z| = R$ heranreichen). Entfernt man aus der Fläche $\Re_0$ und alle $\Re_j^{(\nu)}$, so verbleibt ein Flächenstück $F'$ mit dem $z$-Bild $G'$. Die Kreislinie $|z| = r \geqq r_0$ enthält also nur Punkte, die zu $G'$ oder zu $G_j^{(\nu)}$ gehören. Mit $\zeta = \log z = \log r + i\varphi$ läßt sich $\left|\dfrac{d\zeta}{dw}\right| = \dfrac{1}{|z\,w'(z)|}$ auf $|z| = r$ nach oben abschätzen und damit auch $m\left(r, \dfrac{1}{z\,w'(z)}\right)$. Hierzu betrachtet man zwei Fälle:

A. $z_0 \in G'$ und $|z_0| = r$. Eine schlichte $\varrho$-Umgebung des Flächenpunktes $w(z_0) = w_0$ wird durch $\zeta = \zeta(w) = \zeta_0 + \dfrac{d\zeta}{dw}(w - w_0) + \cdots$ schlicht in unendlich viele Gebiete der $\zeta$-Ebene abgebildet, die aus einem der Gebiete durch $\zeta \to \zeta + 2m\pi i$ hervorgehen. Die Gerade $\Re\,\zeta = \log r$ hat mit jedem einzelnen dieser Gebiete Strecken der Gesamtlänge $\leqq 2\pi$ gemeinsam, so daß also für einen Randpunkt auf $\Re\,\zeta = \log r$ sicher $|\zeta - \zeta_0| \leqq \pi$ gilt. Nach dem KOEBEschen Viertelsatz ist $\tfrac{1}{4}|\zeta'(w_0)|\,\varrho \leqq |\zeta - \zeta_0| \leqq \pi$ also $|\zeta'(w_0)| \leqq \dfrac{4\pi}{\varrho}$. Die Abschätzung gilt auch für diejenigen Stellen $z$, in denen der Wert $\infty$ angenommen wird.

B. $z_0 \in G_j$ und $|z_0| = r$. $G_j$ sei ein Zungengebiet, dem auf der Fläche ein logarithmischer Windungspunkt über $w = a_j = a$ entspricht. Mit $t = \log(w - a)$ bildet $\zeta = \zeta(t)$ die Halbebene $\Re t < \log 2\varrho$ schlicht in unendlich viele Gebiete der $\zeta$-Ebene ab, wobei wieder $\Re \zeta = \log r$ mit dem einzelnen Gebiet Strecken der Länge $\leqq 2\pi$ gemeinsam hat. Da $z_0$ in $G_j$ liegt, gilt $|w - w(z_0)| < \varrho$ und $w(z_0)$ entspricht ein Punkt $t_0$ mit der Eigenschaft, daß der Kreis $|t - t_0| < \log 2$ ganz der Halbebene $\Re \zeta < \log 2\varrho$ angehört. Aus dem KOEBEschen Viertelsatz folgt $\left|\dfrac{d\zeta}{dt}\right| \leqq \dfrac{4\pi}{\log 2}$ oder $\left|\dfrac{d\zeta}{dw}\right| \leqq \dfrac{4\pi}{\log 2}\, \dfrac{1}{|w - a|}$. Die Ortsuniformisierende $t = \log(w - a)$ uniformisiert auch ein $\Re_j^{(\nu)}$ mit endlich vielen Blättern, so daß diese Abschätzung auch für Inselgebiete gilt, deren $w$-Bilder $K_j$ endlich oft überlagern. Damit erhält man

$$m\left(r, \frac{1}{z\,w'}\right) \leqq \frac{1}{2\pi} \int\limits_{z\in G'} \overset{+}{\log} \frac{4\pi}{\varrho}\, d\varphi + \sum_j \frac{1}{2\pi} \int\limits_{z\in G_j} \left(\log \frac{4\pi}{\log 2} + \overset{+}{\log} \frac{1}{|w - a_j|}\right) d\varphi$$

$$\leqq \mathrm{Max}\left(\overset{+}{\log} \frac{4\pi}{\varrho},\, \log \frac{4\pi}{\log 2}\right) + \sum_j^q m(r, a_j).$$

Zusammen mit $m\left(r, \dfrac{1}{w'}\right) = m\left(r, \dfrac{z}{z\,w'}\right) \leqq m(r, z) + m\left(r, \dfrac{1}{z\,w'}\right)$ ergibt sich daher

$$m\left(r, \frac{1}{w'}\right) \leqq \sum_{j=1}^q m\left(r, \frac{1}{w - a_j}\right) + C \log r. \tag{3}$$

Für die weiteren Folgerungen aus (3) ist die nachstehende Aussage (vgl. IV, 3.) von Bedeutung: Wenn über dem Kreis $|w - a| < \varrho$ nur algebraische Windungsflächenstücke mit beschränkter Blattzahl $p < \infty$ liegen, dann gilt

$$m\left(r, \frac{1}{w - a}\right) = O(1). \tag{4}$$

Es besteht also jedes solche Windungsflächenstück $\Re_j$ aus $n_j \leqq p$ Blättern, die um $w = a$ verheftet sind.

Ist nun etwa $a_q = \infty$, so bilde man mit $a \neq a_j$ die Funktion $F(z) = \dfrac{1}{w(z) - a}$, wobei die Grundpunkte $a_1, a_2, \ldots, \infty$ in $A_1, A_2, \ldots,$ $A_q = 0$ übergehen. Auf $F(z)$ darf man (3) anwenden. Nun ist

$$\frac{1}{w'} = \frac{-1}{F'(w - a)^2} \quad \text{und} \quad \frac{1}{F - A_j} = -\frac{1}{A_j} + \frac{a - a_j}{A_j}\, \frac{1}{w - a_j} \quad \text{bzw.} \quad \frac{1}{F} = w - a.$$

Zusammen mit (4) folgt dann, daß in (3) auch eine der Zahlen $a_j$ den Wert unendlich haben darf. Genau so erkennt man, daß die Annahme $w(0) \neq 0$ unwesentlich ist.

Es sei wieder für $w = w(z)$ $a_j \neq \infty$. Dann gilt nach (4), da $w = \infty$ schlicht überdeckt wird, $m(r, w) = O(1)$ und weiter $m(r, w) \leqq m(r, w')$ $+ O(1)$. Nach (I) ist

$$2\,T(r, w) = 2\,N(r, w) + 2\,m(r, w) + N\left(r, \frac{1}{w'}\right) + m\left(r, \frac{1}{w'}\right)$$
$$- N(r, w') - m(r, w') + O(1)$$
$$\leqq 2\,N(r, w) + N\left(r, \frac{1}{w'}\right) - N(r, w') + \sum_1^q m(r, a_j) + C \log r$$
$$= N_1(r) + \sum_{j=1}^q m(r, a_j) + C \log r.$$

Falls einer der Grundpunkte im Unendlichen liegt, zeigt die Transformation $F(z) = \dfrac{1}{w - a}$, daß

$$2\,T(r, w) \leqq N_1(r) + \sum_{j=1}^q m(r, a_j) + C \log r \tag{5}$$

für beliebige Lage der Grundpunkte gilt. Diese Beziehung ergänzt den zweiten Hauptsatz und zeigt die Gültigkeit von (1) für die Flächenklasse $F_q$.

Es sei im Falle $R < \infty$ $\lim\limits_{r \to R} \dfrac{T(r)}{-\log(R - r)} = \infty$. Sind dann alle Windungspunkte der Fläche $F_q$ solche mit beschränkter Blattzahl $n_j \leqq p < \infty$, so gilt nach (4) $m(r, a) = O(1)$ und daher $\Delta(a) = 0$ für alle $a$. Aus (5) erhält man dann

$$2 \leqq \Phi + \sum_1^q \Delta(a_j) = \Phi, \quad \text{also} \quad \Phi = 2.$$

Aus $\Phi < 2$ folgt danach, daß $F_q$ logarithmische Windungspunkte oder algebraische Windungspunkte beliebig hoher Ordnung oder beide Arten von Windungspunkten aufweist. Ist allgemein für eine in $|z| < R \leqq \infty$ meromorphe Funktion $w(z)$ $\left(\text{mit } \dfrac{T(r, w)}{-\log(R - r)} \to \infty \text{ für } r \to R\right)$ der Gesamtindex der algebraischen Verzweigtheit kleiner als zwei, so ist die von $w(z)$ erzeugte Fläche von folgender Bauart: Entweder ist die Anzahl der Grundpunkte nicht endlich oder sie ist endlich und $F_q$ hat die eben angegebenen Verzweigungseigenschaften.

3. Nach den Voraussetzungen zu (4) sind die $z$-Bilder $G_j$ der Flächenstücke $\Re_j$ über $|w - a| < \varrho$ Inseln, die für nichtrationales $w(z)$ die Eigenschaft haben, daß kein Kreis $|z| = r \geqq r_0$ vollständig in einem Inselgebiet $G_j$ verläuft. Man darf $\varrho = 1$ annehmen. Der Kreis $|z| = r$ trifft eine endliche Anzahl von Gebieten $G_j$. Außerhalb der $G_j$ ist $\overset{+}{\log} \dfrac{1}{|w - a|} = 0$, so daß diese Bögen auf $|z| = r$ unberücksichtigt bleiben dürfen. Durch $t_j = (w - a)^{1/n_j}$ geht $\Re_j$ in $|t_j| < 1$ über. Mit $\zeta = \log z$ entsprechen $G_j$ unendlich viele punktfremde Gebiete $D_j$, die durch

$\zeta \to \zeta + 2m\pi i$ auseinander hervorgehen. Man braucht, um den Beitrag von $G_j$ abzuschätzen, natürlich nur eines der Gebiete zu betrachten. $\Re\zeta = \log r \geqq \log r_0$ hat mit $D_j$ eine endliche Anzahl von Strecken $S_j$ gemeinsam, deren Gesamtlänge $L_j \leqq 2\pi$ ist. Zu $m(r, a)$ gibt also der Teil des Kreises $|z| = r$, der in $G_j$ verläuft, einen Beitrag $\frac{n_j}{2\pi} \int\limits_{S_j} \log \frac{1}{|t_j|} |d\zeta|$. Wir nehmen vorweg, daß $\int\limits_{S_j} \log \frac{1}{|t_j|} |d\zeta| \leqq C L_j$ ist, $C$ bedeutet dabei eine von $j$ unabhängige Konstante. Damit erhält man

$$m(r, a) \leqq \frac{C}{2\pi} \sum n_j L_j \leqq \frac{Cp}{2\pi} 2\pi = C p,$$

da die Summe der $L_j \leqq 2\pi$ ist. Um die Gültigkeit von $\int\limits_{S_j} \log \frac{1}{|t_j|} |d\zeta| \leqq C L_j$ einzusehen, genügt es, den folgenden Fall zu betrachten: $\zeta = \zeta(t) = a_1 t + \cdots$ bilde $|t| < 1$ schlicht und konform in ein Gebiet $D_\zeta$ ab, das eine zur imaginären Achse parallele Strecke $S$ der Länge $L = 1$ enthält. Nach dem KOEBEschen Verzerrungssatz gilt für $|t| \leqq \frac{1}{2}$ $|\zeta| \leqq 4|a_1||t|$. Wiederum aus dem Verzerrungssatz folgt $|a_1| \leqq 27$, also $\log \frac{1}{|t|} \leqq \log 108 + \log \frac{1}{|\zeta|}$. Diese Schranke ist aber auch für diejenigen $\zeta$ auf $S$ verbindlich, denen $t$-Werte mit $|t| \geqq \frac{1}{2}$ entsprechen. Durch Integration über $S$ folgt die Behauptung.

Die Bemerkung, daß $\log \frac{1}{|t(\zeta)|}$ die GREENsche Funktion $g(\zeta, 0)$ des Gebietes $D_\zeta$ ist, führt zu einem anderen Beweis des letzten Hilfssatzes auf potentialtheoretischer Grundlage und zu wichtigen Verallgemeinerungen (SELBERG [3], [4]).

$G$ sei ein endliches schlichtes Gebiet der $z$-Ebene (nicht notwendigerweise einfach zusammenhängend), berandet von endlich vielen analytischen Bögen; der Durchschnitt von $|z| = r$ und $G$ bestehe aus endlich vielen Bögen $\beta$ der Gesamtlänge $\Theta r$. Ist dann $g(z, z_0, G)$ die GREENsche Funktion des Gebietes $G$ mit dem Pol $z_0$, so gilt

$$\int\limits_{\beta} g(r e^{i\varphi}, z_0, G) d\varphi \leqq \pi^2 \, \mathrm{tg} \, \frac{\Theta}{4}. \tag{a}$$

Zum Beweis wird $G$ durch ein Gebiet $\overline{G}$ ersetzt, dessen GREENsche Funktion man beherrscht und das $G$ selber als Teilgebiet enthält. Ist $G$ in dem Gebiet $|z| > r_1$ enthalten, so gewinnt man leicht die benötigte Abschätzung. Bedeutet nämlich $\overline{G}$ die Punktmenge $|z| > r_1$, so wird

$$g(z, z_0, \overline{G}) = \log \left| \frac{r_1^2 - z \bar{z}_0}{r_1(z - z_0)} \right|$$

und nach dem Maximumprinzip gilt $g(z, z_0, \overline{G}) - g(z, z_0, G) \geqq 0$ in $G$, also auch auf $\beta$. Es folgt daraus

$$\int\limits_{\beta} g(r\, e^{i\,\varphi}, z_0, G) \leqq 2\pi \overset{+}{\log} \frac{r}{r_1}. \tag{a$'$}$$

Die Verallgemeinerung der benützten TEICHMÜLLERschen Abschätzung [4] lautet: Der Durchschnitt der reellen Achse mit $G$ bestehe aus endlich vielen Strecken $S$ der Gesamtlänge $L$; dann gilt

$$\int\limits_{S} g(z, z_0, G) \leqq \frac{\pi}{2} L. \tag{b}$$

Der Beweis zu (3) zeigt, wie die Voraussetzungen etwas gelockert werden können. Über den Stellen $a \neq a_j$ werden noch Windungsflächenstücke mit beschränkter Blattzahl $n \leqq p < \infty$ zugelassen. Da bei den Beweisen wesentlich davon Gebrauch gemacht wurde, daß die kritischen Stellen (dazu werden hier auch die algebraischen Windungspunkte gerechnet) auf der Fläche einen festen Mindestabstand voneinander haben, wird man zu folgender Flächenklasse geführt: Die einfach zusammenhängenden, unendlich vielblättrigen RIEMANNschen Flächen $\overline{F}_q$ genügen den folgenden Bedingungen:

$(V_1)$: Die kritischen Stellen haben, auf der Fläche in Kugelmetrik gemessen, einen festen Mindestabstand $> 0$.

$(V_2)$: Über $w = a_1, \ldots, a_q$ kann die Fläche beliebig verzweigt sein, über allen anderen Stellen kann $\overline{F}_q$ höchstens algebraische Windungspunkte mit beschränkter Blattzahl $\leqq p < \infty$ besitzen.

Unter dieser Annahme bleibt (3) gültig, da man zufolge $(V_1)$ passende Windungsflächenstücke mit $w = a$ als Windungspunkt angeben kann, denen in der $z$-Ebene Inselgebiete $G(a)$ entsprechen. Nach dem Beweis zu (3) erhält man

$$m\left(r, \frac{1}{w'}\right) \leqq C \log r + \sum_1^q m(r, a_i) + \sum_{a \neq a_j} \frac{1}{2\pi} \int\limits_{z \in G(a)} \overset{+}{\log} \frac{1}{|w - a|} \, d\varphi.$$

Die letzte Summe liegt aber nach dem Beweis zu (4) unterhalb einer festen, von $r$ unabhängigen Konstanten. Gilt noch

$(V_3)$: $\overline{F}_q$ überdeckt eine feste Kreisscheibe $|w - a| < \varrho$ nur schlicht, so kommt man schließlich auf dem Wege über $F(z) = \dfrac{1}{w(z) - a}$ zu

$$2\,T(r, w) \leqq N_1(r) + \sum_1^q m(r, a_j) + C \log r.$$

Dabei ist es unerheblich, ob $w = w(z)$ in $|z| < 1$ oder $|z| < \infty$ meromorph ist, d. h. ob $F_q$ bzw. $\overline{F}_q$ zum hyperbolischen oder parabolischen

Typus gehört. Für die Folgerungen ist nur wichtig, daß $\dfrac{T(r,w)}{-\log(R-r)} \to \infty$ bei $r \to R$ gilt. Die Beweise zu (3) und (4) wurden etwas genauer behandelt, weil die Flächenklasse $F_q$ später ausführlich betrachtet wird. Zum anderen zeigen die Beweise, mit welchen einfachen Hilfsmitteln die Ergebnisse erzielt werden können.

**4.** Es soll nun noch kurz über Erweiterungen berichtet werden, die auf SELBERG [5] und COLLINGWOOD [4] zurückgehen.

Nach den bisherigen Annahmen waren die Inselgebiete $G(a,\varrho)$ von sehr einfacher Bauart, nämlich einfach zusammenhängende Gebiete, deren Rand von einer Niveaulinie $|w(z)-a|=\varrho$ gebildet wurde. Für jeden Wert $\alpha$, $0<|\alpha-a|<\varrho$, hat $w(z)-\alpha=0$ genau $n$ einfache Nullstellen in $G(a,\varrho)$, die für $\alpha \to a$ in eine $n$-fache Nullstelle von $w(z)-a=0$ zusammenrücken. Läßt man über $|w-a|<\varrho$ allgemeinere Windungsflächenstücke zu, hält aber an der Beschränktheit der Blattzahl fest, dann können die $G(a,\varrho)$ mehrfach zusammenhängend sein; der einfache Beweis zu (4) bricht zusammen. Auf diese naheliegende Verallgemeinerung wurde in der Literatur mehrfach hingewiesen, ehe SELBERG [5] den Fall erledigen konnte. Eine weitere Verallgemeinerung wurde von COLLINGWOOD [1] vollzogen, indem er sich vom konstanten $\varrho$ und $p$ frei machte und diese Größen als Funktionen von $r$, $0 \leqq r < R \leqq \infty$, annahm.

Für ein gegebenes $r$ gehören zu $|w-a|<\varrho(r)$ bzw. $\dfrac{1}{|w|}<\varrho(r)$, falls $a=\infty$, Gebiete $G\big(a,\varrho(r)\big)$ (Inseln oder Zungengebiete). Wenn ein Gebiet $G(a,\varrho)$ Punkte des Kreises $|z|=r$ enthält, wird $G\big(r,a,\varrho(r)\big)$ bzw. $G_j\big(r,a,\varrho(r)\big)$, $j=1,2,\ldots,\lambda(r)$, geschrieben. Für $\varrho_1(r)<\varrho(r)$ ist $G(r,a,\varrho_1)$ in $G(r,a,\varrho)$ enthalten. Ist in $G_j\big(r,a,\varrho(r)\big)$ $w=f(z)$ $p_j$-wertig, so wird $P(r,a,\varrho(r))=\underset{1}{\overset{\lambda(r)}{\mathrm{Max}}}\,p_j\big(r,a,\varrho(r)\big)$ gesetzt, also $P(r,a,\varrho_1) \leqq P(r,a,\varrho)$ mit $\varrho_1(r)<\varrho(r)$. Schließlich bezeichnet $E=E\big(a,\varrho(r),p(r)\big)$ die Menge derjenigen $r$-Werte, die folgende Eigenschaften haben: $|z|=r$ trifft nur Inseln $G\big(r,a,\varrho(r)\big)$, für welche $P(r,a,\varrho) \leqq p(r)$ ist. Diese $r$-Menge besteht z. B. aus $0 \leqq r < R \leqq \infty$, wenn eine Fläche $F$ eine Kreisscheibe $|w-a|<\varrho$ nur schlicht überdeckt; man kann dann $\varrho(r) \equiv \varrho$ und $p(r) \equiv 1$ wählen.

Ist nun $\varrho(r)$ konstant oder strebt es monoton gegen Null für $r \to R$ und genügt die Funktion $p(r)$ der Bedingung $0 \leqq p(r) < \infty$ für alle $r<R$, so gilt, falls $R$ Häufungspunkt der Menge $E$ ist, für alle $r \in E$:

$$m(r,a) < (\pi + \log r)\,p(r) + \overset{+}{\log}\frac{1}{\varrho(r)} + O(1), \qquad R=\infty$$

$$m(r,a) < \big(\pi + O(1)\big)\,p(r) + \overset{+}{\log}\frac{1}{\varrho(r)} + O(1), \qquad R<\infty.$$

(5)

Zum Beweis darf man $a = \infty$ setzen. $|z| = r$ hat mit $G_j\,(r,\,\infty,\,\varrho\,(r))$ die Bögen $\beta_j$ gemeinsam. Von den Komplementärbögen erhält $m\,(r,\,\infty)$ einen Beitrag $\overset{+}{\leqq} \log\dfrac{1}{\varrho\,(r)}$. Die $G_j\,(r,\,\infty,\,\varrho)$ sind beschränkt und enthalten höchstens $p\,(r)$ Polstellen. In jedem $G_j$ läßt sich also $\log|\varrho\,(r)\,w\,(z)|$ als Summe von höchstens $p\,(r)$ GREENSchen Funktionen $g\,(z,\,b_\mu,\,G_j)$ mit dem logarithmischen Pol in einer Polstelle $b_\mu$ von $w\,(z)$ darstellen. Nach (a) ergibt sich dann

$$\int\limits_{\beta_j} \log|\varrho\,(r)\,w\,(z)|\,d\varphi \leqq p\,(r)\,\pi^2\,\mathrm{tg}\,\frac{\Theta_j}{4}\,.$$

Die Bezeichnung kann so gewählt werden, daß $\Theta_1 \geqq \Theta_2 \geqq \cdots \geqq \Theta_{\lambda(r)}$ erfüllt ist. Dann gilt $\Theta_j \leqq \pi$, $j = 2, 3, \ldots, \lambda\,(r)$, und $\overset{\lambda(r)}{\underset{2}{\sum}}\,\Theta_j < 2\,\pi$. Mithin erhält man $\overset{\lambda(r)}{\underset{2}{\sum}} \int\limits_{\beta_j} \log|\varrho\,(r)\,w\,(r\,e^{i\varphi})|\,d\varphi < 2\,\pi^2\,p\,(r)$. Nun ist noch der Beitrag des Gebietes $G_1\,(r,\,a,\,\varrho)$ abzuschätzen. Dazu zeigt man, daß für $r_2 < r \in E$ $G_1\,(r,\,a,\,\varrho)$ in $|z| > r_1 \geqq 1$ enthalten ist, so daß nach (a')

$$\int\limits_{\beta_1} \log|\varrho\,(r)\,w\,(z)|\,d\varphi < 2\,\pi\,p\,(r)\,\log r \quad \text{für} \quad R = \infty$$

und

$$< 2\,\pi\,p\,(r)\,\log\frac{R}{r_1} \quad \text{für} \quad R < \infty$$

gilt. Damit ist (5) bewiesen.

Falls für zwei positive Zahlen $A < R$, $B < R$ keines der Gebiete $G_j\big(r,\,a,\,\varrho\,(r)\big)$, $A < r \in E$, eine $|z| = B$ umschließende Kurve enthält, kann man in der $\zeta = \log z$-Ebene (b) anwenden und kommt zu

$$m\,(r,\,a) = \frac{\pi}{2}\,p\,(r) + \overset{+}{\log}\,\frac{1}{\varrho\,(r)} \tag{6}$$

(gültig für $A < r_0 < r \in E$). (6) enthält (4). Die Voraussetzungen für (6) sind sicher erfüllt, wenn die $G_j\big(r,\,a,\,\varrho\,(r)\big)$ einfach zusammenhängend sind und dort $w'(z) \neq 0$ gilt bis auf einen Punkt $z_a$, der eine $p\,(r)$-fache $a$-Stelle ist. Für konstantes $\varrho\,(r)$ gilt also $m\,(r,\,a) < \frac{\pi}{2}\,p\,(r) + O\,(1)$. Ist $R$ Häufungspunkt der Menge $E$ und $p\,(r) = o\,\big(T\,(r,\,w)\big)$, so erhält man $\delta\,(a) = 0$. Die Verzweigtheit in der wachsenden Stellensorte ist so schwach, daß sie keinen positiven Defekt erzeugen kann. Es ist klar, daß aus (5) und (6) unter mehr oder weniger starken Zusatzforderungen Schranken für den NEVANLINNA- und VALIRON-Defekt gewonnen werden können.

5. Eine Umkehrung des zweiten Hauptsatzes wurde im Anschluß an SELBERG [6] von COLLINGWOOD [2] unter recht allgemeinen Voraus-

setzungen bewiesen. Da der Beweis, der sich eng an den SELBERGschen anschließt, sehr umfangreich ist, kann im Rahmen dieses Berichtes nur auf das Resultat eingegangen werden. Dazu betrachten wir noch einmal die Flächenklasse $F_q$. Es sei $\mathfrak{A}$ die Menge $\{a_1 \ldots a_q\}$ und $C\mathfrak{A}$ die bezüglich der $w$-Kugel gebildete Komplementärmenge von $\mathfrak{A}$. Für jedes $a \in C\mathfrak{A}$ ist dann $w = w(z)$ in $G(r, a, \varrho(a))$ schlicht, also $p(r) \equiv 1$. $\varrho = \varrho(a)$ ist nur von $a$ abhängig. Die $r$-Menge $E$ besteht für alle $a \in C\mathfrak{A}$ aus dem Intervall $0 \leq r < R$. Nach den Bemerkungen zu (5) und (6) ist es nun klar, welche Voraussetzungen gelockert werden können. Zunächst wird man $p$ durch eine Funktion $p(r)$ von $r$ ersetzen. Da aber für einen Wert $a \in C\mathfrak{A}$ $m(r, a)$ nur eine untergeordnete Rolle spielen soll, darf $p(r)$ nicht zu schnell anwachsen. Das wird durch die Forderung $p(r) = o\left(\dfrac{T(r, w)}{\log r}\right)$ für $R = \infty$ und $p(r) = o(T(r, w))$ für $R < \infty$ erreicht. Dabei wird stets angenommen, daß die in $|z| < R < \infty$ meromorphe Funktion eine nichtbeschränkte Charakteristik hat. Weiter läßt sich $\varrho(a)$ durch eine Funktion $\varrho(a, r)$ ersetzen. Für $a \in C\mathfrak{A}$ wird der Kugelabstand $[a, \mathfrak{A}]$ bestimmt und damit $d(a, r)$ $= \operatorname{Min}\left(\varrho(r), [a, \mathfrak{A}]\right)$ gebildet, wobei $\varrho(r)$ der Bedingung $\lim\limits_{r \to R} \dfrac{-\log \varrho(r)}{T(r, w)}$ $= 0$ genügt. $\varrho(a, r)$ selber wird durch den Ausdruck

$$\varrho(a, r) = d(a, r) \exp\left(-\Phi\left(-\log d(a, r)\right)\right)$$

gegeben; $\Phi(t)$ ist zweimal stetig differenzierbar, $\Phi'(t) \geq 0$, $\Phi''(t) \leq 0$. Für gegebenes $r$ werden durch $[w(z), \mathfrak{A}] < \varrho(a, r)$ Gebiete $G(a, \varrho(a, r))$ erklärt. Diejenigen, die von $|z| = r$ getroffen werden, seien $G_j(r, a, \varrho(a, r))$, $j = 1, \ldots, \lambda(r)$. Die $r$-Menge $V(a, \varrho(a, r), p(r))$ umfaßt alle $r$-Werte, für welche $P(r, a, \varrho(a, r)) = \operatorname*{Max}\limits_{1}^{\lambda(r)} P_j(r, a, \varrho(a, r)) \leq p(r)$ ist. Die Teilmenge $E(a, \varrho(a, r), p(r))$ besteht aus denjenigen $r$-Werten, zu denen Gebiete mit $P(r, a, \varrho(a, r)) = 0$ oder Inseln gehören (in denen dann natürlich $p = p(r)$ ist). Die Menge $E$ wird im allgemeinen nicht das Intervall $0 \leq r < R$ umfassen und stark von $a$ abhängen. Ist aber $\sup\limits_{a \in \mathfrak{A}} E(a, \varrho(a, r), p(r)) \leq r_0 < R$, dann gilt für $r_0 < r < R \leq \infty$

$$2T(r, w) \leq N_1(r) + \sum_{j=1}^{q} m(r, a_j) + S(r); \qquad (7)$$

das Restglied $S(r)$ ist $= o(T(r, w))$ im Falle $R = \infty$ und

$$< \log \frac{1}{R - r} + o(T(r, w))$$

im Falle $R < \infty$.

Die Deutung der eingeführten Größen auf der Fläche ist bis zu einem gewissen Grade möglich, führt aber doch nur zu qualitativen Aussagen, weil über die Verzerrungsverhältnisse bei der Abbildung $|z| < R \longleftrightarrow F$ im allgemeinen zu wenig bekannt ist.

# V. Anwendungen auf gewöhnliche Differentialgleichungen.

In diesem Kapitel soll gezeigt werden, wie mit den bisher angegebenen Sätzen die Lösungen gewöhnlicher Differentialgleichungen untersucht werden können.

1. Mit Hilfe des PICARDschen Satzes bewies RELLICH [1]:

In der Differentialgleichung $w' = f(z, w)$ sei die rechte Seite eine ganze Funktion in $z$ und $w$. Wenn die Differentialgleichung zwei verschiedene ganze Lösungen $u(z)$ und $v(z)$ besitzt, dann ist jede andere ganze Lösung $w(z)$ von der Form $w(z) = u(z) + c(v(z) - u(z))$ mit konstantem $c$. Ist $f(z, w)$ nicht linear in $w$, dann gibt es höchstens abzählbar viele $c_n$, die sich nicht im Endlichen häufen und für welche $w(z) = u(z) + c_n(v(z) - u(z))$ eine ganze Lösung der Differentialgleichung ist.

Danach ist jede ganze Lösung von $w' = f(w)$ mit nichtlinearer rechter Seite eine Konstante. Im anderen Falle wäre mit $u(z)$ auch $u(z + c)$ für beliebiges $c$ eine Lösung. Da es nicht mehr als abzählbar viele ganze Lösungen gibt, erhält man einen Widerspruch. Wir geben für diese Behauptung noch einen anderen Beweis an, der auch für kompliziertere Differentialgleichungen gültig bleibt. Man bemerkt zunächst, daß jede nichtkonstante ganze Lösung von $w' = f(w)$, $f(w)$ nicht linear, ganz transzendent sein muß. Nunmehr sei $w = w(z)$ eine solche Lösung. Aus $f(w) = \dfrac{w'}{w} w$ folgt

$$m\big(r, f(w(z))\big) \leqq m(r, w) + O\big(\log r \, T(r, w)\big) = T(r, w) + O\big(\log r \, T(r, w)\big)$$

für alle $r$ außerhalb einer $r$-Menge $\varDelta$ von endlichem logarithmischem Maß. Nach (I) ist $m\big(r, f(w(z))\big) = T\big(r, f(w(z))\big)$. Zu einem Normalwert $c$ gehören unendlich viele $w_1, w_2, \ldots$, für welche $f(w_j) = c$ gilt. Nach (I) erhält man für eine beliebige natürliche Zahl $k$ die Schätzung

$$\sum_1^k N(r, w_j) \leqq N\left(r, \frac{1}{f(w(z)) - c}\right) < T\big(r, f(w(z))\big) \quad \text{für} \quad r > r(k).$$

Weiter gilt $\lim\limits_{r \to \infty} \dfrac{N(r, a)}{T(r, w)} = 1$, von einer Wertmenge (a) von verschwindender innerer Kapazität abgesehen. Demnach kann man $c$ so wählen, daß bei gegebenem $k$ die Beziehung $N(r, w_j) > \tfrac{1}{2} T(r, w)$ für alle $r > r(k, \tfrac{1}{2})$ und $j = 1, 2, \ldots, k$ gilt.

Man erhält also

$$\frac{k}{2} T(r, w) < T(r, w) + O\big(\log r \, T(r, w)\big),$$

gültig für eine Folge $r_j \to \infty$. Das ist aber im Falle $k \geq 3$ unmöglich, so daß $w = w(z)$ nicht ganz transzendent sein kann.

Allgemeiner gilt der folgende Satz: In

$$P(z, w, w_1, \ldots, w_p) = f(w), \qquad p \geq 1, \qquad w_j(z) = w^{(j)}(z), \qquad (1)$$

sei $P$ ein Polynom in den angegebenen Veränderlichen und $f(w)$ eine in $w$ ganze transzendente Funktion. Dann ist jede ganze Lösung von (1) eine Konstante.

Zum Beweis schreibt man für jede Ableitung in $P(z, w, w_1, \ldots, w_p)$

$$w_j = \frac{w_j}{w_{j-1}} \frac{w_{j-1}}{w_{j-2}} \cdots \frac{w_1}{w} \, w$$

und drückt in $m(r, w_j) \leq m(r, w) + m\left(r, \frac{w_1}{w}\right) + \cdots + m\left(r, \frac{w_j}{w_{j-1}}\right)$ die Schmiegungsfunktion $m\left(r, \frac{w_\mu}{w_{\mu-1}}\right)$ nach dem Hilfssatz über die Schmiegungsfunktion der logarithmischen Ableitung durch $T(r, w_{\mu-1})$ aus. Da alle $w_\mu(z)$ ganz transzendent sind, also nach (I) $T(r, w_\mu) = m(r, w_\mu)$ ist, erhält man schließlich für $m(r, P(z, w(z), \ldots, w_p(z)))$

$$m(r, P) \leq k_1 T(r, w) + k_2 \log\left(r \, T(r, w)\right)$$

für alle $r \geq r_0$ außerhalb einer $r$-Menge $\varDelta$ von endlichem logarithmischem Maß. $k_1$ und $k_2$ sind endliche Konstanten. Genau wie oben gilt $m\left(r, f(w)\right) > \frac{k}{2} T(r, w)$. Da $w(z)$ Lösung von (1) sein soll, erhält man

$$\frac{k}{2} T(r, w) < m\left(r, f(w)\right) \leq m(r, P) \leq k_1 T(r, w) + k_2 \log\left(r \, T(r, w)\right).$$

Für $k > 2k_1$ ist diese Beziehung unmöglich, $w = w(z)$ kann also nicht ganz transzendent sein. Da (1) auch keine Polynomlösungen zuläßt, muß jede ganze Lösung eine Konstante sein, womit die Behauptung bewiesen ist. Einen anderen Beweis dieses Satzes, der von den in I. entwickelten Hilfsmitteln Gebrauch macht, gab VALIRON [3].

Ist $f(w)$ ein Polynom, so liegt eine algebraische Differentialgleichung

$$P(z, w, w_1, \ldots, w_p) = 0 \qquad (2)$$

vor. Um auch hier Aussagen über die möglichen ganzen Lösungen zu erzielen, greifen wir auf I. zurück. In

$$P(z, w, w_1, \ldots, w_p) = \sum_{\varkappa_0 \cdots \varkappa_p} a_{\varkappa_0 \cdots \varkappa_p}(z) \, w^{\varkappa_0} w_1^{\varkappa_1} \cdots w_p^{\varkappa_p}$$

ist $\varkappa = \varkappa_0 + \cdots + \varkappa_p$ die Dimension und $\bar{\varkappa} = \varkappa_1 + 2\varkappa_2 + \cdots + p\varkappa_p$ das Gewicht des Potenzproduktes $w^{\varkappa_0} w_1^{\varkappa_1} \cdots w_p^{\varkappa_p}$. Das Maximum der endlich vielen Zahlen $\varkappa$ sei $d$. (2) läßt sicher keine ganze transzendente Lösung zu, wenn in der Differentialgleichung nur ein Glied mit der maximalen Dimension $d$ vorkommt.

Zum Beweis werden nach I. an zulässigen Stellen $\zeta$ mit $M(r, w) = |w(\zeta)|$ die Ableitungen $w_1(\zeta), \ldots, w_p(\zeta)$ durch $w(\zeta)$ und den Zentralindex $\nu(r)$ ausgedrückt. Aus (2) folgt

$$\sum_{\varkappa_0 \ldots \varkappa_p} a_{\varkappa_0 \ldots \varkappa_p}(\zeta)\, w^\varkappa(\zeta) \left(\frac{\nu(r)}{\zeta}\right)^{\bar{\varkappa}} \left(1 + \varepsilon_{\varkappa_0 \ldots \varkappa_p}(\zeta)\right) = 0.$$

Für die Kombination $\varkappa_0' \ldots \varkappa_p'$ sei die Dimension $\varkappa$ gleich $d$; Division mit diesem Glied ergibt daher

$$1 + \sum_{\substack{\varkappa_0 \ldots \varkappa_p \\ \neq \varkappa_0' \ldots \varkappa_p'}} b_{\varkappa_0 \ldots \varkappa_p}(\zeta)\, \frac{1}{w^{d-\varkappa}(\zeta)} \left(\frac{\nu(r)}{\zeta}\right)^{\bar{\varkappa} - \bar{\varkappa}'} \left(1 + \eta_{\varkappa_0 \ldots \varkappa_p}(\zeta)\right) = 0.$$

Wegen $d - \varkappa \geqq 1$ und I, (5) ist die Summe für zulässige $\zeta$ — jedenfalls für eine gegen $\infty$ konvergierende Folge $\zeta_j$ — eine Größe $\varepsilon(\zeta)$, die mit $|\zeta_j| \to \infty$ gegen Null strebt. Die Annahme, daß $w(z)$ eine ganze transzendente Lösung von (2) ist, führt also, wenn nur ein Glied mit maximaler Dimension $d$ vorkommt, zu einer Beziehung der Form $1 + \varepsilon(\zeta_j) = 0$, was unmöglich ist. Dieses Ergebnis ist für Untersuchungen im Gebiete der gewöhnlichen Differentialgleichungen sehr nützlich. Ein Beispiel möge das erläutern. Es ist bekannt, daß jede Lösung $w(z)$ der Painlevéschen Differentialgleichung $w'' = 6w^2 + z$ in $|z| < \infty$ eindeutig analytisch ist. Rationale Lösungen treten nicht auf. $w = w(z)$ muß Pole haben, und zwar unendlich viele. Im anderen Falle wäre mit einem passenden Polynom $Q(z)$ die Funktion $g(z) = Q(z)\, w(z)$ ganz transzendent und würde einer algebraischen Differentialgleichung genügen, in der nur ein Glied der maximalen Dimension $d = 2$ vorkommt. Genau so zeigt man, daß $w = w(z)$ jeden endlichen Wert unendlich oft annimmt.

2. Wir betrachten nun die Lösungen der Differentialgleichung

$$w^{(m)} + a_{m-1}(z)\, w^{(m-1)} + \cdots + a_1(z)\, w' + a_0(z)\, w = 0 \qquad (3)$$

mit Polynomkoeffizienten $a_j(z) = A_j z^{\alpha_j} + \cdots$, $a_0(z) \not\equiv 0$. Jede Lösung von (3) ist eine ganze Funktion. Die Normalform von Frobenius lautet

$$z^m w^{(m)} + z^{m-1} c_{m-1}(z)\, w^{(m-1)} + \cdots + z\, c_1(z)\, w' + c_0(z)\, w = 0 \qquad (3')$$

mit $c_j(z) = z^{m-j} a_j(z) = A_j z^{g_j} + \cdots$, $g_j = m + \alpha_j - j$. Mit $g = \max_{j=0}^{m-1} g_j$ gilt also $c_j(z) = c_{j0} + c_{j1} z + \cdots c_{jg} z^g$, $j = 0, 1, \ldots, m-1$ und $c_m(z) \equiv 1$. Für die Koeffizienten $D_\mu$ in dem Lösungsansatz $w(z) = \sum_0^\infty D_\mu z^\mu$ erhält man Rekursionsformeln; dabei treten die Größen

$$f_h(x) = c_{0h} + c_{1h} x + c_{2h} x(x-1) + \cdots + c_{mh} x(x-1) \cdots (x-m+1)$$

auf. Nach Definition der $c_{\mu h}$ folgt $f_h(x) = 0$ für $x = 0, 1, \ldots, m - (h+1)$ und $h = 0, \ldots, m - 1$. Danach sind die ersten $m$ Rekursionsformeln

$$D_0 f_0(0) = 0, \quad D_1 f_0(1) + D_0 f_1(0) = 0, \ldots,$$
$$D_{m-1} f_0(m-1) + \cdots + D_0 f_{m-1}(0) = 0$$

bei beliebiger Wahl von $D_0, \ldots, D_{m-1}$ von selber erfüllt. Die nächsten Gleichungen $D_n f_0(n) + D_{n-1} f_1(n-1) + \cdots + D_0 f_n(0)$ werden für $n = m, m+1, \ldots, g$ betrachtet. Wegen $f_0(n) \neq 0$ berechnen sich daraus $D_m, D_{m+1}, \ldots, D_g$ als lineare und homogene Funktionen der $D_0, \ldots, D_{m-1}$. Die restlichen Gleichungen lauten

$$D_{\nu+g} f_0(\nu + g) + \cdots + D_\nu f_g(\nu) = 0, \qquad \nu \geqq 1. \tag{4}$$

Für alle $\nu \geqq N$ ist $f_g(\nu) \neq 0$ und $f_0(\nu + g) \neq 0$. Bei Beschränkung auf diese $\nu \geqq N$ stellt (4) eine Differenzengleichung dar, die von PERRON [1] untersucht worden ist. Der genaue Grad von $f_h(x)$ sei $m_h$, also $c_{m_h h}$ in der Zahlenreihe $c_{0h}, c_{1h}, \ldots, c_{mh}$ die letzte von Null verschiedene Zahl. In einer $s, t$-Ebene wird zu den Punkten $P_h = (s = h, t = m_h)$, $h = 0, 1, \ldots, g$, das nach der positiven $t$-Achse hin konvexe PUISEUXsche Polygon $\mathfrak{P}$ mit den Ecken $P_0 = P_{e_0}$, $P_{e_1}, \ldots, P_{e_\varrho} = P_g$ konstruiert. (4) hat ein Fundamentalsystem von $g$ Lösungen, die in genau $\varrho$ Klassen zerfallen. Zur $(\varrho - j)$-ten Klasse $j = \varrho - 1, \varrho - 2, \ldots, 0$, gehören genau $e_{j+1} - e_j$ Lösungen, deren Verhalten bei $\nu \to \infty$ durch $\lim\limits_{\nu \to \infty} \dfrac{-\log|D_\nu|}{\nu \log \nu} = -q_j = -\dfrac{m_{e_{j+1}} - m_{e_j}}{e_{j+1} - e_j}$ gegeben ist. Das gilt für jedes Lösungssystem und die daraus gewonnenen Linearkombinationen der $(\varrho - j)$-ten Klasse. Danach kommen für die Ordnungen $\lambda$ der ganzen transzendenten Lösungen $w(z) = \sum\limits_0^\infty D_\mu z^\mu$

wegen $\dfrac{1}{\lambda} = \lim\limits_{\nu \to \infty} \dfrac{-\log|D_\nu|}{\nu \log \nu}$ nur die Zahlen $-\dfrac{1}{q_0}, -\dfrac{1}{q_1}, \ldots, -\dfrac{1}{q_{\varrho-1}}$ in Frage und höchstens $(e_{j+1} - e_j)$ linear unabhängige Integrale können die Ordnung $\lambda = -\dfrac{1}{q_j}$ haben. Da ein Fundamentalsystem von (4) im allgemeinen nicht das vollständige Gleichungssystem von FROBENIUS löst, weiß man nur, daß $\lambda$ eine der Zahlen $-\dfrac{1}{q_j}$ ist und höchstens mit der Vielfachheit $e_{j+1} - e_j$ auftreten kann.

Ist $\nu(r)$ der Zentralindex von $w(z) = \sum\limits_0^\infty D_j z^j$, so geht mit $\zeta = \dfrac{1}{x}$, $y = \dfrac{1}{\nu(r)}$ (3′) über in

$$x^g \big(1 + \Theta_m(x)\big) + A_{m-1} x^{g - g_{m-1}} y \big(1 + \Theta_{m-1}(x)\big) + \cdots$$
$$+ A_0 x^{g - g_0} y^m \big(1 + \Theta_0(x)\big) = 0,$$

gültig für alle $x$, die nicht einer Ausnahmemenge $\Delta_x$ angehören; weiter gilt $\Theta_j(x) \to 0$ für $|x| \to 0$. Setzt man $\Theta_j(x) \equiv 0$, betrachtet also

$$x^g + A_{m-1}\, x^{g-g_{m-1}}\, y + \cdots + A_0\, x^{g-g_0}\, y^m = 0 \qquad (5)$$

für alle $x$, so wird durch (5) eine algebraische Funktion erklärt. Da hier nur ganze transzendente Lösungen von (3) betrachtet werden, interessieren zufolge des Zusammenhanges zwischen $x, y$ und $\zeta, v(r)$, $v(r) \to \infty$, nur diejenigen Lösungen, die der Bedingung $y(x) \to 0$ genügen, also Lösungen der Form $y(x) = a\, x^{s/m}\, (1 + h(x))$, $a \neq 0$, $s$ eine ganze Zahl größer als 0 und $h(x) \to 0$ für $x \to 0$. Daraus folgt nach VALIRON [1]

$$\log M(r) = A\, r^{s/m}\, (1 + H(r)),$$
$$0 < A < \infty \quad \text{und} \quad H(r) \to 0 \quad \text{für} \quad r \to \infty, \qquad (6)$$

also $\lambda = \dfrac{s}{m}$. Nur diese Zahlen $\dfrac{s}{m} \geqq \dfrac{1}{m}$ kommen als Ordnungen der ganzen transzendenten Lösungen von (3) in Frage. Die Zahlen $\dfrac{s}{m}$ bestimmen sich aus dem zu den Punkten $Q_j = (u = j,\ v = g - g_{m-j})$, $j = 0, 1, \ldots, m-1$, gehörigen PUISEUX-Diagramm $\mathfrak{Q}$ der $u, v$-Ebene. Nach Definition der Zahl $g$ gibt es mindestens einen auf der $u$-Achse gelegenen Endpunkt $Q_\sigma$ von $\mathfrak{Q}$ mit $\sigma \leqq m$. Hier interessiert nur der absteigende Teil $Q_0 \ldots Q_\sigma$ des Streckenzuges $\mathfrak{Q}$.

Zwischen $\mathfrak{P}$ und $\mathfrak{Q}$ besteht ein einfacher Zusammenhang. Durch $u = m - t$, $v = g - s$ geht $\mathfrak{P}$ über in $\overline{\mathfrak{Q}}$, wobei $\overline{\mathfrak{Q}}$ mit dem absteigenden Teil $Q_0 \ldots Q_\sigma$ von $\mathfrak{Q}$ zusammenfällt. Die Punkte $P_{e_j}$ gehen in $\overline{Q}_{e_j} = (m - m_{e_j},\ g - g_j)$ über. Danach gilt: Geht man von (3') zu (5) über und betrachtet von dem zu den Punkten $Q_j = (j, g - g_{m-j})$ gehörigen PUISEUX-Diagramm $\mathfrak{Q}$ den absteigenden Teil $Q_0 \ldots Q_\sigma$, so ergeben sich für die ganzen transzendenten Lösungen von (3) folgende Aussagen: Sind $u_j, v_j$ die Eckpunktskoordinaten von $\mathfrak{Q}$, so fällt die Ordnung $\lambda$ mit einer der Zahlen $\dfrac{v_j - v_{j+1}}{u_{j+1} - u_j}$ zusammen, und es gibt höchstens $v_j - v_{j+1}$ linear unabhängige Lösungen dieser Ordnung $\lambda$. Nach (6) ist $w = w(z)$ von regulärem Wachstum.

Ist die $u$-Koordinate von $Q_\sigma$ gleich $p \leqq m - 1$, so sind für $p = 1$ alle Lösungen der Differentialgleichung (3) von der Ordnung $g$. Für $p > 1$ ist die kleinstmögliche Ordnung $\lambda = \dfrac{1}{p-1} \geqq \dfrac{1}{m-1}$, $m \geqq 2$. Daß $\lambda = \dfrac{1}{m-1}$ angenommen werden kann, zeigt die Differentialgleichung

$$w^{(m)} + (A_{m-1}\, z^{m-2} + \cdots)\, w^{(m-1)}$$
$$+ A_{m-2}\, w^{(m-2)} + \cdots + A_1\, w' + A_0\, w = 0, \qquad A_0 \neq 0.$$

Für diese Differentialgleichung gilt $g_j = m - j$, $j = 0, 1, \ldots, m - 2$, $g_{m-1} = m - 1$, also $g = g_0 = m$. Eckpunkte von $\mathfrak{D}$ sind $(u_0, v_0) = (0, m)$, $(u_1, v_1) = (1, 1)$ und $(u_2, v_2) = (m, 0)$. $\lambda_1 = m - 1$ kann höchstens $(m - 1)$-mal, $\lambda_2 = \dfrac{1}{m - 1}$ höchstens einmal angenommen werden. Da jede Lösung $w(z) \not\equiv 0$ ganz transzendent ist, gibt es genau $(m - 1)$ linear unabhängige Lösungen der Ordnung $(m - 1)$ und genau eine Lösung der Ordnung $\dfrac{1}{m - 1}$.

Nach den bisherigen Ergebnissen ist das allgemeine Integral $w(z)$ von (3) eine ganze transzendente Funktion von endlicher Ordnung. Jetzt sei nur bekannt, daß die Koeffizienten $a_j(z)$ ganze Funktionen sind. Dann folgt aus der Annahme, daß das allgemeine Integral von endlicher Ordnung ist: Die Koeffizienten $a_j(z)$ sind Polynome. M. FREI[1] hat nämlich gezeigt, daß $w(z)$ unendliche Ordnung hat, wenn wenigstens einer der Koeffizienten $a_j(z)$ ganz transzendent ist.

Man kann sich beim Beweis auf die Differentialgleichung

$$w''' + a_2(z)\,w'' + a_1(z)\,w' + a_0(z)\,w = 0$$

$(w'' + a_1(z)\,w' + a_0(z)\,w = 0$ ist trivial) beschränken. Von den Koeffizienten $a_j(z)$ sei nur $a_0(z)$ ganz transzendent. Aus der Differentialgleichung folgt unter dieser Voraussetzung

$$m\left(r, a_0(z)\right) \leqq m\left(r, \frac{w'''}{w}\right) + m\left(r, \frac{w''}{w}\right) + m\left(r, \frac{w'}{w}\right) + C \log r = O(\log r)$$

für alle $r$, wenn die Differentialgleichung eine ganze transzendente Lösung von endlicher Ordnung besitzt. Das ist aber wegen $\dfrac{m(r, a_0)}{\log r} = \dfrac{T(r, a_0)}{\log r} \to \infty$ unmöglich. Jede nicht triviale Lösung der Differentialgleichung ist also von der Ordnung $\infty$. Nun sei $a_2(z)$ ein Polynom, $a_1(z)$ ganz transzendent und $u(z)$ eine Lösung von endlicher Ordnung. Mit $w(z) = y(z) \cdot u(z)$ erhält man für $y(z)$ die Differentialgleichung:

$$y''' + \left(3\,\frac{u'}{u} + a_2\right) y'' + \left(3\,\frac{u''}{u} + 2a_2\,\frac{u'}{u} + a_1\right) y' = 0.$$

Jede in $|z| < \infty$ eindeutige analytische nichtrationale Lösung dieser Differentialgleichung ist von der Ordnung unendlich, weil die gegenteilige Annahme zu $m(r, a_1(z)) = O(\log r)$ führt, was der Voraussetzung widerspricht. Die gegebene Differentialgleichung hat also höchstens eine Lösung von endlicher Ordnung. Ähnlich erkennt man, daß bei ganz transzendentem $a_2(z)$ die Differentialgleichung höchstens zwei linear unabhängige Lösungen von endlicher Ordnung hat. Die gleiche Methode führt zu dem Resultat:

In der Differentialgleichung (3) sei wenigstens einer der Koeffizienten $a_j(z)$ ganz transzendent. Dann ist das allgemeine Integral von (3) von unendlicher Wachstumsordnung. Ist in der Folge $a_0(z)$, $a_1(z), \ldots, a_{m-1}(z)$ der Koeffizienten $a_\mu(z)$ der letzte ganze transzendente Koeffizient, sind also alle $a_j(z)$ mit $j > \mu$ Polynome, so gibt es höchstens $\mu$ linear unabhängige Integrale von endlicher Ordnung.

Daß bei ganzen transzendenten Koeffizienten $a_j(z)$ partikuläre Lösungen mit endlicher Ordnung vorkommen können, zeigt die Differentialgleichung $w'' + i e^{-iz} w' + w = 0$ mit der Lösung $w = e^{iz} + 1$ von der Ordnung Eins.

Alle Lösungen von (3) seien jetzt ganz transzendent und $w_1(z), \ldots, w_m(z)$ ein Fundamentalsystem mit den Ordnungen $\lambda_1$, $\lambda_2, \ldots, \lambda_m$. Dann haben höchstens $v_\mu - v_{\mu+1}$ Lösungen die Ordnung $\dfrac{v_\mu - v_{\mu+1}}{u_{\mu+1} - u_\mu}$. Die Summe $\sum\limits_1^m \dfrac{1}{\lambda_j}$ über die reziproken Ordnungen erhält also von diesem $\lambda$ höchstens den Beitrag $u_{\mu+1} - u_\mu$. Es gilt daher $\sum\limits_1^m \dfrac{1}{\lambda_j} \leqq \sum\limits_{\mu=0}^{\sigma-1} (u_{\mu+1} - u_\mu) = u_\sigma - u_0 \leqq m$. Daraus folgt nach dem Satz vom arithmetischen und harmonischen Mittel $m \leqq m^2 : \left( \sum\limits_1^m \dfrac{1}{\lambda_j} \right) \leqq \sum\limits_1^m \lambda_j$. Das Gleichheitszeichen gilt dann und nur dann, wenn alle $\lambda_j = 1$ sind.

Aus $\lambda_j = 1$ folgt $u_\sigma = m$. $\mathfrak{Q}$ muß im Falle $\sum\limits_1^m \lambda_j = m$ eine Strecke der Steigung 1 enthalten, da sonst $\lambda_j = 1$ nicht möglich wäre. Die Endpunkte dieser Strecke seien $(u_j, v_j)$ und $(u_{j+1}, v_{j+1})$. Da es $m$ Lösungen der Ordnung 1 gibt, muß daher $v_j - v_{j+1} \geqq m$ gelten. Wegen $\dfrac{v_j - v_{j+1}}{u_{j+1} - u_j} = 1$ erhält man $m \leqq v_j - v_{j+1} = u_{j+1} - u_j \leqq m$. $\mathfrak{Q}$ fällt also mit der Verbindungslinie der einzigen Endpunkte $A = (0, m)$ und $B = (m, 0)$ zusammen. Nach Konstruktion von $\mathfrak{Q}$ ist für jedes $u = \mu, \mu = 1, \ldots, m$, $m - \mu \leqq g - g_{m-\mu} = m - \mu - \alpha_{m-\mu}$ erfüllt. Es folgt daher aus $\sum\limits_1^m \lambda_j = m$  $\alpha_\mu = 0$, $\mu = 0, 1, \ldots, m - 1$. Umgekehrt ist bei Differentialgleichungen (3) mit konstanten Koeffizienten für jedes Fundamentalsystem $\lambda_j = 1$ und $\sum\limits_1^m \lambda_j = m$ erfüllt. Man vgl. dazu WITTICH [9].

Für lineare Differentialgleichungen zweiter Ordnung
$$w'' + (A z^\alpha + \cdots) w' + (B z^\beta + \cdots) w = 0$$
läßt sich die Frage nach den Ordnungen der Lösungen vollständig beantworten. Übergang zum Zentralindex und $\zeta = \dfrac{1}{x}$, $y = \dfrac{1}{v(r)}$ ergibt
$$x^2 + \frac{A}{x^{\alpha-1}} y + \frac{B}{x^\beta} y^2 = 0.$$

Jede ganze transzendente Lösung ist im Falle $\alpha \geqq \beta + 1$ von der Ordnung $\lambda = \alpha + 1$. Weiter ist jede Lösung von der Ordnung $\lambda = 1 + \dfrac{\beta}{2}$, wenn zwar $\alpha \leqq \beta$, aber $\dfrac{\beta}{2} \geqq \alpha$ ist. Nur für $\dfrac{\beta}{2} < \alpha \leqq \beta$ sind zwei Ordnungen möglich, nämlich $\lambda_1 = 1 + \alpha$ und $\lambda_2 = \beta - \alpha + 1 < \lambda_1$. Die größere Ordnung $\lambda_1$ wird stets angenommen, weil im anderen Falle die WRONSKI-Determinante eine ganze Funktion der Ordnung $\leqq \lambda_2$ wäre, was aber nicht möglich ist, da ihre Ordnung nach

$$W = C \exp\left(-\int a(z)\,dz\right)$$

gleich $(\alpha + 1)$ ist. Mit $w(z) = u(z)\,e^{h(z)}$ erhält man die Differentialgleichung

$$u'' + \big(a(z) + 2h'(z)\big)\,u' + \big(h'^2(z) + a(z)\,h'(z) + h''(z) + b(z)\big)\,u = 0.$$

Nun läßt sich ein Polynom $h(z)$ vom Grade $1 + \Delta = 1 + (\beta - \alpha)$ so wählen, daß der Koeffizient von $u'$ den Grad $\alpha$, der von $u$ einen Grad $\beta' \leqq \alpha - 1$ hat. Im Falle $\beta' < \alpha - 1$ ist jede Lösung $u(z)$ ganz transzendent von der Ordnung $\alpha + 1$ und damit auch $w(z) = u(z)\,e^{h(z)}$, da $1 + \beta - \alpha < 1 + \alpha$ ist. Für $\beta' = \alpha - 1$ gibt es ganze transzendente Lösungen der Ordnung $\alpha + 1$ und möglicherweise Polynomlösungen. Erstere erzeugen wieder Lösungen der Ordnung $1 + \alpha$. Ist $u(z) = P(z)$, so gilt $w(z) = P(z)\,e^{h(z)}$, wobei $w(z)$ von der Ordnung $1 + \Delta = 1 + \beta - \alpha$ ist. Es ist interessant, daß für Lösungen $w(z)$ mit $\lambda = 1 + \beta - \alpha$ stets $w = 0$ PICARDscher Ausnahmewert ist. Nur wenn die transformierte Differentialgleichung Polynomlösungen zuläßt, hat die gegebene Differentialgleichung $w'' + a(z)\,w' + b(z)\,w = 0$ im Falle $\frac{\beta}{2} < \alpha \leqq \beta$ zwei linear unabhängige Lösungen $w_1(z)$ mit $\lambda_1 = 1 + \alpha$ und $w_2(z)$ mit $\lambda_2 = 1 + \beta - \alpha$. Für $w'' - (z^3 + z^2)\,w' + (z^5 - 2z)\,w = 0$ ist $\alpha = 3$, $\beta = 5$, also $\frac{\beta}{2} < \alpha \leqq \beta$. Zulässige Ordnungen sind $\lambda_1 = 4$ und $\lambda_2 = 1 + \Delta = 3$, die auch angenommen werden, wie die Lösungen

$$w_1(z) = e^{z^3/3} \int\limits_0^z \exp\left(\frac{t^4}{4} - \frac{t^3}{3}\right) dt \quad \text{und} \quad w_2 = e^{z^3/3}$$

zeigen. Für eingehendere Betrachtungen muß auf PÖSCHL [2] und WITTICH [9] verwiesen werden.

3. Nimmt man an, daß (2) eine ganze transzendente Lösung zuläßt, so kann man nach I. den Zentralindex einführen und erhält aus der Differentialgleichung eine Beziehung, aus der sich unter Umständen Angaben über das Anwachsen von $\nu(r)$ ablesen lassen. Ein einfaches Beispiel zeigt indes, daß auf diesem Wege nicht immer die gewünschten Wachstumsaussagen gewonnen werden können. Aus

$$(w''\,w)^2 - 2w''\,w'^2\,w + w'^4 + (w'\,w)^2 - w^4 = 0$$

erhält man

$$\left(\frac{\nu(r)}{\zeta}\right)^4 (1 + \varepsilon_1) -- 2\left(\frac{\nu(r)}{\zeta}\right)^4 (1 + \varepsilon_2)$$

$$+ \left(\frac{\nu(r)}{\zeta}\right)^4 (1 + \varepsilon_3) + \left(\frac{\nu(r)}{\zeta}\right)^2 (1 + \varepsilon_4) - 1 = 0$$

oder

$$\left(\frac{v\,(r)}{\zeta}\right)^4 (\varepsilon_1 - 2\,\varepsilon_2 + \varepsilon_3) + \left(\frac{v\,(r)}{\zeta}\right)^2 (1 + \varepsilon_4) - 1 = 0,$$

aus der sich keine Aussagen über $v\,(r)$ ablesen lassen, da über das Verhalten von $\varepsilon_1 - 2\,\varepsilon_2 + \varepsilon_3$ nur ungenügende Angaben zur Verfügung stehen. Die angegebene Differentialgleichung hat eine ganze transzendente Lösung der Ordnung $\lambda = \infty$, nämlich $w\,(z) = e^{\sin z}$.

Haben in $P(z, w, w_1, \ldots, w_p) = 0$ mehrere Potenzprodukte die maximale Dimension $d$, so seien die zugehörigen Gewichte $\gamma_1 \le \gamma_2 \le \cdots \le \gamma_\mu$ und $a_1(z), \ldots, a_\mu(z)$ die zugeordneten Koeffizienten. Man erhält dann nach I.

$$\sum_{j=1}^{\mu} a_j(\zeta) \left(\frac{v\,(r)}{\zeta}\right)^{\gamma_j} (1 + \varepsilon_j(\zeta)) = 0.$$

Werden die verschiedenen Gewichte mit $g_1 = \gamma_1 < g_2 < \cdots < g_m = \gamma_\mu$ bezeichnet, so gilt:

Falls bei der Zusammenfassung der Glieder mit gleichen Potenzen von $\dfrac{v\,(r)}{\zeta}$ ein Ausdruck der Form

$$\sum_{j=1}^{m} c_j(\zeta) \left(\frac{v\,(r)}{\zeta}\right)^{g_j} (1 + \varepsilon_j(\zeta)) = 0, \qquad c_j(z) \not\equiv 0, \tag{7}$$

entsteht, lassen sich Aussagen über das Anwachsen der möglicherweise vorhandenen ganzen transzendenten Lösungen machen. So gewinnt man z. B. für $\lambda$ die Schranken

$$\text{Max}\left(\frac{1}{g_m},\, 1 - M_1\right) \le \lambda \le 1 + M_2$$

mit

$$M_1 = \underset{j=2}{\overset{m}{\text{Max}}}\left(0,\, \frac{q_j - q_1}{g_j - g_1}\right), \qquad M_2 = \underset{j=1}{\overset{m-1}{\text{Max}}}\left(0,\, \frac{q_j - q_m}{g_m - g_j}\right);$$

$q_j$ ist der Grad des Polynoms $c_j(z)$. Es ist insbesondere $\lambda \ge \dfrac{1}{g_m}$. Für $z^{p-1}\,w^{(p)} + A_1\,z^{p-2}\,w^{(p-1)} + \cdots + A_{p-1}\,w' - w = 0$ ist $\dfrac{1}{g_m} = 1 - M_1 = \dfrac{1}{p}$. Diese zulässige Ordnung $\dfrac{1}{p}$ wird auch tatsächlich angenommen. Gilt für $j = 1, 2, \ldots, m - 1$ stets $q_j \le q_m$, so ist $M_2 = 0$, also $\lambda \le 1$. Diese Folgerung enthält einen Satz von PERRON [2]: Sind die Koeffizienten $a_j(z)$ einer linearen Differentialgleichung $\sum_{\mu=0}^{p} a_\mu(z)\,w^{(p-\mu)} + a_{p+1}(z) = 0$ Polynome, die $a_\mu(z)$ für $\mu = 0, \ldots, p$ höchstens vom Grad $s$ und $a_0(z)$ genau vom Grad $s$, dann gilt für jede ganze transzendente Lösung $\lambda \le 1$. Haben die Koeffizienten bei $w^{(p)}$ und $w$ beide den Grad $s$, dann ist $\lambda = 1$.

Kommt in (2) $z$ überhaupt nicht vor, so ist $\lambda = 1$, eine Tatsache, die für $P(w, w') = 0$ durch die Untersuchungen von BRIOT-BOUQUET bekannt ist. Zusätzliche Voraussetzung ist die Möglichkeit einer Reduktion auf (7) (man vgl. dazu WITTICH [8]).

4. Wegen $\lambda \geq \dfrac{1}{g_m}$ kann eine Differentialgleichung (2), die die Darstellung (7) zuläßt, nie eine ganze transzendente Funktion der Ordnung Null zur Lösung haben. Das gilt nicht mehr allgemein für jede algebraische Differentialgleichung, wie VALIRON [5] durch ein Beispiel belegte. Er zeigte, daß die Funktion $F(z) = \prod\limits_{n=0}^{\infty} \left(1 + \dfrac{z\,q^{2n+1}}{1 + q^{4n+2}}\right)$, $|q| < 1$, einer algebraischen Differentialgleichung dritter Ordnung genügt. Wegen $|q| < 1$ weichen die Nullstellen $z = -\left(\dfrac{1}{q^{2n+1}} + q^{2n+1}\right)$ der Funktion $F(z)$ für große $n$ wenig von den Stellen $z = -\dfrac{1}{q^{2n+1}}$ ab. Bildet man mit diesen Stellen die Funktion $f(z) = \prod\limits_{0}^{\infty}(1 + z\,q^{2n+1})$, so gilt $(1 + q\,z)\,f(q^2 z) = f(z)$. Diese ganze transzendente Funktion $f(z)$ genügt keiner algebraischen Differentialgleichung. Die Funktionalgleichung läßt sich nämlich auf die Form $h(s\,z) = p(z)\,h(z) + q(z)$ bringen ($|s| > 1$ und $p(z)$, $q(z)$ Polynome); jede ganze transzendente Lösung dieser Funktionalgleichung ist, wenn der Grad $m$ von $p(z)$ mindestens Eins ist, von der Ordnung Null, da

$$\log M(r,\,h) = \frac{m}{2\log|s|}\,(\log r)^2\,(1 + \varepsilon(r)).$$

Außerdem genügt $h(z)$ keiner algebraischen Differentialgleichung (2) (WITTICH [7] und [8]).

Aus (7) gewinnt man auch Aussagen über die Lage der Stellen $\zeta$, in denen der Maximalbetrag erreicht wird. So folgt z. B. aus $w'' - 4z\,w' + (4z^2 - 2)\,w = 0$:

$v(r) = 2\zeta^2(1 + \eta(\zeta))$, also $v(r) = 2r^2(1 + h(r))$ und $\arg\zeta = 0,\ \pi + \varepsilon(\zeta)$.

Das allgemeine Integral $w(z) = (C_1 + C_2\,z)\exp(z^2)$ zeigt, daß diese zunächst nur zulässigen Werte auch für jede transzendente Lösung verbindlich sind. Aus $w'' - z\,w' - z^2 w = 0$ folgt

$$v(r) = \frac{\sqrt{5} + 1}{2}\,r^2(1 + h(r)) \qquad\qquad v(r) = \frac{\sqrt{5} - 1}{2}\,r^2(1 + h(r))$$

und

$$\arg\zeta = 0,\ \pi + \varepsilon(\zeta) \qquad\qquad \arg\zeta = \pm\frac{\pi}{2} + \varepsilon(\zeta).$$

WIMAN [2] stellte die Frage, ob es ein Integral der gegebenen Differentialgleichung gibt, für welches $\log M(r) = \dfrac{\sqrt{5} - 1}{4}\,r^2\,(1 + h(r))$ in den asymptotischen Richtungen $\varphi = \pm\dfrac{\pi}{2}$ gilt. Das ist nicht der Fall, wie man mit Hilfe der asymptotischen Entwicklungen für die Lösungen der konfluenten hypergeometrischen Differentialgleichung zeigen kann. (Vgl. Pöschl [2] und Wittich [8])

5. Jede ganze transzendente Lösung einer linearen Differentialgleichung

$$a_m(z)\,w^{(m)} + \cdots + a_1(z)\,w' + a_0(z)\,w = 0$$

mit Polynomkoeffizienten ist dem Verhalten des Zentralindex $\nu(r)$ zufolge vom Mitteltypus einer rationalen Ordnung $\lambda \geq \dfrac{1}{m}$. Nun besitze diese Differentialgleichung etwas allgemeiner eine in $|z| < \infty$ eindeutige analytische Lösung $w(z)$. Da $w(z)$ höchstens endlich viele Pole haben kann, ist $w = w(z)$ bis auf endlich viele Polstellen in $|z| < \infty$ eindeutig regulär analytisch, also mit einem passenden Polynom $P(z)$ $g(z) = P(z)\,w(z)$ ganz transzendent. Nachdem $g(z)$ wieder einer linearen Differentialgleichung mit Polynomkoeffizienten genügt, ist $g(z)$ vom Normaltypus der rationalen Ordnung $\lambda$ und damit auch $w(z)$. Nach IV. gilt $N_1(r) + m(r, 0) + m(r, \infty) = 2T(r, w) + O(\log r)$, also

$$\Phi_e + \Delta(0) + \Delta(\infty) = \Phi_e + \Delta(0) + \delta(\infty) = 2$$

und

$$\overline{\Phi}_e + \delta(0) + \delta(\infty) = 2$$

mit $\overline{\Phi}_e = \varlimsup\limits_{r \to \infty} \dfrac{N(r, 1/w')}{T(r, w)}$. Wegen $m(r, a) = O(\log r)$ für alle $a \neq 0, \infty$ ist $\lim\limits_{r \to \infty} \dfrac{N(r, a)}{T(r, w)} = 1$. Sind $a, b$, $a \neq b$, zwei beliebige, von Null und Unendlich verschiedene komplexe Zahlen, so folgt aus

$$N(r, a) = N(r, b) + O(\log r): \qquad \lim_{r \to \infty} \frac{N(r, a)}{N(r, b)} = 1.$$

Für die in $|z| < \infty$ eindeutigen Lösungen $w(z)$ linearer Differentialgleichungen mit Polynomkoeffizienten werden also alle Werte $a \neq 0, \infty$ gleich oft angenommen in dem Sinne, daß $\lim\limits_{r \to \infty} \dfrac{N(r, a)}{N(r, b)} = 1$ gilt.

6. Die Hilfsmittel der Wertverteilungslehre können auch bei der Diskussion der Riccatischen Differentialgleichung verwendet werden.

In der gewöhnlichen Differentialgleichung

$$w' = R(z, w) = \frac{P(z, w)}{Q(z, w)} \tag{8}$$

sei $R(z, w)$ eine rationale Funktion von $z$ und $w$. Die Forderung, daß jede Lösung von (8) frei von beweglichen algebraischen Verzweigungen sein soll, führt zur Riccatischen Differentialgleichung (Bieberbach [1])

$$w' = a_0(z) + a_1(z)\,w + a_2(z)\,w^2. \tag{9}$$

MALMQUIST [1] erkannte, daß sich die RICCATIsche Differentialgleichung noch in anderer Weise charakterisieren läßt. Jede eindeutige Lösung von (8) ist eine rationale Funktion, sofern (8) keine RICCATIsche Differentialgleichung ist. Etwas allgemeiner gilt: Besitzt $w' = R(z, w)$ eine in $0 < |z - a| < \varrho$ eindeutige analytische Lösung $w(z)$, für die $z = a$ wesentliche Singularität ist, so hat $R(z, w)$ die Form $a_0(z) + a_1(z)\, w + a_2(z)\, w^2$ (BIEBERBACH [1], dort ist weitere Literatur angegeben).

Man darf annehmen, daß die wesentliche Singularität $a$ in $z = \infty$ liegt. Weiter ist die Annahme erlaubt, daß die in $R < |z| < \infty$ eindeutige Lösung von (8) in der Umgebung von $z = \infty$ unendlich viele Pole hat. In $R(z, w) = \dfrac{P(z, w)}{Q(z, w)}$ sollen die Polynome $P$, $Q$ teilerfremd sein; $p$ bzw. $q$ sei der Grad von $P$ bzw. $Q$ in $w$. Aus der LAURENT-Entwicklung von $w(z)$ an einer Polstelle folgt $p = q + 2$. In

$$w' = a_2(z)\, w^2 + a_1(z)\, w + a_0(z) + \frac{P_h(z, w)}{Q(z, w)} \tag{8'}$$

ist also der Grad $h$ von $P_h(z, w)$ in $w$ höchstens $q - 1$. In (8') darf $a_2(z) \equiv 1$ gesetzt werden. Nun läßt sich eine Zahl $g \geqq 1$ finden, so daß an allen Stellen $z$ mit $|w(z)| > |z|^g$ die Differentialgleichung (8') die Form

$$\frac{w'}{w^2} = 1 + h(z), \qquad |h(z)| \leqq \frac{1}{2} \tag{8''}$$

bekommt. In passenden Polumgebungen gilt (8'') sicher. Aus dieser Darstellung folgt nun: Ist $\zeta$ eine Polstelle, so gilt in $U(\zeta): |z - \zeta| < \dfrac{K}{|\zeta|^g}$:

$$\frac{2}{3}\, \frac{1}{|z - \zeta|} \leqq |w(z)| \leqq \frac{2}{|z - \zeta|}. \tag{$8_1$}$$

Außerhalb der Polumgebungen gibt es keine Stelle $z_0$, $|z_0| \geqq R_1 > R$, an der $|w(z_0)| > |z_0|^\alpha$ erfüllt ist, $\alpha > g$, z. B. $\alpha = g + 1$. Mithin ist in $|z| > R$ außerhalb der Polumgebungen $U(\zeta)$

$$|w(z)| \leqq C_1 |z|^\alpha \tag{$8_2$}$$

richtig. Aus $(8_1)$ und $(8_2)$ lassen sich nun Aussagen über $m(r, w)$ und $N(r, w) = \int\limits_R^r \frac{n(t, w)}{t}\, dt$ gewinnen. Da fast alle Pole einfach sind und das Residuum $-1$ haben, gilt $n(r, \infty) = O(1) - \dfrac{1}{2\pi i} \oint\limits_\Gamma w(z)\, dz$.

$\Gamma$ entsteht aus $|z| = r + 1$ dadurch, daß die in Polumgebungen $U(\zeta)$ gelegenen Bögen des Kreises $|z| = r + 1$ durch passende Bögen des Kreises $|z - \zeta| = \dfrac{K}{|\zeta|^g}$ so ersetzt werden, daß die Länge von $\Gamma$ höchstens gleich $8\pi^2 r$ ist. Nach $(8_2)$ folgt dann $N(r, \infty) \leq C_2\, r^{\alpha+1}$. Weiter gewinnt man aus $(8_1)$, $(8_2)$ für $m(r, \infty) = \dfrac{1}{2\pi} \int\limits_0^{2\pi} \overset{+}{\log}|w|\, d\varphi,\ r > R$, die Aussage $m(r, w) = O(\log r)$, also $T(r, w) = N(r, w) + m(r, w) = O(r^{\alpha+1})$. Nach dem Satz über die Schmiegungsfunktion der logarithmischen Ableitung folgt $m(r, w') = O(\log r)$. Daß dieser Satz auch für in $R < |z| < \infty$ eindeutig analytische Funktionen gilt, ergibt sich aus einer Beweisanordnung von SELBERG [1]. Die hier benötigte Aussage, daß aus $m(r, w) = O(\log r)$ und $T(r, w) = O(r^{\alpha+1})$ $m(r, w')$ $= O(\log r)$ folgt, gültig für eine unendliche Folge $r_j \to \infty$, ergibt sich in einfacher Weise aus

$$\int\limits_R^r A(t)\,\frac{dt}{t} = \frac{1}{2\pi} \int\limits_0^{2\pi} \log\sqrt{1+|w|^2}\, d\varphi + N(r, \infty) + O(1)$$

$$= T(r, w) + O(\log r), \qquad \pi A(r) = \int\limits_R^r \int\limits_0^{2\pi} \frac{|w'|^2}{(1+|w|^2)^2}\, \varrho\, d\varrho\, d\varphi\,.$$

Ist nun $w(z)$ eine Lösung der Differentialgleichung, so hat für passendes $R_1 > R$ die Funktion $F(z) = \dfrac{P_h(z, w(z))}{Q(z, w(z))}$ wegen $h \leq q - 1$ jede Polstelle von $w(z)$ zur Nullstelle. Aus $F(z) = w' - a_2 w^2 - a_1 w - a_0$ ersieht man, daß jede andere Stelle $z$ für $F(z)$ Regularitätsstelle ist. Mithin ist $T(r, F) = m(r, F) + O(\log r)$. Nun ist $m(r, F) \leq m(r, w')$ $+ 3m(r, w) + O(\log r)$, also

$$m(r_j, F) \leq C_3 \log r_j.$$

Nach dem ersten Hauptsatz gilt

$$N\left(r, \frac{1}{F}\right) \leq T(r, F) + O(\log r) \leq m(r, F) + C_4 \log r$$

und daher weiter

$$N\left(r_j, \frac{1}{F}\right) \leq C_5 \log r_j. \tag{$8_3$}$$

Das ist aber unmöglich, wenn $\dfrac{P_h(z, w)}{Q(z, w)}$ von $w$ abhängt, da in diesem Falle $F(z)$ unendlich viele Nullstellen haben müßte, im Gegensatz zu $(8_3)$. $\dfrac{P_h(z, w)}{Q(z, w)}$ hängt nicht von $w$ ab, d. h. (8) ist von der Gestalt (9), also eine RICCATIsche Differentialgleichung (WITTICH [10]). Aus dem MALMQUISTschen Satz läßt sich eine interessante Folgerung ziehen (WITTICH [11]): Jede in $|z| < \infty$ eindeutige analytische Funktion der Ordnung $< \frac{1}{2}$, die der Differentialgleichung $w' = R(z, w)$, $R(z, w)$ rational in $z, w$, genügt, ist eine rationale Funktion. Es ist zu zeigen, daß jede nichtrationale Lösung von $w' = R(z, w)$ die Ordnung $\geq \frac{1}{2}$ hat. $w = w(z)$ sei eine solche. Nach dem Satz von MALMQUIST ist die Differentialgleichung von der Form $w' = a(z) + b(z)\, w + c(z)\, w^2$ mit rationalen Koeffizienten $a, b, c$. $w(z)$ hat unendlich viele Pole, da nur ein Glied der maximalen Dimension 2 vorkommt. Mit $w = \dfrac{1}{c}\, u - \dfrac{b}{2c} - \dfrac{c'}{2c^2}$ erhält man $u' = A(z) + u^2$, $A(z)$ eine rationale Funktion. In $r_0 < |z| < \infty$ sind alle Polstellen von $u(z)$ einfach mit dem Residuum $-1$. Mit einer passenden rationalen Funktion $r(z)$ ist $v(z) = u(z) - r(z)$ in $|z| < \infty$ eindeutig analytisch und hat unendlich viele einfache Pole mit dem Residuum $-1$. Es gibt also eine ganze transzendente Funktion $g(z)$ mit der Eigenschaft $u(z) = r(z) - \dfrac{g'(z)}{g(z)}$. Da $g(z)$ einer linearen homogenen Differentialgleichung zweiter Ordnung mit rationalen Koeffizienten genügt, ist ihre Ordnung endlich. Mithin gilt $g(z) = e^{h(z)}\, G(z)$, $h(z)$ ein Polynom. Das kanonische Produkt $G(z)$ genügt wegen $u = -\dfrac{G'}{G} + \varrho(z)$, $\varrho(z)$ eine rationale Funktion, der Differentialgleichung

$$G'' - 2\varrho(z)\, G' + \big(A(z) + \varrho^2(z)\big)\, G = 0,$$

ist also von der Ordnung $\geq \frac{1}{2}$. Da wegen $N(r, w) = N\left(r, \dfrac{1}{G}\right) + O(\log r)$ auch $w(z)$ von derselben Ordnung $\lambda$ sein muß, ist die Behauptung bewiesen. Die Schranke $1/2$ kann durch keine größere ersetzt werden, da $w' = \dfrac{1}{4z} - \dfrac{1}{2z}\, w + w^2$ in $w = \dfrac{\mathrm{tg}\sqrt{z}}{\sqrt{z}}$ eine nichtrationale Lösung der Ordnung $\frac{1}{2}$ besitzt.

7. Wir betrachten noch die speziellere RICCATIsche Differentialgleichung

$$w' = a(z) + b(z)\, w + c(z)\, w^2 \tag{10}$$

mit Polynomkoeffizienten. Jede Lösung von (10) ist entweder rational oder in $|z| < \infty$ meromorph. Man weiß ferner, daß die Ordnung der meromorphen Lösungen endlich ist, was sich auch nach der geometrischen Deutung der Charakteristik kurz so einsehen läßt. In dem Ausdruck für $A(t)$ aus II. ersetzt man $|w'|^2$ durch $|a|^2 + \cdots + |c|^2\, |w|^4$. In Verbindung mit $\dfrac{|w|^j}{(1 + |w|^2)^2} \leq 1$ für $j = 0, \ldots, 4$ folgt $A(t) \leq K\, t^\varkappa$ und daher auch $T(r, w) \leq C\, r^\varkappa$ für alle $r \geq r_0$, also $\lambda \leq \varkappa < \infty$. Mit $w = y - \dfrac{b}{2c}$ geht (10) über in

$$y' = a - \frac{b^2}{4c} + \frac{1}{2}\left(\frac{b}{c}\right)' + c\, y^2 = a^*(z) + c(z)\, y^2.$$

Aus $y^2 = \dfrac{1}{c(z)}\, \dfrac{y'}{y}\, y - \dfrac{a^*(z)}{c(z)}$ folgt $m(r, y) = O(\log r)$ und damit auch $m(r, w) = O(\log r)$. Um die genaue Ordnung von $w(z)$ zu finden,

braucht man nur die Ordnung von $N(r, w)$ zu bestimmen. Durch
$w = \frac{1}{c} u - \frac{b}{2c} - \frac{c'}{2c^2}$ geht (10) über in

$$u' = A(z) + u^2,$$
$$A(z) = a c - \frac{b^2}{4} + \frac{b'}{2} - \frac{3}{4}\left(\frac{c'}{c}\right)^2 - \frac{b}{2}\frac{c'}{c} + \frac{1}{2}\frac{c''}{c}. \tag{11}$$

Nun gibt es eine ganze transzendente Funktion $g(z)$, deren negative logarithmische Ableitung gleich $u - \frac{c'}{2c}$ ist. Zwischen $N(r, w)$ und $N\left(r, \frac{1}{g}\right)$ besteht die Beziehung $N(r, w) = N\left(r, \frac{1}{g}\right) + O(\log r)$. $g(z)$ ist eine ganze transzendente Lösung der Differentialgleichung

$$W'' - \frac{c'(z)}{c(z)} W' + B(z) W = 0, \qquad B(z) = a c - \frac{b^2}{4} + \frac{b'}{2} - \frac{b}{2}\frac{c'}{c}. \tag{11*}$$

Ist $c(z)$ vom Grad $\gamma$ und $B(z) = B_0 z^d \left(1 + \left(\frac{1}{z}\right)\right)$, so erhält man für den Zentralindex $\nu(r)$

$$\left(\frac{\nu(r)}{\zeta}\right)^2 (1 + \varepsilon_1) - \frac{\gamma}{\zeta}\frac{\nu(r)}{\zeta}(1 + \varepsilon_2) + B_0 \zeta^d (1 + \varepsilon_3) = 0 \tag{11'}$$

oder

$$x^2 - \gamma x^2 y + B_0 x^{-d} y^2 = 0. \tag{11''}$$

(11*) kann im Falle $d \leq -2$ keine ganze transzendente Lösung haben, da sonst (11') die Form $v^2(r) = |B_0| r^{2+d}(1 + \varepsilon)$ hätte, was für $d \leq -2$ wegen $\nu(r) \to \infty$ nicht möglich ist. Nach SCHWIDERSKI[1] ist auch $d = -1$ nicht möglich. Danach findet man für $g(z)$ die Ordnung $L = 1 + \frac{d}{2}$, also $\lambda \leq 1 + \frac{d}{2}$. Nun gestattet $w = g(z)$ die Darstellung $g(z) = e^{h(z)} G(z)$, wobei $h(z)$ ein Polynom vom Grade $\leq 1 + \frac{d}{2}$ ist. Das kanonische Produkt $G(z)$ genügt der Differentialgleichung

$$G'' + \left(2h' - \frac{c'}{c}\right) G' + \left(h'^2 + h'' - h'\frac{c'}{c} + B\right) G = 0. \tag{12}$$

Da $N\left(r, \frac{1}{G}\right) = N\left(r, \frac{1}{g}\right)$ ist und die Ordnung von $G$ mit der Nullstellenordnung von $G$ übereinstimmt, fällt $\lambda$ mit der Ordnung von $G$ zusammen. Für ungerades $d$ bedeutet das $\lambda = 1 + \frac{d}{2}$. Im Falle $d = 2\varDelta \geq 0$ gelingt der Beweis mit Hilfe des Zentralindex. Der Fall $\varDelta = 0$ ist leicht zu übersehen und ergibt $\lambda = 1$. Ist dagegen $\varDelta \geq 1$, so gilt mit $h'(z) = H_0 z^\mu + \cdots = H_0 z^\mu \left(1 + \left(\frac{1}{z}\right)\right): \mu \leq \varDelta$. Aus (12) folgt für $\mu < \varDelta$

$$x^{2+2\varDelta} + 2H_0 x^{2\varDelta+1-\mu} y + B_0 y^2 = 0. \tag{12'}$$

---

[1] Karlsruher Dissertation (1955).

Da $2\varDelta + 1 - \mu > \varDelta + 1$ ist, hat jede ganze transzendente Lösung von (12) die Ordnung $1 + \varDelta$, also auch die konstruierte Funktion $G(z)$, d. h. $\lambda = 1 + \varDelta = 1 + \dfrac{d}{2}$.

Im Falle $\mu = \varDelta$ sei der genaue Grad des Koeffizienten von $G(z)$ in (12) $\varkappa = 2\varDelta - j$, also $h'^2(z) + \cdots + B(z) = C_0 z^\varkappa \left(1 + \left(\dfrac{1}{z}\right)\right)$. Aus $x^2 + 2H_0 \dfrac{y}{x^{\varDelta-1}} + C_0 \dfrac{y^2}{x^\varkappa} = 0$ folgt, daß für $j = 0$ und $j \geq \varDelta + 1$ $G(z)$ die Ordnung $\lambda = 1 + \varDelta$ hat. Danach ist nur noch der Fall $\mu = \varDelta$ und $1 \leq j \leq \varDelta$ zu behandeln. Jetzt sind für $G(z)$ die Ordnungen $\lambda_1 = 1 + \varDelta$ und $\lambda_2 = 1 + \varDelta - j < \lambda_1$ möglich. Nun hat aber eine ganze transzendente Lösung der Ordnung $\lambda_2$ nach V., 2. nur endlich viele Nullstellen, erzeugt also eine rationale Lösung $w(z)$, die nicht von Interesse ist. Es kommt also auch hier nur $\lambda_1 = \lambda = 1 + \varDelta$ in Frage. Zusammengefaßt gilt: Für jede nichtrationale Lösung $w = w(z)$ der RICCATIschen Differentialgleichung $w' = a(z) + b(z) w + c(z) w^2$ ist in $B(z) = ac - \dfrac{b^2}{4} + \dfrac{b'}{2} - \dfrac{b}{2} \dfrac{c'}{c} = B_0 z^d \left(1 + \left(\dfrac{1}{z}\right)\right)$ der Exponent $d$ stets $\geq 0$; $w = w(z)$ ist vom Mitteltypus der Ordnung $\lambda = 1 + \dfrac{d}{2} \geq 1$.

8. Was läßt sich nun über die Wertverteilung der nichtrationalen Lösungen aussagen?

Ist $k$ eine beliebige endliche komplexe Zahl, so gilt

$$\begin{aligned} w' &= D(z) + b(z)(w - k) + c(z)(w^2 - k^2), \\ D(z) &= a(z) + b(z) k + c(z) k^2, \end{aligned} \tag{13}$$

also für $D(z) \not\equiv 0$ $m\left(r, \dfrac{1}{w-k}\right) = O(\log r)$. Nach (I) besteht danach für beliebige Werte $w_1, w_2$ die Beziehung $\lim\limits_{r \to \infty} \dfrac{N(r, w_1)}{N(r, w_2)} = 1$, $\delta(w) = 0$ für alle $w$.[1]

$D(z)$ kann für höchstens zwei $k$-Werte $k_1$ und $k_2$ identisch verschwinden. Ist $k_1$ ein solcher Wert, so folgt aus

$$w' = (w - k_1)\{b(z) + c(z) k_1 + c(z) w\}, \qquad \left(\dfrac{b(z)}{c(z)}\right)' \not\equiv 0 \tag{$10_1$}$$

nach dem Eindeutigkeitssatz für gewöhnliche Differentialgleichungen erster Ordnung, daß $k_1$ ein PICARDscher Ausnahmewert sein muß. Für $b(z) + c(z) k_1 = - k_2 c(z)$ ergibt sich

$$w' = c(z)(w - k_1)(w - k_2), \tag{$10_2$}$$

$$w' = c(z)(w - k)^2. \tag{$10_3$}$$

---

[1] Durch asymptotische Integration findet man $\lim\limits_{r \to \infty} \dfrac{n(r, w_1)}{n(r, w_2)} = 1$.

$(10_3)$ läßt nur rationale Lösungen zu; jede transzendente Lösung von $(10_2)$ hat die PICARDschen Ausnahmewerte $k_1$ und $k_2$.

Zur Bestimmung von $m\left(r, \dfrac{1}{w'}\right)$ wird (13) $n$-mal nach $z$ differenziert, wobei $n$ so gewählt wird, daß in $d(w) = a^{(n)}(z) + b^{(n)}(z)\, w + c^{(n)}(z)\, w^2$ die Koeffizienten konstant sind, aber $d(w) \not\equiv 0$ ist. In

$$w^{(n+1)} = d(w) + P(z, w, w', \ldots, w^{(n)}) \tag{14}$$

ist $P$ ganz rational in den angeschriebenen Argumenten, und in jedem Summanden von $P$ kommt $w'$ oder eine höhere Ableitung als Faktor vor. Daher folgt aus (14)

$$m\left(r, \frac{d(w)}{w'}\right) = O(\log r) \quad \text{oder} \quad m\left(r, \frac{1}{w'}\right) \leq m\left(r, \frac{1}{d(w)}\right) + K \log r.$$

Da für $D(z) \not\equiv 0$ die in $d(w) = C(w - \varkappa_1)(w - \varkappa_2)$ bzw. $d(w) = B(w - \varkappa_1)$ vorkommenden Größen $\varkappa_j$ Normalwerte $(\delta(\varkappa_j) = 0)$ sind, gilt $m\left(r, \dfrac{1}{w'}\right) = O(\log r)$. Aus $(10_2)$ folgt $m\left(r, \dfrac{1}{w'}\right) \leq m(r, k_1) + m(r, k_2) + K \log r$ und aus $(10_1)$ $\quad m\left(r, \dfrac{1}{w'}\right) \leq m(r, k_1) + m\left(r, \dfrac{1}{cw + \varrho}\right),$ $\varrho(z) = b(z) + k_2\, c(z)$ mit $\left(\dfrac{b}{c}\right)' \not\equiv 0$. Für $F(z) = cw + \varrho$ findet man die Beziehung $F' = D_1(z) + \left(b - 2\varrho + \dfrac{c'}{c}\right) F + F^2$ mit

$$D_1(z) = c(z)\, D(z) + c(z)\left(\frac{b(z)}{c(z)}\right)' = c(z)\left(\frac{b(z)}{c(z)}\right)' \not\equiv 0.$$

Dies führt zu $m\left(r, \dfrac{1}{F}\right) = O(\log r)$, also $m\left(r, \dfrac{1}{w'}\right) \leq m(r, k_1) + K \log r$. Zusammen mit $m\left(r, \dfrac{1}{w'}\right) \geq m(r, k_1) + m(r, k_2) - K \log r$ bzw. $> m(r, k_1) - K \log r$ erhält man daher

$$m\left(r, \frac{1}{w'}\right) = O(\log r) \quad \text{für} \quad D(z) \not\equiv 0,$$

$$m\left(r, \frac{1}{w'}\right) = m(r, k_1) + O(\log r) \quad \text{für} \quad (10_1),$$

$$m\left(r, \frac{1}{w'}\right) = m(r, k_1) + m(r, k_2) + O(\log r) \quad \text{für} \quad (10_2).$$

In jedem dieser Fälle ist also

$$m\left(r, \frac{1}{w'}\right) = m(r, k_1) + m(r, k_2) + O(\log r),$$

eine Beziehung, die wegen

$$N(r, w') = 2N(r, w) + O(\log r), \quad m(r, w') = O(\log r)$$

zu

$$N\left(r, \frac{1}{w'}\right) + m\left(r, \frac{1}{w - k_1}\right) + m\left(r, \frac{1}{w - k_2}\right) = 2T(r, w) + O(\log r),$$

gültig für alle $r$, führt. Als genaue Defektrelation ergibt sich

$$\Phi_e + \delta(k_1) + \delta(k_2) = 2,$$

und zwar

$$\Phi_e = 2 \qquad\qquad\qquad\qquad \text{für}\quad D(z) \not\equiv 0,$$
$$\Phi_e = 1, \qquad \delta(k_1) = 1 \qquad\qquad \text{für}\quad (10_1),$$
$$\Phi_e = 0, \qquad \delta(k_1) = \delta(k_2) = 1 \quad \text{für}\quad (10_2).$$

Man bemerkt, daß für keinen Wert $k$ der Verzweigungsindex $\vartheta(k)$ positiv sein kann. Da fast alle Pole einfach sind, ist $\vartheta(\infty) = 0$. Wäre für ein endliches $k$ $\vartheta(k) > 0$, so müßte für unendlich viele Stellen $z_j$ $w(z_j) = k$ und $w'(z_j) = 0$ gelten, was aber nach (13) $D(z) \equiv 0$ zur Folge hat. Ein Wert $k$, der dieser Bedingung genügt, kann überhaupt nicht angenommen werden, so daß für alle $k$ tatsächlich $\vartheta(k) = 0$ gilt (WITTICH [9] und [10]).

9. Jede Lösung der PAINLEVÉschen Differentialgleichung

$$w'' = \alpha z + A + 6w^2 = a(z) + 6w^2 \tag{15}$$

ist in $|z| < \infty$ eindeutig analytisch und hat, falls sie keine rationale Funktion ist, unendlich viele Doppelpole. Nach BOUTROUX [1] gilt $N(r, w) < r^\varkappa, \varkappa < \infty$. Aus (15) folgt $m(r, w) < C_1 \log r + C_2 \log T(r, w)$ außerhalb einer $r$-Menge $\varDelta$ von endlichem logarithmischem Maß. Mithin gilt für alle $r \geq r_0$ außerhalb $\varDelta$

$$T(r, w) = N(r, w) + m(r, w) < r^\varkappa + m(r, w) < r^{\varkappa'}, \qquad \varkappa \leq \varkappa' < \infty.$$

Da $T(r, w)$ konvex in $\log r$ ist, folgt $T(r, w) < r^k$ für alle $r \geq R$ mit endlichem $k$. Jede Lösung von (15) ist von endlicher Ordnung, was $m(r, w) = O(\log r)$ nach sich zieht. Aus

$$w'' = (\alpha z + A + 6k^2) + 6(w^2 - k^2) = D(z) + 6(w^2 - k^2) \tag{15'}$$

folgt im Falle $D(z) \not\equiv 0$ für beliebiges endliches $k$ $m\left(r, \dfrac{1}{w-k}\right) = O(\log r)$. Dies ist sicher für $\alpha \neq 0$ der Fall. Dann gilt also $\delta(w) = 0$ für alle $w$ und genauer

$$\lim_{r \to \infty} \frac{N(r, w_1)}{N(r, w_2)} = 1.$$

Differentiation von (15) nach $z$ ergibt bei $\alpha \neq 0$ $m\left(r, \dfrac{1}{w'}\right) = O(\log r)$ und $m(r, w') = O(\log r)$. Aus

$$N(r, w') = \tfrac{3}{2} N(r, w), \qquad T(r, w') = \tfrac{3}{2} T(r, w) + O(\log r)$$

folgt $N_1(r) = 2T(r, w) + O(\log r)$, also $\Phi = 2$, $\Phi_e = \tfrac{3}{2}$, $\vartheta(\infty) = \tfrac{1}{2}$. Man erhält also für $\alpha \neq 0$ die Defektrelation

$$\Phi_e + \vartheta(\infty) = \tfrac{3}{2} + \tfrac{1}{2} = 2.$$

Außer $w = \infty$ gibt es im Falle $\alpha \neq 0$ keinen vollständig verzweigten Wert. Falls nämlich $c$ ein solcher wäre, müßte für alle $c$-Stellen $z_j$ $w(z_j) = c, w'(z_j) = 0$ gelten. Nach (15) ist dann $w''(z_j) \neq 0$ für fast alle $z_j$, d. h. $N_1\left(r, \dfrac{1}{w-c}\right) = \dfrac{1}{2} N\left(r, \dfrac{1}{w-c}\right) + O(\log r) = \dfrac{1}{2} T(r, w) + O(\log r)$. Der Index der algebraischen Verzweigtheit wäre also $\vartheta(c) = \frac{1}{2}$. Mit $w(z_0) = c$ und $w'(z_0) = 0$ folgt aus (15) durch Integration längs eines Weges, der $z_0$ mit $z$ verbindet und die Polstellen vermeidet,

$$w'^2(z) = 2a(z)\, w(z) - 2a(z_0)\, w(z_0) - 2\int_{z_0}^{z} a'(t)\, w(t)\, dt + 4w^3 - 4c^3.$$

Ist nun $z_j$ eine weitere $c$-Stelle, so erhält man $0 = \int_{z_0}^{z_j} a'(t)\,(w(t) - c)\, dt$.

Die in $|z| < \infty$ eindeutige analytische Funktion $F(z) = \int_{z_0}^{z} a'(t)\,(w(t) - c)\, dt$ hat danach die Eigenschaften: $F(z_j) = 0 = F'(z_j) = F''(z_j)$ und $F'''(z_j) \neq 0$ für fast alle $z_j$. Daraus folgt

$$N_1\left(r, \frac{1}{F}\right) \geq 2 N_1\left(r, \frac{1}{w-c}\right) + O(\log r);$$

weiter ist

$$N(r, F) = \tfrac{1}{2} N(r, w) + O(\log r), \quad \text{also} \quad T(r, F) = \tfrac{1}{2} T(r, w) + O(\log r).$$

Dies führt aber zu

$$2\,\frac{N_1(r, 1/(w-c))}{T(r, w)} \leq \frac{N_1(r, 1/F)}{2\,T(r, F) + O(\log r)}\,,$$

also $\vartheta(c, w) \leq \frac{1}{4}\,\vartheta(0, F) \leq \frac{1}{4}$, was mit $\vartheta(c, w) = \frac{1}{2}$ nicht verträglich ist. Im Falle $\alpha \neq 0$ kann $c$ nicht vollständig verzweigter Wert sein.*) Diese Verzweigungseigenschaften der Lösungen gehen teilweise oder ganz verloren, wenn $\alpha = 0$ ist. Geht man von $w'' = A + 6w^2$ zu $w'^2 = P_3(w)$, $P_3(w)$ ein Polynom vom 3. Grade, über, so erhält man, je nach Wahl der Anfangsbedingungen $w(z_0)$, $w'(z_0)$, die folgenden Verzweigungseigenschaften:

a) $P_3(w) = 4(w - e_1)(w - e_2)(w - e_3)$:

$$\Phi = \Phi_e + \vartheta(\infty) = \sum_{1}^{3} \vartheta(e_j) + \vartheta(\infty) = 3 \cdot \tfrac{1}{2} + \tfrac{1}{2} = 2.$$

b) $P_3(w) = 4(w - c)^2\,(w + 2c)$:

$$\Phi = \Phi_e + \vartheta(\infty) = \vartheta(-2c) + \vartheta(\infty) = 2\tfrac{1}{2} = 1, \quad \delta(c) = 1,$$

также $\Phi + \delta(c) = 2$.

c) $P_3(w) = 4w^3$: keine transzendenten Lösungen.

_________

* Dieses Resultat bewies auch H. Schubart.

Es ist zu bemerken, daß diese Aussagen allein aus den Differential-gleichungen mit den angegebenen Hilfsmitteln gewonnen werden können, also ohne Integration der Differentialgleichungen. Im Falle $w'^2 = P_3(w) = 4(w - e_1)(w_2 - e)(w - e_3)$ ist die Ordnung von $w(z)$ gleich 2. Nach RELLICH [2] kann man zunächst zeigen, daß $w(z)$ doppelt-periodisch ist, was $\lambda \geqq 2$ nach sich zieht. Wie bei der RICCATIschen Differentialgleichung folgt aus der geometrischen Interpretation der Charakteristik $\lambda \leqq 2$, also $\lambda = 2$. Im Falle b) ist $c$ PICARDscher Ausnahmewert, also $g(z) = \dfrac{1}{w - c}$ ganz transzendent und Lösung der Differentialgleichung $(g')^2 = 12c\,g^2 + 4g$. Danach gilt für den Zen-tralindex $\nu(r) = \sqrt{12|c|}\ r(1 + h(r))$, also

$$\log M(r) = K\,r(1 + \varepsilon(r)), \qquad 0 < K < \infty.$$

Mit $g(z)$ hat auch $w(z)$ die Ordnung 1. Schließlich hat jede transzen-dente Lösung von $c$) den PICARDschen Ausnahmewert Null. $g(z) = \dfrac{1}{w(z)}$ ist dann ganz transzendent und Lösung der Differentialgleichung $(g')^2 = 4g$, was unmöglich ist. $w'^2 = 4w^3$ hat nur rationale Lösungen, nämlich $w(z) = \dfrac{1}{(z - p)^2}$.

# VI. Konforme und quasikonforme Abbildungen von Ringgebieten.

Für die genauere Diskussion einiger Flächenklassen sind gewisse Aussagen über die Moduln zweifach zusammenhängender Gebiete erforderlich. Da die Eigenschaften der Modulgröße auch an sich von Interesse sind, sollen diese Dinge ausführlicher behandelt werden, als es die späteren Anwendungen erfordern würden.

1. Ein Ringgebiet $G$ ist ein zweifach zusammenhängendes Gebiet, das von zwei Kontinuen begrenzt wird. Nach einem Satz der kon-formen Abbildung läßt sich $G$ schlicht und konform in einen Kreis-ring $r < |z| < R$ abbilden. Der Modul $M = \log\dfrac{R}{r}$ ist eine konforme Invariante von $G$. Für die Modulgröße $M$ sind bei gegebenem $G$ mög-lichst genaue Aussagen über den Wert von $M$ erwünscht. Wir stellen zunächst einige Eigenschaften des Moduls zusammen (man vgl. dazu GRÖTZSCH [1], TEICHMÜLLER [3]).

a) Trennt $G$ 0 und $\infty$ und bedeutet $F$ den logarithmischen Flächenin-halt von $G$, so gilt $2\pi M \leqq F$; das Gleichheitszeichen steht dann und nur dann, wenn $G$ ein Kreisring ist.

b) Monotonie der Modulgröße: Ist $G'$ mit dem Modul $M'$ Teil eines Ringgebietes $G$ mit dem Modul $M$ und trennt dessen Komplementärkontinuen, dann gilt $M' \leqq M$. Die topologische Zusatzvoraussetzung ist wichtig, da sich in $G$ Ringgebiete $\overline{G}$ mit beliebig großem Modul einbetten lassen. Gleichheit besteht nur im Falle $G' = G$.

c) Enthält $G$ zwei disjunkte Ringgebiete $G'$, $G''$ mit den Moduln $M'$, $M''$, von denen jedes die Komplementärkontinuen von $G$ trennt, dann gilt $M' + M'' \leqq M$. Wählt man für $G$ den Ring $r < |z| < R$, so steht das Gleichheitszeichen dann und nur dann, wenn $G'$ der Ring $r < |z| < \varrho$, $G''$ der Ring $\varrho < |z| < R$ ist. In einem beliebigen Gebiete $G$ zerlegt dann das Bild von $|z| = \varrho$ $G$ so in $G'$ und $G''$, daß $M' + M'' = M$ gilt.

Ein Beweis zu a) soll angedeutet werden: $w = w(z)$ bilde $G$ in $r < |w| < R$ ab. $|w| = \varrho$ entspricht in $G$ eine Kurve $\Gamma_\varrho$, deren in logarithmischer Metrik gemessene Länge nicht kleiner als $2\pi$ ist:

$$2\pi \leqq \int\limits_{\Gamma_\varrho} |d\log z| = \int\limits_0^{2\pi} \left| \frac{d\log z}{dw} \right| \varrho \, d\theta \, .$$

Es folgt dann nach der Schwarzschen Ungleichung $\dfrac{2\pi}{\varrho} \leqq \displaystyle\int\limits_0^{2\pi} \left| \dfrac{d\log z}{dw} \right|^2 \varrho \, d\theta$ und durch Integration nach $\varrho$ von $r$ bis $R$

$$2\pi \log \frac{R}{r} = 2\pi M \leqq \int\limits_r^R \int\limits_0^{2\pi} \left| \frac{d\log z}{dw} \right|^2 \varrho \, d\varrho \, d\theta = F \, .$$

Wenn $G$ ein Kreisring ist, gilt $2\pi M = F$. Umgekehrt zieht $2\pi M = F$  $\dfrac{d\log z}{d\log w} = \pm 1$ nach sich, also $z = C\,w$ oder $z = \dfrac{C}{w}$. Die Behauptungen b) und c) folgen aus a).

Durch eine endliche Anzahl punktfremder Bögen, die nur je einen Punkt mit jedem der beiden Randkontinuen eines Ringgebietes gemeinsam haben, wird dieses in Vierecke zerlegt. Dabei wird unter einem Viereck ein einfach zusammenhängendes Gebiet verstanden, bei dem vier erreichbare Randpunkte als Ecken ausgezeichnet sind. Die durch die Ecken bestimmten Teile des Randes heißen Seiten des Vierecks $\mathfrak{B}$. $\mathfrak{B}$ läßt sich schlicht und konform in ein Rechteck $0 < \xi < m$, $0 < \eta < 2\pi$ der $\zeta = \xi + i\eta$-Ebene abbilden. $m$ heißt der Modul des Vierecks. Er ist eine konforme Invariante. Zwischen den Moduln $m_j$ der Vierecke $\mathfrak{B}_j$, in welche das Ringgebiet $G$ zerlegt wird, und dem Modul $M$ des Ringgebietes besteht die Beziehung

$$\sum_{j=1}^q \frac{1}{m_j} \leqq \frac{1}{M} \, .$$

Wegen der konformen Invarianz der Moduln darf als Ringgebiet $G$ der Kreisring $1 < |z| < R = e^M$ gewählt werden. Das Viereck $\mathfrak{V}_j$ mit den Ecken $A_j$, $D_j$ (auf $|z| = 1$) und $B_j$, $C_j$ (auf $|z| = R$) wird durch $\zeta_j = \zeta_j(z)$ in das Rechteck $0 < \xi_j < m_j$, $0 < \eta_j < 2\pi$ abgebildet mit der Eckenzuordnung:

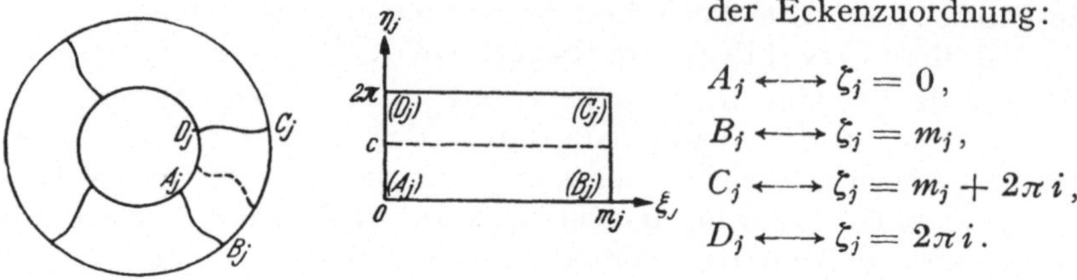

$$A_j \longleftrightarrow \zeta_j = 0 \,,$$
$$B_j \longleftrightarrow \zeta_j = m_j \,,$$
$$C_j \longleftrightarrow \zeta_j = m_j + 2\pi i \,,$$
$$D_j \longleftrightarrow \zeta_j = 2\pi i \,.$$

Abb. 1.

Der Strecke $0 \leq \xi_j \leq m_j$, $\eta_j = c$, $0 < c < 2\pi$, entspricht im Ringgebiet eine Kurve, deren in logarithmischer Metrik gemessene Länge $\geq M$ ist. Es ist also

$$M \leq \int\limits_0^{m_j} \left| \frac{d\log z}{d\zeta_j} \right| d\xi_j \quad \text{oder} \quad M^2 \leq m_j \int\limits_0^{m_j} \left| \frac{d\log z}{d\zeta_j} \right|^2 d\xi_j \,.$$

Integration nach $\eta_j$ ergibt $2\pi M^2 \leq m_j \int\limits_0^{2\pi} \int\limits_0^{m_j} \left| \frac{d\log z}{d\zeta_j} \right|^2 d\xi_j \, d\eta_j = m_j F_j$.

Sind im Kreisring $q$ Vierecke untergebracht, so gilt wegen $\sum\limits_1^q F_j \leq 2\pi M$ die Behauptung.

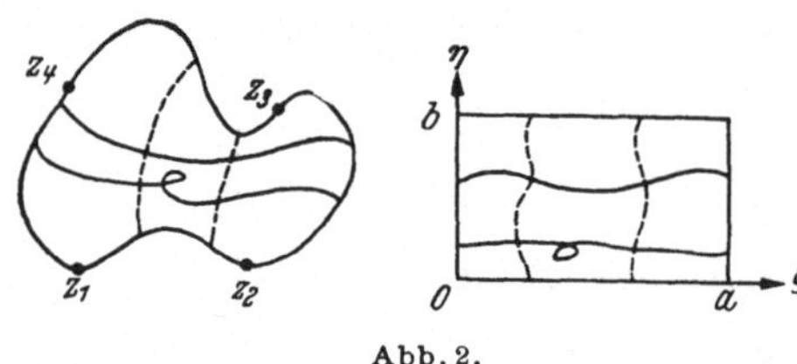

In einem Viereck $\mathfrak{V}$ mit dem Inhalt $F$ und den Ecken $z_1, z_2, z_3, z_4$ werden alle streckbaren Kurven $\alpha$ der Länge $L(\alpha)$ bzw. $\beta$ der Länge $L(\beta)$ betrachtet, die die Seiten $z_1, z_2$ mit $z_3, z_4$ bzw. $z_2, z_3$ mit $z_1, z_4$ verbinden. Weiter wird $L\{\alpha\} = \underline{\text{fin}}_\alpha L(\alpha)$, $L\{\beta\} = \underline{\text{fin}}_\beta L(\beta)$ gesetzt. $\zeta = \zeta(z)$ bildet $\mathfrak{V}$ in ein Rechteck ab mit der Eckenzuordnung

Abb. 2.

$$z_1 \longleftrightarrow \zeta_1 = 0, \quad z_2 \longleftrightarrow \zeta_2 = a, \quad z_3 \longleftrightarrow \zeta_3 = a + i b, \quad z_4 \longleftrightarrow \zeta_4 = i b.$$

Aus $L\{\alpha\} \leq \int\limits_0^b \left| \dfrac{dz}{d\zeta} \right| d\eta$ folgt nach der Schwarzschen Ungleichung

$\dfrac{a}{b} \leq \dfrac{F}{L^2\{\alpha\}}$ und ganz entsprechend $\dfrac{b}{a} \leq \dfrac{F}{L^2\{\beta\}}$, also

$$L\{\alpha\} \, L\{\beta\} \leq F \,.$$

Das Gleichheitszeichen gilt dann und nur dann, wenn $\mathfrak{V}$ ein Rechteck mit den Seiten $a$ und $b$ ist. (Man vgl. dazu Grötzsch [1], Rengel [1], Teichmüller [3]).

2. Nun soll eine von GRÖTZSCH [1] und TEICHMÜLLER [3] behandelte Extremalaufgabe betrachtet werden. Sie ist in dem folgenden Extremalproblem (WITTICH [6]) enthalten: Von den beiden Komplementärkontinuen eines Ringgebietes $G_W$ in der $W$-Ebene enthält das eine $W_1 = 0$ und $W_2 = r\,e^{i\alpha}$, das andere $W_3 = R\,e^{i\beta}$ und $W_4 = \infty$. Bei festem $r$, $R$, $\alpha$ und $\beta$ sollen die Gebiete $G_W$ mit möglichst großem Modul bestimmt werden.

Nach b) sind diese Gebiete unter Schlitzgebieten $\overline{G}_W$ zu suchen mit Schlitzen $W_1 \ldots W_2$ und $W_3 \ldots \infty$. Durch $w = W - \dfrac{W_2 + W_3}{3}$ geht $\overline{G}_W$ in $G_w$ über und $W_1$, $W_2$, $W_3$ in $w_1 = A$, $w_2 = B$, $w_3 = C$, $A + B + C = 0$. Zu speziellen Schlitzgebieten $E_w$ gelangt man so. $F$ sei diejenige zweiblättrige Fläche, die über $w = A, B, C$ und $\infty$ zweiblättrige Windungspunkte hat. Dazu gibt es ein Periodenpaar $\omega_1$, $\omega_2$, $\Im\,\dfrac{\omega_2}{\omega_1} > 0$, so daß $w = \wp(u;\omega_1,\omega_2)$ $F$ als Bild des Periodenparallelogrammes $(\omega_1,\omega_2)$ bei passender Identifizierung der Ränder erzeugt. Nun wählt man ein reduziertes Periodenpaar, dessen $\tau = \dfrac{\omega_2}{\omega_1}$ durch $|\tau| \geq 1$, $|\tau + 1| \geq |\tau|$, $|\tau - 1| \geq |\tau|$ bestimmt ist. Danach ist die Zuordnung zwischen den Größen $A$, $B$, $C$ und $e_1 = \wp(\omega_1/2)$, $e_2 = \wp((\omega_1 + \omega_2)/2)$, $e_3 = \wp(\omega_3/2)$ festgelegt. Aus dem Parallelogramm $0$, $\omega_1$, $\omega_1 + \dfrac{\omega_2}{2}$, $\dfrac{\omega_2}{2}$ entsteht ein Schlitzgebiet $E_w$ mit den Schlitzen $e_1 \ldots \infty$, $e_2 \ldots e_3$ und dem Modul $\pi\,s$, $\tau = \sigma + i\,s$. Fällt für das gegebene Ringgebiet $G_w$ $C$ mit $e_1$ zusammen, so wird $G_w$ mit $E_w$ verglichen. $w = f(z)$ bildet $G_w$ in $1 < |z| < e^M$ ab, $w = F(Z)$ $E_w$ in $1 < |Z| < e^{\pi s}$. $|z| = r$, $1 < r < e^M$, geht in eine ideal geschlossene Kurve $L_r$ der Länge $L(r) \geq 2\pi$ in der $\log Z$-Ebene über. Dann folgt nach der SCHWARZschen Ungleichung wie beim Beweis zu a)

$$M \leq \pi\,s\,;$$

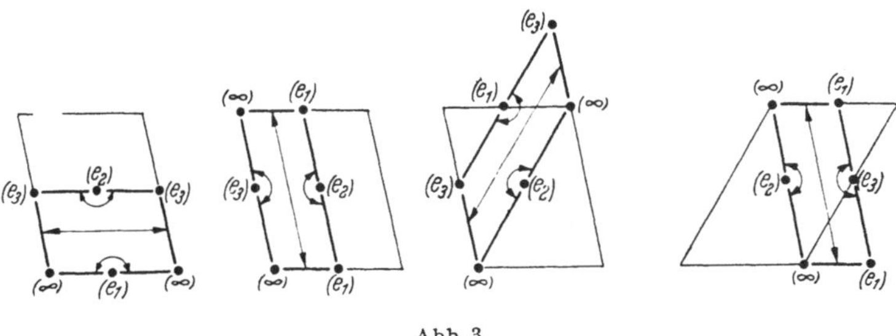

Abb. 3.

Gleichheit gilt bei passender Normierung der Abbildungsfunktion dann und nur dann, wenn $G_w$ mit $E_w$ zusammenfällt. Die verbleibenden Fälle erledigen sich ähnlich; man erhält die folgenden Abschätzungen der Moduln:

$$C = e_1: \quad M \leq \pi s,$$

$$C = e_3: \quad M \leq \frac{\pi s}{|\tau|^2},$$

$$C = e_2: \quad M \leq \frac{\pi s}{|1 - \tau|^2} \quad \text{für} \quad \sigma > 0,$$

$$\leq \frac{\pi s}{|1 + \tau|^2} \quad \text{für} \quad \sigma < 0.$$

Die Extremalgebiete werden aus passenden Parallelogrammen durch $w = \wp(u)$ erzeugt. Wir wenden das Ergebnis auf ein Problem von GRÖTZSCH [1] und TEICHMÜLLER [3] an:

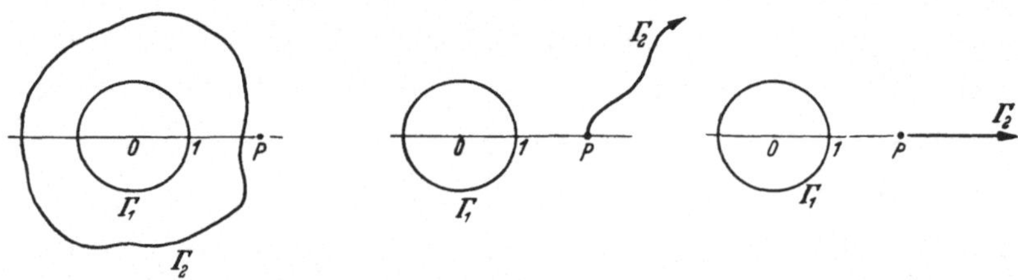

Abb. 4.

Ein Ringgebiet $G$ mit den Randkomponenten $\Gamma_1: |W| = 1$ und $\Gamma_2$, wobei $\Gamma_2$ die Komponente $\Gamma_1$ von $W = \infty$ trennt, soll $W = P > 1$ nicht enthalten. $G_P$ ist das Gebiet, bei dem $\Gamma_2$ mit dem geradlinigen Schlitz $1 < P \ldots \infty$ zusammenfällt. Dann gilt, wenn $M$ der Modul von $G$ und $\log \Phi(P)$ der Modul von $G_P$ ist,

$$M \leq \log \Phi(P).$$

Das Gleichheitszeichen steht dann und nur dann, wenn $G$ mit $G_P$ zusammenfällt.

Durch $W^* = \frac{1}{2}\left(W + \frac{1}{W}\right)$ geht $G$ in $G^*$ über; $\Gamma_1$ wird in den Schlitz $-1 \cdots +1$ abgebildet. In der $w$-Ebene ist dann

$$A = -1 - \frac{1}{6}\left(P + \frac{1}{P}\right), \quad B = 1 - \frac{1}{6}\left(P + \frac{1}{P}\right), \quad C = \frac{1}{3}\left(P + \frac{1}{P}\right).$$

Das Bild von $|W| = 1$ ist der Schlitz $A \ldots B$. Wegen $C = e_1$ gilt $M \leq \pi s = \log \Phi(P)$. $\tau$ ist rein imaginär und $s$ wächst mit $t = \left(P + \frac{1}{P}\right)$ monoton. Aus $J(\tau) = \frac{1}{4 \cdot 27} \frac{(t^2 + 12)^3}{(t^2 - 4)^2}$ und den aus der Theorie der elliptischen Funktionen bekannten Relationen

$$\lim_{t \to \infty} \frac{J(\tau(t))}{t^2} = 108, \quad \lim_{t \to \infty} e^{-2\pi s(t)} J(\tau(t)) = \frac{1}{1728}$$

erhält man schließlich

$$\lim_{\mathsf{P} \to \infty} \frac{e^{\pi s(t(\mathsf{P}))}}{\mathsf{P}\left(1 + \dfrac{1}{\mathsf{P}^2}\right)} = \lim_{\mathsf{P} \to \infty} \frac{\varPhi(\mathsf{P})}{\mathsf{P}} = 4, \qquad (1)$$

wobei noch angemerkt werden soll, daß $\varPhi(\mathsf{P})_i\mathsf{P}$ monoton wachsend gegen 4 strebt. Zu (1) kommt man auch dadurch, daß man $G_{\mathsf{P}}$ in $1 < |z| < \varPhi(\mathsf{P})$ abbildet, wobei dann $\log \varPhi(\mathsf{P}) = 2\pi \dfrac{K(k)}{K'(k)}$ gilt mit $k = \left(\dfrac{\sqrt{\mathsf{P}} - 1}{\sqrt{\mathsf{P}} + 1}\right)^2$. Aus $\lim\limits_{k \to 1} K'(k) = \dfrac{\pi}{2}$ und $\lim\limits_{k \to 1} \sqrt{1 - k^2}\, e^{K(k)} = 4$ folgt (1). Es ist unmittelbar klar, daß man aus (1) den KOEBEschen Viertelsatz $d \geq \frac{1}{4}$ durch einen einfachen Grenzübergang gewinnen kann und damit auch die Verzerrungssätze.

Bei konstantem $\dfrac{R}{r}$ und beliebigem $\alpha, \beta$ ergibt sich in der von $-r$ nach 0 und von $R$ nach $\infty$ geradlinig aufgeschlitzten Ebene ein Extremalgebiet mit dem Modul $\log \psi\left(\dfrac{R}{r}\right)$. Aus $g_2 = \dfrac{4}{3}(R^2 + r^2 + rR)$ und $\varDelta = 16 R^2 r^2 (r + R)^2$ folgt mit

$$J(\tau) = \frac{4}{27} t^2 \frac{\left(1 + \dfrac{1}{t^2} + \dfrac{1}{t^3}\right)^3}{\left(1 + \dfrac{1}{t}\right)^2}$$

und $2\pi i\tau = -\log J - \log 12^3 + \dfrac{31}{12}\dfrac{1}{J} + \cdots, \quad t = \dfrac{R}{r}$,

$$\log \psi\left(\frac{R}{r}\right) = \pi s = \log 16\, \frac{R}{r} + \left(\left(\frac{r}{R}\right)\right)$$

oder

$$\lim_{\frac{R}{r} \to \infty} \frac{\psi\left(\dfrac{R}{r}\right)}{\dfrac{R}{r}} = 16. \qquad (1')$$

Die Größe $\psi\left(\dfrac{R}{r}\right)$ hängt mit $\varPhi(\mathsf{P})$ in einfacher Weise zusammen.

Man bilde die mit den Schlitzen $-r \ldots 0, R \ldots \infty$ versehene Ebene in das Extremalgebiet von GRÖTZSCH ab, und zwar so, daß $-r \ldots 0$ in den Einheitskreis und $R \ldots \infty$ in den Schlitz $\mathsf{P} \ldots \infty$ übergeht; hierbei ist $\mathsf{P} = 1 + \dfrac{2R}{r}\left(1 + \sqrt{1 + \dfrac{r}{R}}\right)$. Dann gilt

$$\psi\left(\frac{R}{r}\right) = \varPhi(\mathsf{P}) = \varPhi\left(1 + \frac{2R}{r}\left(1 + \sqrt{1 + \frac{r}{R}}\right)\right) < 4\mathsf{P},$$

also

$$\psi\left(\frac{R}{r}\right) < 16\, \frac{R}{r} + 8.$$

Nun sei $G$ ein Ringgebiet, das die Punkte 0 und $\infty$ trennt. Der weiteste Randpunkt des 0 enthaltenden Komplementärkontinuums habe vom Nullpunkt den Abstand $r$, und $R$ sei der ursprungsnächste Randpunkt des anderen Komplementärkontinuums. Ist $M\left(\dfrac{R}{r},\,\alpha,\,\beta\right)$ der Modul des Gebietes, so ergibt der Vergleich mit dem eben behandelten Extremalgebiet des Moduls $\psi\left(\dfrac{R}{r}\right)$

$$M\left(\frac{R}{r},\,\alpha,\,\beta\right) \leqq \log \psi\left(\frac{R}{r}\right).$$

Mit der Näherungsformel $\psi\left(\dfrac{R}{r}\right) < 16\dfrac{R}{r} + 8$ nimmt der Verzerrungssatz von AHLFORS [1] die folgende Form an:

$$\frac{u_1(x_2) - u_2(x_1)}{a} > \int\limits_{x_1}^{x_2} \frac{dx}{\Theta(x)} - \frac{4\log 2}{\pi}$$
$$- \frac{1}{\pi}\log\left(1 : \left(1 - 8\exp\left(-\pi\int\limits_{x_1}^{x_2}\frac{dx}{\Theta(x)}\right)\right)\right).$$

Als weiteres Beispiel für die Abschätzung des Moduls durch geometrische Größen des gegebenen Gebietes $G$ wird ein Resultat von SARIO [1] betrachtet.

3. SARIO untersucht ein Ringgebiet $G_w$, dessen Randkontinuen $\Gamma_0$, $\Gamma_1$ den Abstand $d > 0$ haben sollen. $\{\Gamma_w\}$ bezeichnet die Klasse aller streckbaren Kurven $\Gamma_w$, die $\Gamma_0$ von $\Gamma_1$ trennen, $s = s\{\Gamma_w\}$ die untere Grenze ihrer Längen. $w = w(z)$ bildet $G_w$ schlicht und konform in $1 < |z| < R = e^M$ ab. Der Kreis $|z| = r = \frac{1}{2}(1 + R)$ geht in eine Kurve $\Gamma'_w$ über, deren Länge also $\geqq s$ ist. Daher gilt

$$s \leqq \int\limits_{\Gamma_w} |dw| =: \int\limits_{|z|=r} \left|\frac{dw}{dz}\right| |dz| \leqq \operatorname*{Max}_{|z|=r}\left|\frac{dw}{dz}\right| \cdot \int\limits_{|z|=r} |dz|$$
$$= \pi(1 + R)\operatorname*{Max}_{|z|=r}\left|\frac{dw}{dz}\right|.$$

Ist nun $\zeta$ ein beliebiger Punkt auf $|z| = r$, so geht $|z - \zeta| < \frac{1}{2}(R - 1)$ durch $w = w(z)$ in ein Gebiet über, das ganz in $G_w$ enthalten ist. Aus dem KOEBEschen Viertelsatz folgt

$$\frac{1}{4}\frac{R-1}{2}\left|\frac{dw}{dz}\right|_{z=\zeta} \leqq d, \quad \text{also} \quad \left|\frac{dw}{dz}\right|_{z=\zeta} \leqq \frac{8d}{R-1}$$

und, da $\zeta$ beliebig auf $|z| = r$ gewählt war, $\operatorname*{Max}_{|z|=r}\left|\dfrac{dw}{dz}\right| \leqq \dfrac{8d}{R-1}$, d. h.

$$\frac{R-1}{R+1} \leqq 8\pi\frac{d}{s}. \tag{2}$$

Nun werden aus der Klasse $\{\Gamma_w\}$ nur diejenigen Kurven $\Gamma_w$ betrachtet, deren Abstand von den Randkontinuen nicht kleiner als $\dfrac{d}{2}$ ist. Ist $L$ die untere Grenze ihrer Längen $s\,(\Gamma_w)$, so besteht zwischen der relativen Breite $\beta = \dfrac{d}{L}$ von $G_w$ und dem Modul $M$ von $G_w$ die Beziehung

$$\beta < \frac{4}{\pi}\left(e^M - 1\right) = \frac{4}{\pi}(R - 1) \quad \text{oder} \quad \log\left(\frac{\pi}{4}\beta + 1\right) < M. \qquad (2')$$

Ist $\gamma_w$ eine zulässige Kurve der Länge $s(\gamma_w) < 2L$ und $\gamma_z$ ihr $z$-Bild, so gilt

$$2\pi \leq \int\limits_{\gamma_z} |dz| = \int\limits_{\gamma_w} \left|\frac{dz}{dw}\right| |dw| \leq s\,(\gamma_w) \operatorname*{Max}_{\gamma_w}\left|\frac{dz}{dw}\right|.$$

Der Kreis $|w - \omega| < \dfrac{d}{2}$, $\omega$ beliebig auf $\gamma_w$, gehört vollständig zu $G_w$. Aus dem Viertelsatz von Koebe folgt

$$\left|\frac{dz}{dw}\right|_{w=\omega} \leq \frac{8}{d}\operatorname*{Min}_{|w-\omega|=\frac{d}{2}} |z(w) - z(\omega)| < \frac{8}{d}\,\frac{R-1}{2} = \frac{4}{d}(R-1),$$

also

$$\operatorname*{Max}_{\gamma_w}\left|\frac{dz}{dw}\right| \leq \frac{4}{d}(R - 1)$$

und damit $2\pi \leq \dfrac{4}{d}(R-1)\,s(\gamma_w) \leq \dfrac{8L}{d}(R-1)$. Das ist die Behauptung $(2')$.

Aus (2) ergibt sich eine interessante Ergänzung zu der Aussage c): $M' + M'' \leq M$. Im Kreisring $1 < |w| < R = e^M$ werden die Kreise $|w| = \varrho_0 = 1 + \delta$ und $|w| = \varrho_1 = R - \delta$ betrachtet, $0 < \delta < \dfrac{R-1}{2}$. $g$ ist eine gerade Zahl, die bei gegebenem $\delta$ der Bedingung $\dfrac{2\pi R}{g} \leq \delta$ genügt. Weiter soll

$$w_j = \varrho_0 \exp(i\,\theta_j), \quad W_j = \varrho_1 \exp(i\,\theta_j), \quad \theta_j = \frac{2\pi}{g}\,j, \quad j = 1, 2, \ldots, g,$$

gelten. Eine Kurve $C$, die den Kreisring in zwei Ringgebiete zerlegt, wird nach folgender Vorschrift konstruiert: $w_1$ wird mit $W_1$ gradlinig verbunden, $W_1$ mit $W_2$ durch den Bogen $\theta_1 \leq \arg w \leq \theta_2$ auf $|w| = \varrho_1$, $W_2$ mit $w_2$ gradlinig, $w_2$ mit $w_3$ durch den Bogen $\theta_2 \leq \arg w \leq \theta_3$ auf $|w| = \varrho_0$, usw., $W_g$ mit $w_g$ gradlinig und $w_g$ mit $w_1$ durch den Bogen $\theta_g \leq \arg w \leq \theta_1 + 2\pi$. $C$ zerlegt den Kreisring in zwei Ringgebiete $K'$ mit dem Modul $M'$ und $K''$ mit dem Modul $M''$, von denen jedes die Komplementär-kontinuen des Kreisringes trennt. Für $K'$

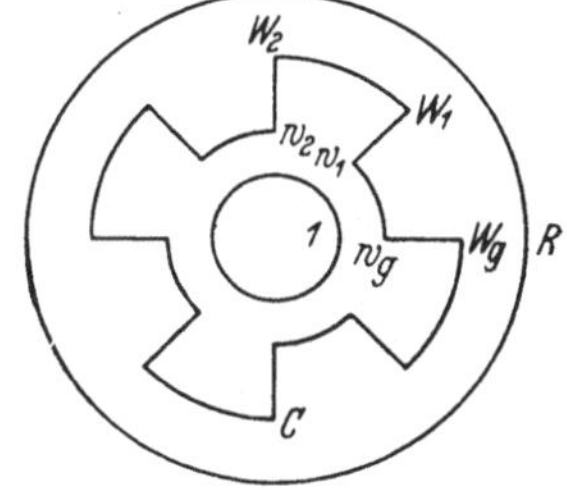

Abb. 5.

bzw. $K''$ ist der Abstand $d'$ bzw. $d'' \leq \delta$ und $s'$ bzw. $s'' \geq 2\pi$. Nach (2) gilt also $\dfrac{R'-1}{R'+1} \leq \dfrac{8\pi\,\delta}{2\pi} = 4\,\delta$ bzw. $\dfrac{R''-1}{R''+1} \leq 4\,\delta$. Zu beliebigem $\varepsilon > 0$ kann man danach stets ein $\delta$ finden, so daß $1 < R' < 1 + \varepsilon$ und $1 < R'' < 1 + \varepsilon$ gilt. Ein beliebiges Ringgebiet $G$ läßt sich also stets in zwei Ringgebiete $G'$, $G''$ (die der topologischen Zusatzvoraussetzung in c) genügen) mit beliebig kleinen Moduln $M'$ und $M''$ zerlegen.

4. Es ist von Vorteil, den Modul mit der extremalen Länge in Verbindung zu bringen. Diese kann folgendermaßen definiert werden. In einem Gebiet $G$ der $z$-Ebene wird eine Schar $\{\gamma\}$ von Kurven $\gamma$ betrachtet.[1] Weiter wählt man unter allen nichtnegativen Funktionen $\varrho(x, y) = \varrho(z)$ diejenigen aus, die in $G$ quadratisch integrierbar sind und für die $\int\limits_{\gamma} \varrho(z)\,|dz|$ existiert und $\geq 1$ ist; für diese bildet man

$$\operatorname*{fin}_{\varrho} \iint\limits_{G} \varrho^2(z)\,dx\,dy = \frac{1}{\lambda}.$$ $\lambda$ heißt die extremale Länge der Kurvenschar $\{\gamma\}$. Sie ist eine konforme Invariante gegenüber schlichten Abbildungen des Gebiets $G$. Im Kreisring $1 < |z| < R$ werden alle Kurven $\gamma$ betrachtet, die $|z| = 1$ von $|z| = R$ trennen, und dazu alle durch $\varrho(z)$ definierten Metriken, für welche $\int\limits_{\gamma} \varrho\,|dz| \geq 1$ gilt. Mit $\varrho_0(z) = \dfrac{1}{2\pi\,r}$ folgt aus

$$0 \leq \int\limits_{1}^{R}\int\limits_{0}^{2\pi} (\varrho - \varrho_0)^2\,dx\,dy = \iint \varrho^2\,dx\,dy - 2\iint \varrho\,\varrho_0\,dx\,dy + \frac{\log R}{2\pi}$$

wegen $\displaystyle\int\limits_{1}^{R}\int\limits_{0}^{2\pi} \varrho\,\varrho_0\,r\,dr\,d\varphi = \int\limits_{1}^{R} \varrho_0 \left\{ \int\limits_{0}^{2\pi} \varrho\,r\,d\varphi \right\} dr \geq \int\limits_{1}^{R} \varrho_0\,dr = \frac{\log R}{2\pi}$ :

$$\frac{\log R}{2\pi} \leq \iint\limits_{G} \varrho^2\,dx\,dy \quad \text{oder} \quad \lambda = \frac{2\pi}{\log R} ; \tag{3}$$

$\varrho_0(z)$ ist eine extremale Metrik. Jede andere Metrik, die in (3) das Gleichheitszeichen bewirkt, stimmt fast überall mit $\varrho_0(z)$ überein. Ist $G$ ein beliebiges Ringgebiet, so gilt ebenfalls

$$\log R = M \leq 2\pi \iint\limits_{G} \varrho^2(z)\,dx\,dy .$$

Wird $G$ in logarithmischer Metrik ausgemessen, so stellt das Doppelintegral auf der rechten Seite den logarithmischen Inhalt $F$ von $G$ dar, d. h. es gilt a). Zum Beweis von b) wähle man in $G$ eine extremale Metrik $\varrho_0(z)$. Da diese auch für $G'$ zulässig ist, erhält man

$$\frac{\log R}{2\pi} = \iint\limits_{G} \varrho_0^2(z)\,dx\,dy \geq \iint\limits_{G'} \varrho_0^2(z)\,dx\,dy \geq \frac{\log R'}{2\pi} ,$$

---

[1] Die Kurven $\gamma$ sollen streckbar sein.

also b). Die Behauptung c) ergibt sich so:

$$\log R' = M' \leqq 2\pi \iint\limits_{G'} \varrho_0^2(z)\, dx\, dy\,,$$

$$\log R'' = M'' \leqq 2\pi \iint\limits_{G''} \varrho_0^2(z)\, dx\, dy\,.$$

Daraus folgt

$$M' + M'' \leqq 2\pi \iint\limits_{G'+G''} \varrho_0^2(z)\, dx\, dy \leqq 2\pi \iint\limits_{G} \varrho_0^2(z)\, dx\, dy = \log R = M,$$

da $\varrho_0(z)$ für $G$ extremale Metrik war. Das war aber die Behauptung c).

Auch beim Viereck besteht ein einfacher Zusammenhang zwischen der extremalen Länge und dem Modul. Zur Klasse $\{\alpha\}$ sollen alle streckbaren Kurven $\alpha$ gehören, die die Seite $z_1$, $z_2$ mit $z_3$, $z_4$ verbinden. Weiter soll für alle $\alpha$ $\int\limits_{\alpha} \varrho(z)\,|dz| \geqq 1$ erfüllt sein. $\zeta = \zeta(z)$ bildet $\mathfrak{B}$ in das Rechteck $0 < \xi < \mu$, $0 < \eta < 1$ der $\zeta$-Ebene ab. Dabei geht jede zulässige Metrik $\varrho(z)$ in eine zulässige Metrik $\varrho(\zeta)$ über. Nun gilt

$$0 \leqq \int\limits_0^\mu \int\limits_0^1 (\varrho - 1)^2\, d\xi\, d\eta \leqq \int\limits_0^\mu \int\limits_0^1 \varrho^2\, d\xi\, d\eta - \mu\,, \quad \text{also} \quad \mu \leqq \int\limits_0^\mu \int\limits_0^1 \varrho^2\, d\xi\, d\eta$$

für jede solche Metrik. Da für $\varrho(\zeta) \equiv 1$ Gleichheit besteht, ist

$$\lambda\{\alpha\} = \frac{1}{\mu} = \frac{2\pi}{m}\,.$$

Das ist der gesuchte Zusammenhang zwischen der extremalen Länge $\lambda\{\alpha\}$ der Kurvenschar $\{\alpha\}$ und dem Modul $m$ des Vierecks (Jenkins [1]).

5. Zum Modulbegriff kommt man auch durch die folgende Extremalaufgabe der Potentialtheorie:

Im Ringgebiet $G$ mit den Randkurven $\Gamma_0$ und $\Gamma_1$ werden alle eindeutigen harmonischen Funktionen $u(z)$ betrachtet, die der Nebenbedingung $\int\limits_{\Gamma_0} \frac{\partial u}{\partial n}\, ds = 2\pi$ ($n$ innere Normale) genügen. Das DIRICHLET-Integral

$$D(u) = \iint\limits_{G} (u_x^2 + u_y^2)\, dx\, dy$$

wird dann und nur dann zum Minimum, wenn $u(z)$ auf $\Gamma_0$ und $\Gamma_1$ einen konstanten Wert hat. Ist $v(z)$ die zu $u(z)$ konjugiert harmonische Funktion, so bildet $w(z) = e^{u(z)+iv(z)}$ das Gebiet $G$ schlicht und konform in einen Kreisring $1 < |w| < e^M$ ab, wenn die Extremale $u(z)$ auf $\Gamma_0$ zu Null normiert wird. Ist $M$ der Modul von $G$, so gilt für eine Extremale $M = \frac{1}{2\pi}\, D(u)$.

Besteht der Rand von $G$ aus $n$ Kurven $\Gamma_1', \Gamma_2', \ldots, \Gamma_n'$, so läßt sich eine analoge Extremalaufgabe behandeln: Die Randkurven $\Gamma_j'$ werden in zwei Klassen $\Gamma_0$ und $\Gamma_1$ eingeteilt, wobei $\Gamma_0$ aus $\Gamma_1', \Gamma_2', \ldots, \Gamma_\mu'$ und $\Gamma_1$ aus $\Gamma_{\mu+1}', \ldots, \Gamma_n'$ bestehen möge. Unter der Nebenbedingung $\int\limits_{\Gamma_\bullet} \dfrac{\partial u}{\partial n}\, ds = 2\pi$ wird für alle in $G$ eindeutigen harmonischen Funktionen $u(z)$ das DIRICHLET-Integral $D(u) = \iint\limits_{G} |\operatorname{grad} u|^2\, dx\, dy$ dann und nur dann zum Minimum, wenn $u(z)$ auf $\Gamma_0$ und auf $\Gamma_1$ je einen konstanten Wert annimmt. PFLUGER [3] nennt $M = \dfrac{1}{2\pi} D(u)$, $u$ eine Extremale, den Modul des Ringes $(\Gamma_0, \Gamma_1)$, der bei zweifachem Zusammenhang von $G$ mit dem betrachteten Modul zusammenfällt. Auch dieser Modul ist eine konforme Invariante. Der Modul des Ringes $(\Gamma_0, \Gamma_1)$ ist gleich dem Modul des Ringes $(\Gamma_1, \Gamma_0)$. Wegen anderer Erweiterungen des Modulbegriffes vgl. man SARIO [1] und GRÖTZSCH [2].

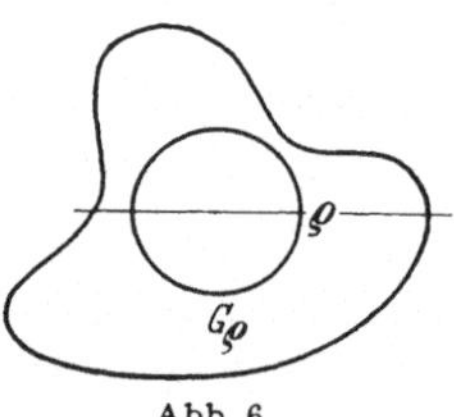

Abb. 6.

6. Bei der Behandlung einfach zusammenhängender Gebiete ist es von Vorteil, den reduzierten Modul einzuführen. Implizit tritt diese Größe schon lange bei Untersuchungen über die konforme Abbildung einfach zusammenhängender Gebiete auf.

Das einfach zusammenhängende Gebiet $G$ soll $z = 0$, aber nicht $z = \infty$ enthalten und von der punktierten Ebene verschieden sein. Für hinreichend kleine $\varrho$ ist der Durchschnitt von $|z| > \varrho$ und $G$ ein Ringgebiet $G_\varrho$ mit dem Modul $M_\varrho$. Die Funktion $z = z(w) = a_1 w + a_2 w^2 + \cdots$ bildet $|w| < 1$ schlicht und konform in $G$ ab; $R = \left|\dfrac{dz}{dw}\right|_{w=0} = |a_1|$ heißt der Abbildungsradius von $G$. Verläuft das Bild von $|z| = \varrho$ in $\varrho_1 < |w| < \varrho_2$, $\varrho_j = \dfrac{\varrho}{R}\left(1 + \varepsilon_j(\varrho)\right)$ mit $\varepsilon_j(\varrho) \to 0$ für $\varrho \to 0$, so findet man für $M_\varrho$ nach b)

$$-\log \varrho_2 < M_\varrho < -\log \varrho_1 \quad \text{oder} \quad -\log\frac{\varrho_2}{\varrho} < M_\varrho + \log \varrho < -\log\frac{\varrho_1}{\varrho},$$

also $\lim\limits_{\varrho \to 0}(M_\varrho + \log \varrho) = \log R = \widetilde{M}$; $\widetilde{M}$ heißt der reduzierte Modul von $G$ (TEICHMÜLLER [3]). Anwendung des KOEBESchen Verzerrungssatzes liefert $\left|M_\varrho + \log \varrho - \log R\right| < \dfrac{2\varrho}{R - 4\varrho}$. Da die GREENsche Funktion $g(z, 0, G)$ des Gebietes $G$ mit dem Pol in $z = 0$ durch

$$g(z, 0, G) = \log\frac{1}{|z|} + u(z) = \log\frac{1}{|w(z)|}$$

gegeben ist, erhält man für $z \to 0$ $u(0) = \log|a_1| = \log R = \widetilde{M}$.

Enthält das von der punktierten Ebene verschiedene Gebiet $G$ den Punkt $z = \infty$, so ist für hinreichend großes $\varrho$ der Durchschnitt von $|z| < \varrho$ und $G$ ein Ringgebiet $G_\varrho$ mit dem Modul $M_\varrho \to \infty$ für $\varrho \to \infty$. Der Grenzwert $\lim\limits_{\varrho \to \infty} (M_\varrho - \log \varrho) = \widetilde{M}$ heißt der reduzierte Modul von $G$. In $g(z, \infty, G) = \log|z| + u(z)$ wird der endliche Grenzwert $\lim\limits_{z \to \infty} u(z) = \gamma$ die ROBINsche Konstante von $G$ genannt. Der reduzierte Modul $\widetilde{M}$ von $G$ ist also gleich der ROBINschen Konstanten $\gamma$ von $G$.

Es enthalte jetzt $G$ wieder $z = 0$ aber nicht $z = \infty$. Ist $F_\varrho$ der logarithmische Inhalt von $G_\varrho$, so liegt in $\widetilde{F} = F_\varrho + 2\pi \log \varrho$ eine von $\varrho$ unabhängige Größe vor, die der reduzierte logarithmische Flächeninhalt von $G$ heißt. Aus $2\pi M_\varrho \leq F_\varrho$ folgt $2\pi (M_\varrho + \log \varrho) \leq \widetilde{F}$, also $2\pi \widetilde{M} \leq \widetilde{F}$. Gleichheit besteht dann und nur dann, wenn $G$ ein Kreis ist. Für ein $z = 0$ enthaltendes einfach zusammenhängendes Teilgebiet $G'$ von $G$ ist $\widetilde{M}' \leq \widetilde{M}$, da $M_\varrho' \leq M_\varrho$ gilt. Ist schließlich $G''$ noch ein zu $G'$ punktfremdes Ringgebiet, das $G'$ vom Rande von $G$ trennt, dann besteht zwischen den entsprechenden Moduln $\widetilde{M}'$, $M''$ und $\widetilde{M}$ die Relation $\widetilde{M}' + M'' \leq \widetilde{M}$. Das folgt aus $M_\varrho' + \log \varrho + M'' \leq M_\varrho + \log \varrho$ für $\varrho \to 0$. Für den reduzierten Modul gelten also die a), b) und c) entsprechenden Eigenschaften

$$\widetilde{\mathrm{a}}) \quad \widetilde{M} \qquad\quad \leq 2\pi \widetilde{F},$$

$$\widetilde{\mathrm{b}}) \quad \widetilde{M}' \qquad\quad \leq \widetilde{M},$$

$$\widetilde{\mathrm{c}}) \quad \widetilde{M}' + M'' \leq \widetilde{M}.$$

$G_0$ bzw. $G_\infty$ sei einfach zusammenhängend und enthalte $z = 0$ bzw. $z = \infty$. Sind die beiden Gebiete punktfremd, so genügen ihre reduzierten Moduln $M_0$, $M_\infty$ der Bedingung

$$M_0 + M_\infty \leq 0. \tag{4}$$

Es ist nämlich $M_0 \leq F_\varrho^{(0)} + 2\pi \log \varrho$, $M_\infty \leq F_\varrho^{(\infty)} - 2\pi \mathsf{P}$, also $M_0 + M_\infty \leq F_\varrho^{(0)} + F_\varrho^{(\infty)} - 2\pi (\log \mathsf{P} - \log \varrho) \leq 0$. Gleichheit in (4) gilt dann und nur dann, wenn $G_0$ das Gebiet $|z| < R$, $G_\infty$ das Gebiet $|z| > R$ ist. Diese Beziehung gibt zu folgender Überlegung Anlaß: Eine einfache geschlossene Kurve $\Gamma$, die $z = 0$ von $z = \infty$ trennt, zerlegt die $z$-Ebene in zwei einfach zusammenhängende Gebiete $G_0$ und $G_\infty$. Da im Falle $M_0 + M_\infty = 0$ $\Gamma$ der Kreis $|z| = \exp(-M_\infty) = \exp M_0$ sein muß, wird man erwarten, daß für $-\delta \leq M_0 + M_\infty \leq 0$, $\delta > 0$ klein, $\Gamma$ wenig von einem Kreis abweicht, also in einem Kreisring $M_0 - \varepsilon \leq \log|z| \leq -M_\infty + \varepsilon$ verlaufen wird. Diese Vermutung wird bestätigt durch den

Speziellen Modulsatz: Zu jedem $\varepsilon > 0$ gehört ein $\delta = \delta(\varepsilon)$ mit folgender Eigenschaft:

Aus $M_0 + M_\infty \geqq -\delta$ folgt, daß alle Punkte, die weder in $G_0$ noch in $G_\infty$ liegen, dem Kreisring $M_0 - \varepsilon \leqq \log|z| \leqq -M_\infty + \varepsilon$ angehören.

Durch eine Ähnlichkeitstransformation der $z$-Ebene kann erreicht werden, daß die reduzierten Moduln der $z = \infty$ enthaltenden einfach zusammenhängenden Gebiete gleich Null sind.

Zum Beweis wird angenommen, daß die Behauptung des Satzes falsch sei. Dann gibt es ein festes $\bar\varepsilon > 0$ und dazu eine Folge von Gebieten $G_0^{(n)}$, $G_\infty^{(n)}$ mit den Moduln $M_0^{(n)}$, $M_\infty^{(n)}$, die folgende Eigenschaften haben: Es ist zwar $\lim\limits_{n\to\infty} M_0^{(n)} = 0$, aber alle $G_0^{(n)}$ enthalten den Kreis $|z| < \exp(M_0^{(n)} - \bar\varepsilon)$ oder alle $G_\infty^{(n)}$ den Kreis $|z| > \exp\bar\varepsilon$ nicht ganz. Jedes Gebiet $G_0^{(n)}$ wird durch $z = f_n(w)$, $f_n(0) = 0$ und $f_n'(0) = 1$ schlicht und konform in $|w| < \exp M_0^{(n)}$ abgebildet. Da die Familie $\{f_n(w)\}$ eine Normalfamilie ist, gibt es eine Teilfolge, die für beliebiges $\eta > 0$ auf $|w| \leqq \exp(-\eta)$ gleichmäßig gegen eine Grenzfunktion $z = f(w)$ strebt. Sie bildet $|w| < 1$ schlicht, normiert und konform in ein Gebiet $G^{(0)}$ ab, dessen reduzierter Modul $M^{(0)}$ gleich Null ist. Weiter gibt es eine Funktion $z = F(w)$, die $|w| > 1$ schlicht und konform in ein einfach zusammenhängendes Gebiet $G^{(\infty)}$ abbildet, das $w = \infty$ enthält und den Bedingungen $F(\infty) = \infty$, $F'(\infty) = 1$ genügt. Der reduzierte Modul $M^{(\infty)}$ von $G^{(\infty)}$ hat den Wert Null. Da $G^{(0)}$ und $G^{(\infty)}$ punktfremd sind, folgt aus $M^{(0)} + M^{(\infty)} = 0$, daß $G^{(0)}$ mit $|z| < 1$ und $G^{(\infty)}$ mit $|z| > 1$ zusammenfällt. Aus dieser Tatsache ergibt sich aber sofort, daß für alle $n > N(\eta)$ die Gebiete $G_0^{(n)}$ den Kreis $|z| < \exp(-2\eta)$ bzw. die Gebiete $G_\infty^{(n)}$ den Kreis $|z| > \exp(2\eta)$ für beliebig kleines $\eta > 0$ enthalten. Das widerspricht aber der Auswahl der Gebiete $G_0^{(n)}$ bzw. $G_\infty^{(n)}$. Damit ist die Behauptung bewiesen.

Genauere Aussagen über die Abhängigkeit $\delta = \delta(\varepsilon)$ erhält man nach einer von GRÖTZSCH [3] wiederholt benutzten Methode, die darin besteht, daß die gegebenen Gebiete mit passenden Extremalgebieten verglichen werden. Diese von TEICHMÜLLER [3] auf den vorliegenden Fall übertragene Methode liefert $\delta = \delta(\varepsilon) \sim \dfrac{\varepsilon^2}{\log 1/\varepsilon}$, also wesentlich mehr als die bloße Existenz des zu $\varepsilon$ gehörigen $\delta$.

Wir wenden uns nun dem folgenden Problem zu: In $r < |z| < R$ sind zwei Ringgebiete $G'$, $G''$ mit den Moduln $M'$, $M''$ untergebracht; $G'$ trennt $z = 0$ von $G''$ und $z = \infty$, $G''$ den Punkt $z = \infty$ von $G'$ und $z = 0$. $G'$ wird zu einem Gebiet $G_0 = G' + \bar{G}'$ erweitert, wobei $\bar{G}'$ das zu $G'$ gehörige Komplementärkontinuum ist, welches $z = 0$ enthält. Entsprechend wird $G''$ zu $G_\infty$ ergänzt. Nach Definition der reduzierten Moduln gilt $M_0 \geqq M' + \log r$ und $M_\infty \geqq M'' - \log R$, also $M_0 + M_\infty \geqq M' + M'' - \log\dfrac{R}{r}$. Zu einem beliebigen $\varepsilon > 0$ sei

$\delta = \delta(\varepsilon)$ das $\delta$ des speziellen Modulsatzes. Dann folgt aus

$$M' + M'' \geqq \log \frac{R}{r} - \delta(\varepsilon): \quad M_0 + M_\infty \geqq -\delta(\varepsilon) \, .$$

Die Punkte, die weder zu $G_0$ noch zu $G_\infty$ gehören, liegen also im Kreisring $M_0 - \varepsilon \leqq \log|z| \leqq -M_\infty + \varepsilon$ und erst recht im Kreisring $M' + \log r - \varepsilon \leqq \log|z| \leqq -M'' + \log R + \varepsilon$. Das ist die Aussage des Modulsatzes: Zu beliebigem $\varepsilon > 0$ gibt es ein $\delta = \delta(\varepsilon)$ mit folgender Eigenschaft:

Aus $M' + M'' \geqq M - \delta$ folgt, daß jeder durch $G'$ von $z = 0$ und durch $G''$ von $z = \infty$ getrennte Punkt dem Kreisring

$$M' + \log r - \varepsilon \leqq \log|z| \leqq -M'' + \log R + \varepsilon$$

angehört.

Diese beiden Modulsätze sind bedeutungsvolle Ergänzungen zu den Aussagen b) und c).

7. Für gewisse Fragen in der Theorie der RIEMANNschen Flächen (man vgl. Kapitel VIII) ist es wichtig zu entscheiden, ob eine Schar geschlossener Kurven in der $z$-Ebene, die die Rolle der ausschöpfenden Kreise $|z| = r$ übernehmen, wenig von Kreisen abweichen. Für die Lösung dieser Aufgabe sind die Modulsätze nützlich.

Es sei $t$ ein reeller Parameter, der stetig auf dem Intervall $0 \leqq t_0 \leqq t < \infty$ variiert. Jedem $t$ ist eine JORDAN-Kurve $\Gamma_t$ zugeordnet, die $z = 0$ von $z = \infty$ trennt. $\Gamma_{t'}$ und $\Gamma_{t''}$ sind für $t' \neq t''$ punktfremd, und für $t' < t''$ trennt $\Gamma_{t''}$ die Kurve $\Gamma_{t'}$ von $z = \infty$. $\Gamma_{t_1}$ und $\Gamma_{t_2}$ beranden ein Ringgebiet mit dem Modul $M_{12} = M(t_1, t_2)$. Für $t \to \infty$ soll sich $\Gamma_t$ auf $z = \infty$ zusammenziehen, was $M(t_1, t) \to \infty$ für $t \to \infty$ zur Folge hat. Weiter werden noch folgende Bezeichnungen benutzt:

$$r_1(t) = \operatorname*{Min}_{z \in \Gamma_t} |z|, \quad r_2(t) = \operatorname*{Max}_{z \in \Gamma_t} |z|, \quad \omega(t) = \log \frac{r_2(t)}{r_1(t)} \, .$$

Es ist nun besonders die Frage von Interesse, unter welchen Voraussetzungen man auf $\omega(t) \to 0$ für $t \to \infty$ schließen kann.

Es sei $t_1 < t_2 < t_3$. Dann gilt nach Definition der Größen $r_j$ und nach b) $M_{13} \leqq \log r_2(t_3) - \log r_1(t_1)$, $M_{12} \geqq \log r_1(t_2) - \log r_2(t_1)$, $M_{23} \geqq \log r_1(t_3) - \log r_2(t_2)$, also

$$0 \leqq M_{13} - M_{12} - M_{23} \leqq \omega(t_1) + \omega(t_2) + \omega(t_3) \, .$$

$\omega \to 0$ für $t \to \infty$ zieht also $\lim\limits_{t_1 \to \infty} (M_{13} - M_{12} - M_{23}) = 0$ nach sich.

Nun setzt man umgekehrt voraus, daß zu jedem $\delta > 0$ eine Zahl $T$ existiert, so daß aus $T < t_1 < t_2 < t_3$, $M_{12} \geqq T$, $M_{13} \geqq T$ stets $M_{13} \leqq M_{12} + M_{23} + \delta$ folgt. Dann gilt, wie gezeigt werden soll, $\lim\limits_{t \to \infty} \omega(t) = 0$.

Das Ringgebiet $(\Gamma_{t_1}, \Gamma_{t_2})$ wird durch $f(z, t_3) = w$ in $1 < |w| < \exp M_{13}$ abgebildet; dabei soll ein fester Punkt $\zeta$ auf $\Gamma_{t_1}$ in $w = 1$ übergehen.

Nach dem Modulsatz geht $\Gamma_{t_2}$ in eine Kurve über, die vollständig in dem Kreisring $M_{12} - \varepsilon \leqq \log|w| \leqq M_{13} - M_{23} + \varepsilon \leqq M_{12} + \delta + \varepsilon$ Platz hat. Das von $\Gamma_{t_2}$ begrenzte, $z = \infty$ enthaltende einfach zusammenhängende Gebiet $G_\infty$ wird in $|w| > 1$ durch $w = F(z)$ abgebildet, $F(\infty) = \infty$ und $z = \zeta \longleftrightarrow w = 1$. Das von $w = F(z)$ erzeugte Bild der Kurve $\Gamma_{t_2}$ liegt ebenfalls in dem eben genannten Kreisring, da $w = f(z, t_3)$ für $t_3 \to \infty$ gegen die Funktion $w = F(z)$ konvergiert und die Radien des Kreisringes von $t_3$ unabhängig sind. Nun wendet man auf die Funktion $z = z(w) = aw + a_0 + \dfrac{a_{-1}}{w} + \cdots$, die $|w| > 1$ in $G_\infty$ abbildet, den Verzerrungssatz an. Er liefert die Aussage, daß die Kurve $\Gamma_{t_2}$ in dem Kreisring

$$|a|\,\frac{(\exp(M_{12} - \varepsilon) - 1)^2}{\exp(M_{12} - \varepsilon)} \leqq |z| \leqq |a|\,\frac{(\exp(M_{12} + \varepsilon + \delta) + 1)^2}{\exp(M_{12} + \delta + \varepsilon)}$$

liegt. Daraus ergibt sich für $\omega(t_2)$ die Abschätzung

$$0 \leqq \omega(t_2) \leqq \delta(\varepsilon) + 2\varepsilon + 2\log\frac{1 + \exp(-M_{12} - \delta - \varepsilon)}{1 - \exp(-M_{12} + \varepsilon)}.$$

Wegen $\delta(\varepsilon) \to 0$ für $\varepsilon \to 0$ kann man durch passende Wahl von $t_1$, $t_2$ und $\varepsilon$ die Größe $\omega(t_2)$ beliebig klein machen.

Bei den erwähnten Anwendungen der Modulsätze liegen Abschätzungen der Moduln in der Form vor:

$$|M_{23} - (t_3 - t_2)| \leqq h(t_2) \to 0 \quad\text{für}\quad t_2 \to \infty, \quad t_2 < t_3 \quad\text{und}\quad M_{23} \geqq T.$$

Daraus folgt nach dem letzten Ergebnis zunächst $\omega(t) \to 0$. Weiter ist

$$M_{12} \leqq \log\frac{r_2(t_2)}{r_1(t_1)} = \log\frac{r_1(t_2)}{r_1(t_1)} + \omega(t_2) \quad\text{und}\quad M_{12} \geqq \log\frac{r_1(t_2)}{r_1(t_1)} - \omega_1(t_1),$$

also

$$\left| M_{12} - \log\frac{r_1(t_2)}{r_1(t_1)} \right| \leqq \mathrm{Max}\big(\omega(t_1),\, \omega(t_2)\big).$$

Das ergibt zusammen mit $|M_{12} - (t_2 - t_1)| \leqq h(t_1)$

$$\left| \log r_1(t_2) - t_2 - \big(\log r_1(t_1) - t_1\big) \right| \leqq h(t_1) + \mathrm{Max}\big(\omega(t_1),\, \omega(t_2)\big).$$

Entsprechend gilt

$$\left| \log r_1(t_3) - t_3 - \big(\log r_1(t_1) - t_1\big) \right| \leqq h(t_1) + \mathrm{Max}\big(\omega(t_1),\, \omega(t_3)\big),$$

woraus dann folgt

$$\left| \log r_1(t_3) - t_3 - \big(\log r_1(t_2) - t_2\big) \right| \leqq 2h(t_1) + 2\,\mathrm{Max}\big(\omega(t_1),\, \omega(t_2),\, \omega(t_3)\big),$$

also

$$\lim_{t \to \infty} \big(\log r_1(t) - t\big) = A$$

und

$$\lim_{t \to \infty} \big(\log r_2(t) - t\big) = \lim_{t \to \infty} \omega(t) + \lim_{t \to \infty} \big(\log r_1(t) - t\big) = A.$$

Man könnte jetzt noch die Größe $\omega(t)$ abschätzen. In allen bisherigen Anwendungen genügt aber die Tatsache, daß $\lim\limits_{t \to \infty} \omega(t) = 0$ gilt. Fehlerschranken findet man bei AHLFORS [3] und TEICHMÜLLER [3].

8. Einige Aufgaben, die später behandelt werden, machen es erforderlich, kurz auf quasikonforme Abbildungen einzugehen (GRÖTZSCH [4], TEICHMÜLLER [3]).

Bei diesen vermittelt die Funktion $w = w(z) = u + iv$ eine topologische und stetig differenzierbare Abbildung einer Umgebung der Stelle $z = z_0$. Das ist der Fall, wenn $\Delta = u_x v_y - u_y v_x$ für $z = z_0$ von Null verschieden ist; weiter wird $\Delta > 0$ vorausgesetzt. Nähert sich $\arg(z - z_0)$ für $z \to z_0$ einem bestimmten Wert $\varphi$, dann erhält man

$$\left|\frac{dw}{dz}\right|^2 = E\cos^2\varphi + 2F\sin\varphi\cos\varphi + G\sin^2\varphi = h(\varphi)$$

mit $E = u_x^2 + v_x^2$, $F = u_x u_y + v_x v_y$, $G = u_y^2 + v_y^2$. Die Ableitung $\dfrac{dw}{dz}$ ist richtungsabhängig. $h(\varphi)$ nimmt Werte an, die dem Intervall

$$m = \frac{E + G - \sqrt{(E+G)^2 - 4\Delta^2}}{2} \leqq h \leqq \frac{E + G + \sqrt{(E+G)^2 - 4\Delta^2}}{2} = M$$

angehören. $\dfrac{dw}{dz}$ ist richtungsunabhängig, wenn $E = G$, $F = 0$ gilt, also $w(z)$ eine konforme oder indirekt konforme Abbildung leistet, die wegen $\Delta > 0$ direkt konform ist. Durch die im Kleinen affine Abbildung geht ein infinitesimaler Kreis um $z_0$ in eine infinitesimale Ellipse über mit dem Mittelpunkt $w_0 = w(z_0)$ und dem Hauptachsenverhältnis

$$1 \leqq \sqrt{\frac{M}{m}} = \frac{E+G}{2\Delta} + \sqrt{\left(\frac{E+G}{2\Delta}\right)^2 - 1} = K + \sqrt{K^2 - 1}$$

$$= D_{z/w}, \qquad K = \frac{E+G}{2\Delta}.$$

$D_{z/w}$ heißt der Dilatationsquotient. Wegen $\dfrac{M}{\Delta} = D_{z/w}$ und $\dfrac{m}{\Delta} = \dfrac{1}{D_{z/w}}$ gilt

$$\frac{\Delta}{D_{z/w}} \leqq \left|\frac{dw}{dz}\right|^2 = h(\varphi) \leqq D_{z/w}\,\Delta.$$

Aus $dz = e^{i\varphi}\,dr$ entsteht ein Bildelement $dw = e^{i\Theta}\,d\varrho$. Zwischen $\varphi$ und $\Theta$ besteht der Zusammenhang $\dfrac{d\Theta}{d\varphi} = \dfrac{\Delta}{h(\varphi)} = \dfrac{\Delta}{\left|\dfrac{dw}{dz}\right|^2}$, also

$$\frac{1}{D_{z/w}} \leqq \frac{d\Theta}{d\varphi} \leqq D_{z/w}.$$

Nur für konforme Abbildungen ist $\dfrac{d\Theta}{d\varphi}$ unabhängig von $\varphi$ und hat den Wert 1.

$w = w(z)$ bildet ein Gebiet quasikonform ab, wenn die bisherigen Voraussetzungen[1] in jedem Punkt des Gebietes erfüllt sind und außerdem $D_{z/w} \leq C$ gilt, wobei die endliche Schranke $C$ noch von $z$ abhängen kann; z. B. kann, wenn $B$ ein Teilbereich von $G$ ist, auf $B$ $D_{z/w} \leq C < \infty$ gelten, $C = C(B)$ aber von $B$ abhängen. Für die Anwendungen ist der Fall wichtig, in dem $C$ eine absolute Konstante ist.

Aus den geläufigen Regeln über die Differentiation der Umkehrfunktionen folgt

$$D_{z/w} = D_{w/z}. \tag{5}$$

Sind $dF_z$ und $dF_w$ zugeordnete Flächenelemente, so gilt

$$\frac{1}{D_{z/w}} \frac{dF_w}{dF_z} \leq \left| \frac{dw}{dz} \right|^2 \leq D_{z/w} \frac{dF_w}{dF_z}. \tag{6}$$

Durch Zusammensetzung von $\zeta = \zeta(z)$, $w = w(\zeta)$ entsteht $w = w(\zeta(z)) = f(z)$ mit einem Dilatationsquotienten $D_{z/w}$, der der Bedingung

$$D_{z/w} \leq D_{z/\zeta} D_{\zeta/w} \tag{7}$$

genügt. Bildet $w = w(z)$ $G_z$ in $G_w$ ab und ist $G_\zeta$ bzw. $G_\omega$ konformes Bild von $G_z$ bzw. $G_w$, so folgt

$$D_{\zeta/\omega} = D_{z/w}. \tag{8}$$

Der Dilatationsquotient ist also eine konforme Invariante, was auch anschaulich klar ist. Zum Beweis von (8) beachte man, daß $\left| \frac{d\omega}{dw} \right| = q$, $\left| \frac{dz}{d\zeta} \right| = p$ richtungsunabhängig sind. Man erhält

$$D_{\zeta/\omega} = \frac{\mathrm{Max} \left| \frac{d\omega}{d\zeta} \right|}{\mathrm{Min} \left| \frac{d\omega}{d\zeta} \right|} = \frac{\mathrm{Max} \left| \frac{d\omega}{dw} \right| \left| \frac{dw}{dz} \right| \left| \frac{dz}{d\zeta} \right|}{\mathrm{Min} \left| \frac{d\omega}{dw} \right| \left| \frac{dw}{dz} \right| \left| \frac{dz}{d\zeta} \right|} = \frac{\mathrm{Max} \left| \frac{dw}{dz} \right|}{\mathrm{Min} \left| \frac{dw}{dz} \right|} = D_{z/w}.$$

9. Als Beispiel wird die folgende Abbildungsaufgabe (vgl. TEICHMÜLLER [2]) betrachtet:

Gegeben sind die beiden Halbebenen $H_z$: $x < y$, $z = x + iy$, und $H_w$: $u < v$, $w = u + iv$. Dem Randpunkt $z = x + ix$ ist durch eine stetig differenzierbare Funktion $f(x)$ der Randpunkt $w = u + iv$, $u = v = f(x) = f(y)$, zugeordnet. $f(x)$ genüge noch den Bedingungen $f'(x) > 0$ und $f(x + 2\pi) = f(x) + 2\pi$. Die Randabbildung soll zu einer quasikonformen Abbildung von $H_z$ auf $H_w$ fortgesetzt werden. Eine solche Abbildung wird durch $u = f(x)$, $v = f(y)$ gegeben. Die Abbildung ist eindeutig und stetig differenzierbar. Der Rand wird in der vorgeschriebenen Weise abgebildet. Der Dilatationsquotient $D_{z/w} = \mathrm{Max} \left( \frac{f'(x)}{f'(y)}, \frac{f'(y)}{f'(x)} \right)$ ist beschränkt. Wegen $D_{z/w} = 1$ für $x = y$

---

[1] Die Voraussetzungen können gelockert werden; vgl. GRÖTZSCH [4].

ist die Abbildung sogar randkonform. Danach ist es möglich, zwei Einheitskreise quasikonform aufeinander abzubilden, wenn die Ränder eineindeutig stetig differenzierbar und drehsinntreu aufeinander bezogen sind. Man geht durch den Logarithmus zu den Halbebenen über und beachtet (8). Die Abbildung ist randkonform. Unstetigkeitspunkte der partiellen Ableitungen können höchstens die Kreismittelpunkte sein.

Es sei nun $c$ eine einfache geschlossene Kurve der $w$-Ebene, etwa ein Kreisbogenvieleck mit stetiger Tangente. $c$ zerlegt die $w$-Ebene in ein Innengebiet $\mathfrak{J}$ und ein Außengebiet $\mathfrak{A}$, das $w = \infty$ enthält. Auf $c$ sind $q$ Punkte ausgezeichnet, die bei positiver Durchlaufung von $c$ mit $a_1, a_2, \ldots, a_q$ bezeichnet werden. Nach dem RIEMANNschen Abbildungssatz und nach der betrachteten Abbildungsaufgabe läßt sich $\mathfrak{J}$ quasikonform so in $|w^*| < 1$ abbilden, daß die Punkte $w = a_j$ in

$$w^* = \exp \frac{2\pi i j}{q}, \quad j = 1, 2, \ldots, q,$$

übergehen. $\mathfrak{A}$ läßt sich entsprechend in $|w^*| > 1$ abbilden, und zwar so, daß beide Abbildungen aus $w$ auf $c$ denselben Bildpunkt $w^*$ auf $|w^*| = 1$ erzeugen. Man kann also die beiden Gebiete $|w^*| < 1$ und $|w^*| > 1$ längs $|w^*| = 1$ verheften und bekommt eine quasikonforme Abbildung der $w$-Ebene auf die $w^*$-Ebene mit gleichmäßig beschränktem Dilatationsquotienten $D_{w/w^*}$. $c$ geht in $|w^*| = 1$ über, wobei $w = a_j$ und $w^* = \exp\left(\frac{2\pi i j}{q}\right)$ entsprechen. Auf $c$ ist die Abbildung randkonform. Läßt man die Forderung der Randkonformität fallen, so kommt man mit einfacheren Abbildungsfunktionen aus.

10. Die Funktion $w = w(z)$ bilde den Kreisring $r_1 < |z| < r_2$ quasikonform in $\varrho_1 < |w| < \varrho_2$ ab; weiter sei für alle Punkte $z = r e^{i\varphi}$ $D_{z/w} \leq C(|z|) = C(r)$. Unter diesen Voraussetzungen soll nun ein Zusammenhang zwischen den Moduln der Ringgebiete und der Schranke für den Dilatationsquotienten gesucht werden.

Durch $w = w(z)$ geht $|z| = r$ in eine Kurve $\Gamma_r$ über, die $|w| = \varrho_1$ von $|w| = \varrho_2$ trennt. Danach gilt $2\pi \leq \int\limits_0^{2\pi} \left| \frac{d \log w}{d \log z} \right| d\varphi$ und nach der SCHWARZschen Ungleichung und (6)

$$4\pi^2 \leq 2\pi \int\limits_0^{2\pi} \left| \frac{d \log w}{d \log z} \right|^2 d\varphi \leq 2\pi C(r) \int\limits_0^{2\pi} \frac{d F_w}{d F_z} d\varphi,$$

wobei $d F_w$ und $d F_z$ entsprechende Flächenelemente für die benützte logarithmische Metrik sind. Aus $\frac{2\pi}{C(r)} \leq \int\limits_0^{2\pi} \frac{d F_w}{d F_z} d\varphi$ folgt durch Integration $\int\limits_{r_1}^{r_2} \frac{1}{C(r)} \frac{d r}{r} \leq \log \frac{\varrho_2}{\varrho_1}$. Aus der Strecke $z = r e^{i\varphi}$, $r_1 \leq r \leq r_2$, entsteht in der $w$-Ebene eine Kurve, deren logarithmische Länge $\geq \log \frac{\varrho_2}{\varrho_1}$ ist. Es gilt also

$$\log \frac{\varrho_2}{\varrho_1} \leq \int\limits_{r_1}^{r_2} \left| \frac{d \log w}{d \log z} \right| \frac{dr}{r} = \int\limits_{r_1}^{r_2} \sqrt{\left| \frac{d \log w}{d \log z} \right|^2} \frac{dr}{r} \leq \int\limits_{r_1}^{r_2} \sqrt{C(r) \frac{dF_w}{dF_z}} \frac{dr}{r}$$

oder

$$\left( \log \frac{\varrho_2}{\varrho_1} \right)^2 \leq \int\limits_{r_1}^{r_2} C(r) \frac{dr}{r} \int\limits_{r_1}^{r_2} \frac{dF_w}{dF_z} \frac{dr}{r} \, .$$

Integration nach $\varphi$ ergibt $\log \frac{\varrho_2}{\varrho_1} \leq \int\limits_{r_1}^{r_2} C(r) \frac{dr}{r}$. Es besteht daher die Ungleichung

$$\int\limits_{r_1}^{r_2} \frac{1}{C(r)} \frac{dr}{r} \leq \log \frac{\varrho_2}{\varrho_1} \leq \int\limits_{r_1}^{r_2} C(r) \frac{dr}{r} \, . \tag{9}$$

Aus (9) lassen sich einige interessante Eigenschaften quasikonformer Abbildungen ablesen. $w = w(z)$ bilde $|z| < \infty$ quasikonform mit $D_{z/w} \leq C(r)$ in $|w| < 1$ ab. Für alle $r \geq r_0$ trennen die Bilder von $|z| = r$ den Kreis $|w| = \varrho_0$ von $|w| = 1$. Mit $r_0 \leq r_1 < r = r_2$ gilt nach (9) $\int\limits_{r_1}^{r} \frac{1}{C(r)} \frac{dr}{r} \leq \log \frac{1}{\varrho_0}$. Das Integral $\int\limits^{\infty} \frac{1}{C(r)} \frac{dr}{r}$ ist also konvergent. Eine quasikonforme Abbildung $|z| < \infty \longleftrightarrow |w| < 1$ mit $C(r) \leq C < \infty$ ist daher unmöglich. Ebenfalls folgt aus (9): Bildet $w = w(z)$ $|z| < 1$ quasikonform in $|w| < \infty$ ab und gilt $D_{z/w} \leq C(r)$, so ist das Integral $\int\limits^{1} C(r) \frac{dr}{r}$ divergent.

11. Es werde nun $1 < |z| < R_0$ durch $w = w(z)$ quasikonform in $1 < |w| < R_1$ mit $D_{z/w} \leq C = $ const. abgebildet. $|z| = 1$ soll in $|w| = 1$ und $z = 1$ in $w = 1$ übergehen. Nach (9) ist $\log R_0 \leq C \log R_1$. Eine eingehende Diskussion der Abschätzungen zeigt, daß $\log R_0 = C \log R_1$ dann und nur dann zutrifft, wenn $w(z) = z |z|^{\frac{1}{C} - 1}$ ist. Bei dieser Abbildung fällt die kleine Achse der Verzerrungsellipsen stets in Richtung der Radien des Kreisringes. Wird $r_0 < |z| < 1$ in $r_1 < |w| < 1$ abgebildet, so erhält man $r_1 \leq r_0^{1/C}$. In diesem Zusammenhang möge die folgende Extremalaufgabe erwähnt werden: Man betrachte alle Funktionen $w = w(z)$ $(D_{z/w} \leq C)$, die $r < |z| < 1$ in ein Gebiet $G_w$ abbilden, das in $|w| < 1$ liegt und dessen eine Randkomponente $|w| = 1$ ist. $|z| = r$ geht in eine einfache geschlossene Kurve $\Gamma$ über, die ein endliches Gebiet mit dem Inhalt $J(\Gamma)$ berandet

(bei passenden Differenzierbarkeitsvoraussetzungen ist das der Fall; durch Gebietsapproximation kann man sich nachträglich wieder davon frei machen). Unter allen zulässigen Funktionen $w = w(z)$ ist diejenige gesucht, die $J(\Gamma)$ zum Maximum macht.

Für die Lösung ist der folgende Hilfssatz nützlich: Bildet $\omega = \omega(\zeta)$ $R < |\zeta| < 1$ konform in $G_\omega$ ab, $|\zeta| = 1 \longleftrightarrow |\omega| = 1$ und liegt das Bild $\Gamma$ von $|\zeta| = R$ in $|\omega| < 1$, so ist $J(\Gamma) \leqq \pi R^2$. $J(\Gamma) = \pi R^2$ gilt dann und nur dann, wenn $\omega(\zeta) = e^{i\alpha}\zeta$ ist[1]).

Nun wird $G_w$ in $R < |\omega| < 1$ konform durch $\omega = \omega(w)$ abgebildet. $\omega = \omega(w(z)) = \omega(z)$ mit $D_{z/\omega} \leqq C$ bildet $r < |z| < 1$ quasikonform in $R < |\omega| < 1$ ab, wobei $R \leqq r^{1/C} = \bar{r}$ gilt. Nach dem Hilfssatz ist $J(\Gamma) \leqq \pi \bar{r}^2$, und im Falle $J(\Gamma) = \pi \bar{r}^2$ muß $\Gamma$ der Kreis $|w| = \bar{r}$ sein. Dann ist $w(z)$ von der Form $w(z) = z|z|^{\frac{1}{C}-1}$. Umgekehrt gilt für diese Abbildungsfunktion $J(\Gamma) = \pi \bar{r}^2$.

12. Bildet $w = w(z)$ eine Umgebung von $z = \infty$ in eine Umgebung von $w = \infty$, $w(\infty) = \infty$, schlicht und konform ab, so folgt aus

$$w(z) = a\,z + a_0 + \frac{a_1}{z} + \cdots = a\,z\left(1 + \left(\frac{1}{z}\right)\right)$$

$$|w(z)| = A|z|\,(1 + \varepsilon(z)), \qquad \varepsilon(z) \to 0 \quad \text{für} \quad |z| \to \infty.$$

Eine solche Verzerrungsformel gilt auch noch, wenn die Abbildung quasikonform ist und in der Umgebung von $z = \infty$ nicht zu stark von einer konformen Abbildung abweicht. Da $D_{z/w} - 1 \leqq C(r) - 1$ als Maß für die Abweichung der quasikonformen von der konformen Abbildung angesehen werden kann, wird man erwarten, daß ein genügend starkes Verschwinden von $C(r) - 1$ für $r \to \infty$ zum Beweis der Behauptung

$$|w(z)| = A|z|\,(1 + \varepsilon(z)) \tag{10}$$

hinreicht. (10) ist richtig, wenn $\int\limits^{\infty} (C(r) - 1)\,\frac{dr}{r}$ konvergent ist. Diese Behauptung ist eine Folge des Modulsatzes, wie gezeigt werden soll.

In der $w$-Ebene werden als Kurven $\Gamma_t$ die Bilder der Kreise $|z| = e^t = r$ gewählt. Für $t \geqq t_0$ trennt $\Gamma_t$ $w = 0$ von $w = \infty$. Nun sei $t_0 < \tau < t$, $e^\tau = \varrho$ und $M(\tau, t)$ der Modul des Ringgebietes $(\Gamma_\tau, \Gamma_t)$. Nach (9) ist

$$\int\limits_\varrho^r \left(\frac{1}{C(r)} - 1\right)\frac{dr}{r} \leqq M(\tau, t) - \log\frac{r}{\varrho} \leqq \int\limits_\varrho^r (C(r) - 1)\frac{dr}{r}$$

oder

$$|M(\tau, t) - (t - \tau)| \leqq \int\limits_\varrho^r (C(r) - 1)\frac{dr}{r} \leqq \int\limits_\varrho^\infty (C(r) - 1)\frac{dr}{r} = h(\tau)$$

---

[1]) Ein einfacher Beweis ergibt sich mit Hilfe des DIRICHLET-Integrals.

mit $h(\tau) \to 0$ für $\tau \to \infty$. Nach dem Modulsatz (VI., 6.) gilt

$$\log|w| - t - \alpha = \log\frac{|w|}{e^{\alpha}|z|} \to 0 \quad \text{für} \quad |z| \to \infty,$$

also die Behauptung mit $0 < A < \infty$.

Es ist nun interessant, daß dieser Verzerrungssatz auch mit einer von AHLFORS [3] entwickelten Methode in einer leichten Verschärfung bewiesen werden kann; man vgl. dazu WITTICH [3]. Die Bedingung

$$\int\limits^{\infty} (C(r) - 1)\,\frac{dr}{r} < \infty \quad \text{kann durch} \quad \iint\limits_{|z| \geq r_0} (D_{z/w} - 1)\,\boxed{d\log z} < \infty \text{ er-}$$

setzt werden; $\boxed{d\zeta}$ bedeutet hier ein Flächenelement in der $\zeta$-Ebene. Diese Verschärfung ist für verschiedene Anwendungen von (10) wichtig.

Es sei $z = r\,e^{i\varphi}$, $w = \varrho\,e^{i\Theta}$. $|w| = \varrho$ geht in eine Kurve $\Gamma_\varrho$ über:

$$r_1(\varrho) = \operatorname*{Min}_{z \in \Gamma_\varrho}|z|, \quad r_2(\varrho) = \operatorname*{Max}_{z \in \Gamma_\varrho}|z|, \quad \omega(\varrho) = \log\frac{r_2(\varrho)}{r_1(\varrho)}.$$

Anwendung der SCHWARZschen Ungleichung ergibt dann zunächst

$$2\pi + \frac{\omega^2(\varrho)}{2\pi} \leqq \int\limits_0^{2\pi} \left|\frac{d\log z}{d\log w}\right|^2 d\Theta \leqq \int\limits_0^{2\pi} D_{w/z}\,\frac{\boxed{d\log z}}{\boxed{d\log w}}\,d\Theta$$

und Integration nach $\log\varrho\,(\varrho_1 \leqq \varrho \leqq \varrho_2)$

$$2\pi\log\frac{\varrho_2}{\varrho_1} + \frac{1}{2\pi}\int\limits_{\varrho_1}^{\varrho_2}\frac{\omega^2(\varrho)}{\varrho}\,d\varrho \leqq 2\pi\left(\log\frac{r_1(\varrho_2)}{r_1(\varrho_1)} + \omega(\varrho_2)\right)$$

$$+ \int\limits_{\varrho_1}^{\varrho_2}\int\limits_0^{2\pi}(D_{w/z} - 1)\,\frac{\boxed{d\log z}}{\boxed{d\log w}}\,\frac{d\varrho}{\varrho}\,d\Theta.$$

Das letzte Integral ist wegen $D_{w/z} - 1 \geqq 0$ sicher

$$\leqq \iint\limits_{|z| \geqq r_1(\varrho_1)}(D_{z/w} - 1)\,\boxed{d\log z} = h(r_1(\varrho_1)).$$

Hier stört die noch unbekannte Funktion $r_1 = r_1(\varrho)$. In Anlehnung an AHLFORS findet man für alle $\varrho > \varrho_0$ $p\varrho < r_1(\varrho)$, also bei der Wahl $\varrho_1 > \varrho_0$ $h(r_1(\varrho_1)) \leqq h(p\varrho_1)$; dabei ist $p$ eine Konstante $> 0$. Für alle Werte $\varrho_1, \varrho_2$, die $\varrho_0 < \varrho_1 < \varrho_2$ genügen, gilt daher

$$\log\frac{\varrho_2}{\varrho_1} + \frac{1}{4\pi^2}\int\limits_{\varrho_1}^{\varrho_2}\frac{\omega^2(\varrho)}{\varrho}\,d\varrho \leqq \log\frac{r_1(\varrho_2)}{r_1(\varrho_1)} + \omega(\varrho_2) + h(p\,\varrho_1). \quad (\alpha)$$

Für hinreichend großes $r$ ist das $w$-Bild von $|z| = r$ eine Kurve $\gamma_r$, die $w = 0$ von $w = \infty$ trennt. Aus

$$2\pi \leq \int\limits_{\gamma_r} |d\log w| = \int\limits_0^{2\pi} \frac{\sqrt{D_{z/w}}}{\sqrt{D_{z/w}}} \left| \frac{d\log w}{d\log z} \right| d\varphi \text{ folgt } \log \frac{r''}{r'} \leq \log \frac{\varrho_2}{\varrho_1} + h(r').$$

$r' < |z| < r''$ ist der durch $|z| = r_2(\varrho_1)$ und $|z| = r_1(\varrho_2)$ bestimmte Kreisring. Mit $\log \dfrac{r''}{r'} \geq \log \dfrac{r_1(\varrho_2)}{r_2(\varrho_1)} = \log \dfrac{r_1(\varrho_2)}{r_1(\varrho_1)} - \omega(\varrho_1)$ und $h(r') \leq h(p\,\varrho_1)$ erhält man

$$\log \frac{r_1(\varrho_2)}{r_1(\varrho_1)} - \omega(\varrho_1) \leq \log \frac{\varrho_2}{\varrho_1} + h(p\,\varrho_1). \tag{$\beta$}$$

Aus $(\alpha)$ und $(\beta)$ schließt man wie bei AHLFORS auf $\omega(\varrho) \to 0$ für $\varrho \to \infty$. Eine Abschätzung von $\omega(\varrho)$ nach oben ist ohne weiteres möglich. Für $D_{z/w} \leq 1 + q\,r^{-p}$ ($p, q$ beide $> 0$) erhält man für $\varepsilon(r)$ in (10) $|\varepsilon(r)| < \exp\left(C(\log r)^{-1/3} - 1\right)$. TEICHMÜLLER [3] fand

$$\left| \log|w| - \log|z| - \alpha \right| \leq \frac{C^p(\log|z|)^{1/(p+2)}}{|z|^{p/(p+2)}}.$$

Bei dem zuletzt skizzierten Beweis sind die verschiedenen Sätze über die Moduln von Ringgebieten entbehrlich. (10) läßt sich auf Streifengebiete übertragen und lautet: Wird der Streifen $|\Im \zeta| = |\eta| \leq b$ quasikonform und randstetig auf den Streifen $|\Im w| = |v| \leq b$ abgebildet wobei $\zeta = +\infty$ in $w = +\infty$ und $\zeta = -\infty$ in $w = -\infty$ übergeht und gilt $\displaystyle\iint\limits_{\Re \zeta \geq \xi_0} (D_{\zeta/w} - 1)\,\boxed{d\zeta} < \infty$, so existiert der Grenzwert $\lim\limits_{\Re \zeta \to \infty} (\Re w - \Re \zeta)$ und ist endlich.

13. Als Anwendung wird die folgende Aufgabe behandelt: $S_z$ ist ein Streifengebiet der $z = x + i\,y$-Ebene, das für $x \geq x_0$ durch $|y| \leq \dfrac{\pi}{2}(1 - h(x))$ gegeben ist. Dabei soll $h(x)$ für $x \geq x_0$ den folgenden Bedingungen genügen: 1. $h(x)$ ist stetig differenzierbar, 2. $0 \leq h(x) < 1$, $h'(x) \leq 0$ und $h'(x) \to 0$ bei $x \to \infty$, 3. $\displaystyle\int\limits_{x_0}^\infty h(x)\,dx < \infty$. Wird dann durch $w = w(z) = u + i\,v\ S_z$ schlicht und konform auf den Streifen $S_w$: $|v| \leq \dfrac{\pi}{2}$ abgebildet, wobei $\Re w = u \to \pm\infty$ für $\Re z \to \pm\infty$ gelten möge, so soll $w = w(z)$ für große positive $x$ untersucht werden.

Dabei kann man sich auf den durch $\Re z \geq x_0$ bestimmten Teil $S_z'$ von $S_z$ und sein Bild $S_w'$ beschränken. Durch $\xi = x$, $\eta = \dfrac{\pi}{2f(x)}\,y$, $f(x) = \dfrac{\pi}{2}(1 - h(x))$, wird $S_z'$ quasikonform und randstetig auf $S_\zeta' : \Re \zeta \geq \xi_0 = x_0$, $|\Im \zeta| \leq \dfrac{\pi}{2}$ abgebildet. Für $x \geq x_1 \geq x_0$, $x_1$ hinreichend groß, findet man $D_{z/\zeta} \leq 1 + 3h(x) - 3h'(x)$. Durch $\zeta \to z \to w$ erhält man eine Funktion, die $S'_\zeta$ quasikonform auf $S'_w$ abbildet:

$$D_{\zeta/w} = D_{\zeta/z} = D_{z/\zeta}.$$

Da wegen

$$\iint_{\Re\zeta \geq \xi_1} (D_{\zeta/w} - 1)\,\boxed{d\zeta} = \int_{\xi_1}^{\infty} \int_{-\frac{\pi}{2}}^{\frac{\pi}{2}} (D_{\zeta/w} - 1)\,d\xi\,d\eta < 3\pi \int_{x_1}^{\infty} h(x)\,dx + 3\pi\,h(x_1)$$

nach 2. und 3. die Konvergenz des Integrals feststeht, folgt

$$\lim_{\zeta \to +\infty} (\Re w - \Re \zeta) = \log\lambda, \quad \text{also wegen} \quad x = \xi: \lim_{x \to \infty} (u(x) - x) = \log\lambda$$

mit endlichem $\log\lambda$. Bei der Abbildung $z \to w$ gilt also unter den angegebenen Voraussetzungen $\Re w(z) = \log\lambda + \Re z + \varepsilon(x)$, $\varepsilon(x) \to 0$ für $x \to \infty$. Nach dem Verzerrungssatz von AHLFORS ist die Bedingung 3.

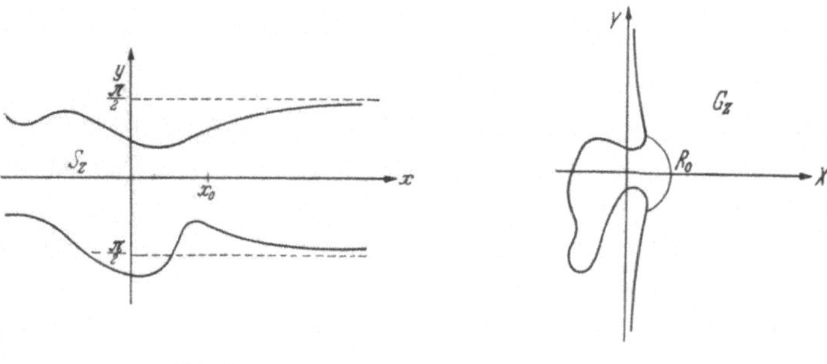

Abb. 7.                                Abb. 8.

auch notwendig. Damit ist auch der folgende Satz bewiesen: Das einfach zusammenhängende Teilgebiet $G_Z$ von $\Re Z > 0$ $(Z = X + iY = R\,e^{i\Phi})$ sei symmetrisch bezüglich $\Im Z = 0$ und werde von einer Kurve $\Gamma$ mit der Parameterdarstellung $Z = R\,e^{i\left(\frac{\pi}{2} - H(R)\right)}$ berandet. Die für $R \geq 0$ eindeutige, stetige und nicht negative Funktion $H(R) < \frac{\pi}{2}$ sei für $R \geq R_0$ stetig differenzierbar und genüge den Bedingungen $H'(R) \leq 0$, $R\,H'(R) \to 0$ bei $R \to \infty$. $Z = F(W)$ bilde $\Re W > 0$ schlicht und konform in $G_Z$ ab: $W = 0, \infty \longleftrightarrow Z = 0, \infty$. Dann ist die Konvergenz des Integrals $\int^{\infty} H(R)\,\frac{dR}{R}$ notwendig und hinreichend dafür, daß der nichtnegative endliche Grenzwert $\lambda = \lim \frac{F(W)}{W}$ positiv ist, falls $|W| \to \infty$ in $|\arg W| \leq \frac{\pi}{2} - \delta$, $\delta > 0$.

**14.** Der Rand $\Gamma$ eines Gebiets $G$ habe die logarithmische Kapazität Null. Bildet $w = w(z)$ $G$ quasikonform $(D_{z/w} \leq C)$ in ein Gebiet $G'$

mit dem Rand $\Gamma''$ ab, so hat nach PFLUGER [3] auch $\Gamma'$ die logarithmische Kapazität Null. Im Falle positiver Kapazität kann man ihre Änderung bei quasikonformer Abbildung untersuchen. Ein besonders einfacher Fall ist der folgende. $G$ ist das Gebiet $|z| > R$; $w = w(z)$ bildet $G$ so in $G'$ ab, daß $z = \infty \longleftrightarrow w = \infty$ und $\int\limits_{R}^{\infty} (C(r) - 1)\,\dfrac{dr}{r} < \infty$

gilt. (10) läßt sich also anwenden. $R < |z| < r$ entspricht durch $w = w(z)$ ein Ringgebiet, dessen Modul nach (9) der Abschätzung

$$-\int\limits_{R}^{r} (C(r) - 1)\,\frac{dr}{r} \leqq M(r, R) - \log\frac{r}{R} \leqq \int\limits_{R}^{r} (C(r) - 1)\,\frac{dr}{r}$$

genügt. Nun gilt wegen der Kreisähnlichkeit der $w$-Bilder von $|z| = r$

$$\lim_{r \to \infty} (M(r, R) - \log|w|) = \tilde{M}(G') = \gamma';$$

$\gamma'$ ist die Robinsche Konstante von $G'$. Dabei darf für $|w|$ ein beliebiger Punkt des Bildes von $|z| = r$ gewählt werden. Aus

$$M(r, R) - \log\frac{r}{|w|} - \log|w| + \log R = \gamma' + \log R + \log A + \varepsilon(r)$$
$$= \gamma' - \gamma + \log A + \varepsilon(r),$$
$$\varepsilon(r) \to 0 \quad \text{für} \quad r \to \infty \quad \text{und} \quad \gamma = -\log R,$$

erhält man für $r \to \infty$

$$-\log A - \int\limits_{R}^{\infty} (C(r) - 1)\,\frac{dr}{r} \leqq \gamma' - \gamma \leqq -\log A + \int\limits_{R}^{\infty} (C(r) - 1)\,\frac{dr}{r}\,.$$

Weitere Abschätzungen findet man bei PFLUGER [3] und HÄLLSTRÖM [2].

# VII. Über das Typenproblem.

1. Der Hauptsatz der konformen Abbildung besagt: Eine beliebige, über der $w$-Ebene ausgebreitete, einfach zusammenhängende RIEMANNsche Fläche $F$ läßt sich eineindeutig und konform auf eines der folgenden Normalgebiete $G_z$ abbilden: 1. die Vollebene (elliptischer Typus), 2. die punktierte Ebene (parabolischer Typus), 3. den Einheitskreis (hyperbolischer Typus). Unter dem Typenproblem versteht man die Aufgabe, bei gegebener Fläche $F$ den Typus zu bestimmen, also anzugeben, welcher der drei Fälle vorliegt. Die neuere Theorie

der offenen Flächen hat diese Fragestellung wesentlich erweitert (R. NEVANLINNA [5], Sario [1]). Hier sollen im wesentlichen nur die Flächen $F_q$, also einfach zusammenhängende RIEMANNsche Flächen mit endlich vielen Grundpunkten, behandelt werden. Die Flächen $F_q$ mit endlich vielen Grundpunkten lassen sich in sehr bequemer Weise durch den Streckenkomplex veranschaulichen. Durch die Grundpunkte $w = a_1, a_2, \ldots, a_q$ der $w$-Kugel wird in dieser Reihenfolge eine JORDAN-Kurve $\mathfrak{c}$, die Zerschneidungskurve, gelegt. $\mathfrak{c}$ zerlegt die $w$-Kugel in zwei einfach zusammenhängende Gebiete, ein positiv umlaufenes $\mathfrak{J}$ und ein negativ umlaufenes $\mathfrak{A}$. Aus diesen „Halbblättern" $\mathfrak{J}$ und $\mathfrak{A}$ läßt sich die Fläche $F_q$ aufbauen, indem man die verschiedenen Halbblätter über gewisse der Bögen $a_1 a_2, a_2 a_3, \ldots, a_q a_1$ von $\mathfrak{c}$ verheftet. Zu einer anschaulichen Darstellung der Verheftung kommt man im Anschluß an SPEISER [1], [2] und ELFVING [2] so: In $\mathfrak{J}$ wird ein Punkt $w_i$ (Innenknoten ●), in $\mathfrak{A}$ ein Punkt $w_a$ (Außenknoten ✕) gewählt. Dann verbindet man $w_i$ und $w_a$ durch einen JORDAN-Bogen $(j)$, der $\mathfrak{c}$ in genau einem Punkte des Bogens $a_j a_{j+1} (a_{q+1} = a_1)$ trifft. Die Gliedkurven $(j)$ sollen, von $w_i$ und $w_a$ abgesehen, keine gemeinsamen Punkte haben. Dieses System von Knoten und Gliedkurven wird auf die Fläche $F_q$ übertragen. Es geht bei der Abbildung $F_q \to z$ in den Streckenkomplex $S$ über, wobei das $z$-Bild noch topologischen Abbildungen unterworfen werden darf. $S$ besteht aus einer endlichen oder abzählbar unendlichen Anzahl von Strecken oder einfachen Streckenzügen. Die Strecken sind bis auf ihre Endpunkte punktfremd. Jede Strecke hat einen Innen- und einen Außenknoten als Endpunkt. In jedem Knoten stoßen $q$ Glieder zusammen. Sie erscheinen bei positivem Umlauf um einen Innen- und bei negativem Umlauf um einen Außenknoten in der Reihenfolge $1, 2, \ldots, q - 1, q$. Für offene, einfach zusammenhängende Flächen $F_q$ gilt weiter: $S$ besteht aus einer abzählbar unendlichen Anzahl von Strecken oder einfachen Streckenzügen. Es gibt in $S$ keine einfache geschlossene Gliedfolge, die zwei unendliche Mengen von Knoten trennt. Es ist natürlich möglich, daß $p$ Glieder dieselben Innen- und Außenknoten als Endpunkte haben. Diese Glieder $j, j + 1, \ldots, j + p - 1$ bilden ein Bündel. Für $F_q$ bedeutet dies, daß ein Halbblatt $\mathfrak{J}$ über alle Bögen $a_j a_{j+1}, a_{j+1} a_{j+2}, \ldots, a_{j+p-1} a_{j+p}$ (Indizes mod $q$) von $\mathfrak{c}$ mit demselben Halbblatt $\mathfrak{A}$ zu verheften ist. Nach ELFVING [1] ist umgekehrt $F_q$ durch die Grundpunkte $a_1, \ldots, a_q$, die Zerschneidungskurve $\mathfrak{c}$ und den Streckenkomplex eindeutig bestimmt.

Durch den nebenstehenden Streckenkomplex wird eine einfach zusammenhängende RIEMANNsche Fläche mit vier Blättern bestimmt: Über $w = a_1$ liegt ein vierblättriger Windungspunkt, über $w = a_2$ ein dreiblättriger und ein schlichtes Blatt (Doppelbindung ●$\frac{2}{1}$✕), über $w = a_3$ neben zwei schlichten Blättern ein zweiblättriger Windungspunkt. Die Abhängigkeit des Streckenkomplexes von der gewählten Zerschneidungskurve $c$ ist für bestimmte Flächen der Klasse $F_q$ von E. Drape [1] und neuerdings von Habsch [1] untersucht worden. Auf diese Abhängigkeit gehen wir hier nicht ein.

Durch $(S, a_j, c)$ wird eine Fläche $F_q$ bestimmt, die ihrerseits von einer in $|z| < 1$ oder in $|z| < \infty$ meromorphen Funktion erzeugt wird.

Im Zusammenhang mit gewissen Fragen der Wertverteilungslehre ist die Aufgabe von Bedeutung, aus dem gegebenen Streckenkomplex $S$ auf Eigenschaften der Erzeugenden $w = w(z)$ zu schließen. Dabei besteht eine erste wichtige Teilaufgabe darin, den Typus der durch $S$

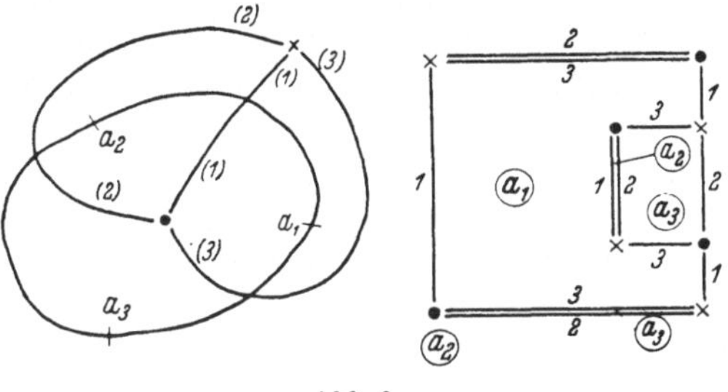

Abb. 9.

gegebenen Fläche zu bestimmen. Man wird in diesem Zusammenhang Typenkriterien anstreben, die Größen enthalten, welche sich unmittelbar $S$ entnehmen lassen. Bei den beiden Streckenkomplexen $S'$ und $S''$ (Abb. 10) ist die Entscheidung einfach:

Die zu $S'$ gehörige Fläche $F_2$ trägt über $w = a_1$ und $a_2$ je einen logarithmischen Windungspunkt. Sie wird durch $z = \log \dfrac{w - a_1}{w - a_2}$ in $|z| < \infty$ schlicht abgebildet, ist also von parabolischem Typus. Die Fläche $F_3$ mit dem Streckenkomplex $S''$ hat die Eigenschaft, keinen flächeninneren Punkt über $w = a_1, a_2, a_3$ zu besitzen. Die Funktion $w = w(z)$, die $F_3$ erzeugt, läßt die drei Werte $a_1, a_2, a_3$ vollständig aus, kann also nicht in $|z| < \infty$ meromorph sein. $F_3$ ist vom hyperbolischen Typus. Daran ändert sich auch nichts, wenn man in $S''$ endlich viele algebraische Elementargebiete einbaut.

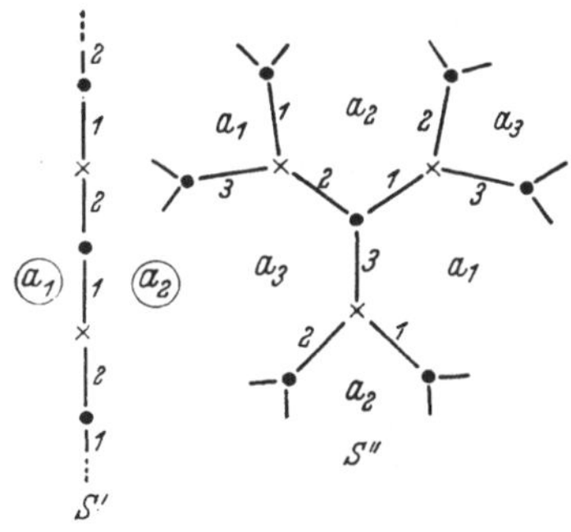

Abb. 10.

2. Für das Typenproblem ist es ganz unwesentlich, wie die Grundpunkte gewählt werden. In $(S, a_j, c)$ kann $c$ als Kreisbogenvieleck mit überall stetiger Tangente vorausgesetzt werden. $F_q$ baut sich aus Halbblättern $\mathfrak{J}$ und $\mathfrak{A}$ auf. Nach VI., 9. läßt sich $\mathfrak{J}$ bzw. $\mathfrak{A}$ quasikonform so in $\mathfrak{J}^*: |w^*| < 1$ bzw. $\mathfrak{A}^*: |w^*| > 1$ abbilden, daß $a_j \longleftrightarrow \exp \dfrac{2\pi i}{q} j = a_j^*$ gilt. Nach der durch $S$ gegebenen Vorschrift wird $F_q^*$ aus $\mathfrak{J}^*$ und $\mathfrak{A}^*$ aufgebaut, unterscheidet sich also von $F_q$

nur durch die Wahl der Grundpunkte. Die beiden Flächen sind quasikonform aufeinander bezogen. Nach dem Hauptsatz der konformen Abbildung wird $F$ in $|z| < R \lesseqgtr \infty$, $F^*$ in $|z^*| < R^* \leq \infty$ abgebildet. Durch $z \to F \to F^* \to z^*$ erhält man eine Funktion $z^* = f(z)$, die $|z| < R$ quasikonform in $|z^*| < R^*$ abbildet. Da $D_{z/z^*} \leq C < \infty$ gilt, sind nach VI., 10. sowohl $R$ als auch $R^*$ beide endlich oder unendlich. Bei Übergang von $F$ zu $F^*$ bleibt also der Typus erhalten.

3. Ist $G$ ein einfach zusammenhängendes Gebiet mit regulärem Rand $\Gamma$, $B$ ein einfach zusammenhängender Teilbereich von $G$ mit einer ebenfalls regulären Randkurve $\beta$, so zeigt man auf dem Wege über den RIEMANNschen Abbildungssatz die Existenz einer quasikonformen Abbildung von $G$ in sich mit folgenden Eigenschaften: Die Punkte auf $\Gamma$ bleiben fest. Ein gegebener Punkt $a$ von $B$ geht bei der Abbildung in einen beliebig vorgegebenen Punkt $a'$ von $B$ über. Der Dilatationsquotient ist gleichmäßig beschränkt, und die Schranke hängt nicht von $a'$ ab. Zu den Grundpunkten $a_j$ der Fläche $F_q$ lassen sich punktfremde, einfach zusammenhängende Gebiete $G_j$ mit einfach zusammenhängenden Teilbereichen $B_j$ finden derart, daß $a_j$ ein Punkt von $B_j$ ist.

Nun lassen sich nach der angegebenen Hilfsabbildung die über $G_j$ gelegenen Windungsflächenstücke quasikonform so abbilden, daß die Koordinate $a_j$ eines Windungspunktes der Fläche $F_q$ in $a'_j$ aus $B_j$ übergeht. Die Flächenpunkte, die nicht über den Gebieten $G_j$ liegen, bleiben erhalten. Da alle Punkte auf den Randkurven $\Gamma_j$ fest bleiben, erhält man eine quasikonforme Abbildung der Fläche $F_q$ auf eine Fläche $F^*$. Die Windungspunkte der Fläche $F^*$ liegen im allgemeinen über unendlich vielen Grundpunkten, die allerdings auf die Bereiche $B_j$ eingeschränkt sind. Durch $z \to F_q \to F^* \to z^*$ erhält man eine quasikonforme Abbildung eines Kreises der $z$-Ebene in einen Kreis der $z^*$-Ebene. Da $D_{z/z^*}$ gleichmäßig beschränkt ist, sind beide Flächen vom Grenzpunkt- oder vom Grenzkreistypus. Es ist zu bemerken, daß bei dieser Abbildung die partiellen Ableitungen längs gewisser Linien (Bilder von $\Gamma$) endliche Sprünge aufweisen können. Dadurch wird aber die Gültigkeit der hier zu benützenden Sätze aus VI. über quasikonforme Abbildungen nicht gestört. Die Eigenschaft $D_{z/z^*} \leq C$ ist wesentlich an die Voraussetzung gebunden, daß die $a'_j$ festen endlichen Bereichen $B_j$ angehören; $F^*$ entsteht also aus $F_q$ durch relativ kleine Deformationen (man vgl. dazu HÄLLSTRÖM [2] und WITTICH [1]). Ein Beispiel von HUCKEMANN [2] zeigt, daß sich bei hinreichend großen Deformationen der Typus der Fläche ändern kann.

Dazu wird die durch den Streckenkomplex $S$ (Abb. 11) gegebene Fläche $F_4$ betrachtet. Die Werte $\omega = 0$, $\pm 1$, $\infty$ sind vollständig verzweigt, und zwar liegen über $\omega = \infty$ unendlich viele logarithmische Windungspunkte, über $\omega = 0$, $+1$, $-1$ je unendlich viele zweiblättrige Windungspunkte. Wäre die nichtrationale Funktion $\omega = \omega(z)$, welche die Fläche $F_4$ als Bild des Kreises $|z| < R \leqq \infty$ erzeugt, in $|z| < \infty$ meromorph, so müßte $\Theta(0) + \Theta(1) + \Theta(-1) + \Theta(\infty) \leqq 2$ sein, was aber wegen $\Theta(\infty) = 1$ und $\Theta(0)$, $\Theta(1)$, $\Theta(-1) \geqq \frac{1}{2}$ nicht möglich ist. Die Fläche $F_4$ ist also vom hyperbolischen Typus.

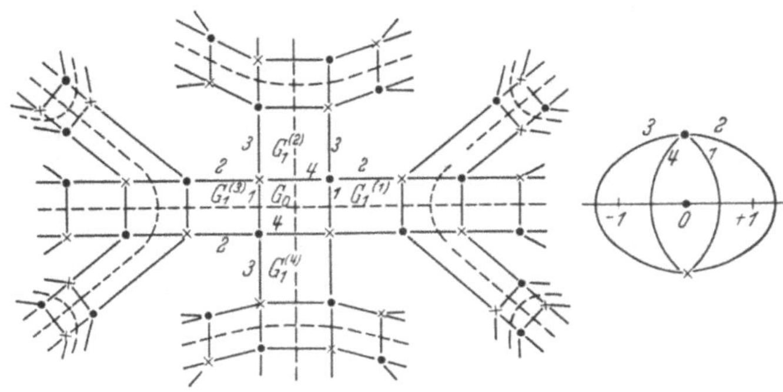

Abb. 11.

Der Streckenkomplex $S$ wird nun wie folgt ausgeschöpft: Das algebraische Elementargebiet $G_0$ bildet die nullte Generation; die anstoßenden vier algebraischen Elementarpolygone $G_1^{(1)}$, $G_1^{(2)}$, $G_1^{(3)}$, $G_1^{(4)}$ bilden die erste Generation. Daran grenzen vier algebraische Elementargebiete, denen vier zweiblättrige Windungspunkte über $w = 0$ entsprechen. Sie bilden die zweite Generation usw. Mit $n \geqq 1$ gehören zur $2n$-ten Generation $3^{n-1} \cdot 4$ Elementargebiete, denen algebraische Windungspunkte über $\omega = 0$ entsprechen, zur $(2n - 1)$-ten Generation $3^{n-1} \cdot 4$ Elementargebiete, denen algebraische Windungspunkte über $\pm 1$ entsprechen. Durch gradlinige Schnitte, die von jedem Windungspunkt über $\omega = 0$ ausgehen und in die Windungspunkte über $\omega = \pm 1$ einmünden — ihr Verlauf ist in $S$ durch die punktierten Linien angedeutet — zerfällt $F_4$ in unendlich viele Flächenstücke; jedes dieser Flächenstücke hat über $\omega = \infty$ einen logarithmischen Windungspunkt. $\zeta = \log \omega$ ist auf diesen Teilflächen eine eindeutige Funktion und bildet sie in die mit gradlinigen Schlitzen versehene $\zeta$-Ebene ab. Diese Schnitte fallen, wenn man $\zeta = \log \omega + c$, $c$ eine passende Konstante, betrachtet, mit den Strahlen $\zeta = \xi + ij\frac{\pi}{2}$, $j = \pm 1, \pm 2, \ldots, -\infty < \xi \leqq 0$, zusammen. $F_\mu = \sum\limits_{\varkappa = 1}^{k(\mu)} F_{\mu\varkappa}$ bezeichne alle $k(\mu)$ Flächenstücke, an deren Rand Windungspunkte der Generation $\geqq 2\mu$ anstoßen, wobei mindestens einmal das Gleichheitszeichen gilt. Für $\mu = 0$ ist $k(\mu) = 4$ und für $\mu \geqq 1$ gilt $k(\mu) = 8 \cdot 3^{\mu-1}$.

Nun wird die Fläche $W$ betrachtet, die aus $F$ dadurch entsteht, daß die zweiblättrigen Windungspunkte der $(2\nu - 1)$-ten Generation mit den Grundpunkten $\pm 1$ über die Grundpunkte $w = \pm p_\nu$ geschoben werden; $1 < p_1 < p_2 < \cdots$ ist eine monoton gegen $\infty$ wachsende Folge. Die von allen Windungspunkten über $w = 0$ ausgehenden und in die Windungspunkte über $w = p_\nu$ einmündenden gradlinigen Schnitte zerlegen jetzt auch $W$ in unendlich viele Flächenstücke, auf denen $\zeta = \log \omega + c$ eindeutig ist und die jetzt mit $W_{\mu\varkappa}$ bezeichnet werden. Es ist $k(0) = 4$ und $k(\mu) = 8 \cdot 3^{\mu-1}$ für $\mu \geq 1$. Die $\zeta$-Bilder der Flächenstücke $W_{\mu\varkappa}$ seien $Z_{\mu\varkappa}$, $\zeta = \xi + i\eta$ und $\xi \neq \log p_\nu$. Die Schlitze in der $\zeta$-Ebene schneiden aus der Geraden $\Re\,\zeta = \xi$ eine endliche, zur reellen Achse symmetrische Strecke $\Gamma_\xi^{\mu\varkappa}$ der Länge $\pi L_\mu(\xi)$ heraus. Für $\xi = \log p_\nu$ wird $\Gamma_\xi^{\mu\varkappa} = \lim\limits_{\xi \to \log p_\nu - 0} \Gamma_\xi^{\mu\varkappa}$ gesetzt. Es ist $L_\mu(\xi) = 1$ für $\xi \leq \log p_{\mu+1}$ und $L_\mu(\xi) = 2(\nu - \mu) + 1$ für $\log p_\nu < \xi \leq \log p_{\nu+1}$, $\nu \geq \mu + 1$. Ist $m(\xi)$ das kleinste $\mu$, für welches $\log p_{\mu+1} \geq \xi$ gilt, so geht die Vereinigung $\sum\limits_{\mu=0}^{m(\xi)} \sum\limits_{\varkappa=1}^{k(\mu)} \Gamma_\xi^{\mu\varkappa}$ der Strecken $\Gamma_\xi^{\mu\varkappa}$ auf $W$ in eine geschlossene Kurve $\Gamma_\xi$ (mehrfach durchlaufener Kreis) über. Für beliebiges $\xi' < \xi''$ bestimmen $\Gamma_{\xi'}$, $\Gamma_{\xi''}$ ein Ringgebiet $(\Gamma_{\xi'}, \Gamma_{\xi''})$, dessen Modul $M(\xi', \xi'') \geq \dfrac{1}{2} \displaystyle\int_{\xi'}^{\xi''} \dfrac{d\xi}{2 \cdot 3^{m(\xi)} - 1}$ ist. Wenn $M(\xi', \xi'')$ für $\xi'' \to \infty$ gegen $\infty$ strebt, ist die Fläche $W$ vom parabolischen Typus. Das läßt sich stets erreichen, z. B. durch $m(\xi) \leq \dfrac{\log \xi}{\log 3}$, d. h. $\log p_\mu > \exp(3^\mu)$. Ist also $\displaystyle\int^{\infty} \dfrac{d\xi}{3^{m(\xi)}}$ divergent, so ist $W$ vom Grenzpunkttypus. $W$ gehört sicher zum hyperbolischen Typus, so lange $\sum\limits^{\infty} \left(\log \dfrac{p_{n+1}}{p_n}\right)^2 \dfrac{1}{n^2}$ konvergiert, was z. B. für $p_n \leq \exp(n^\alpha)$, $\alpha < \tfrac{1}{2}$, der Fall ist.

4. Ein handliches Typenkriterium ist das folgende (R. Nevanlinna [3], Wittich [1]). Man geht von einem beliebigen Knoten des Streckenkomplexes $S$ aus und bezeichnet ihn als Knoten der Generation Null. Die Nachbarknoten werden zur ersten Generation zusammengefaßt, die dazugehörigen noch nicht erfaßten Nachbarknoten bilden die zweite Generation usw. So erhält man eine generationsweise Ausschöpfung des Komplexes $S$. $S_n$ ist der Teil des Komplexes $S$, dem nur Knoten mit Generationszahlen $\leq n$ angehören. $S_n$ entsteht also aus $S$ dadurch, daß die Bündel zwischen Knoten der Generation $n$ und $n + 1$ durchschnitten werden. Liegt $S_n$ in einem endlichen Kreis, so bilden die $\sigma(n)$ Knoten, die von Punkten außerhalb des Kreises ohne Überquerung von Bündeln erreichbar sind, den „äußeren Rand" von $S_n$. Für den zur $\wp$-Funktion gehörigen Streckenkomplex ist $\sigma(n) = 8n - 4$, $n > 1$.

Mit den angegebenen Bezeichnungen gilt der Satz: Die Fläche $F$ mit dem Streckenkomplex $S$ gehört sicher zum parabolischen Typus, wenn die unendliche Reihe $\sum\limits^{\infty} \dfrac{1}{\sigma(n)}$ divergiert.

Aus dem nebenstehenden Streckenkomplex findet man $\sigma\,(n) \leqq 5\,n + C$; die Fläche ist vom parabolischen Typus.

Das angegebene Typenkriterium folgt aus einem allgemeinen Satz über offene RIEMANNsche Flächen von R. NEVANLINNA [5] und ist natürlich auch in einigen Hebbarkeitskriterien (vgl. VII., 7.) enthalten. Ein direkter Beweis soll kurz skizziert werden.

Es sei $a_j = \exp\dfrac{2\pi i}{q}\,j$, $j = 1, \ldots, q$, $w_i = 0$, $w_a = \infty$. Als Gliedkurven $(j)$ werden die Halbstrahlen $\arg w = \dfrac{\pi}{q}\,(2j + 1)$, $j = 1, \ldots, q$, gewählt. Die durch $(S, a_j, |w| = 1)$ gegebene Fläche $F$ wird durch

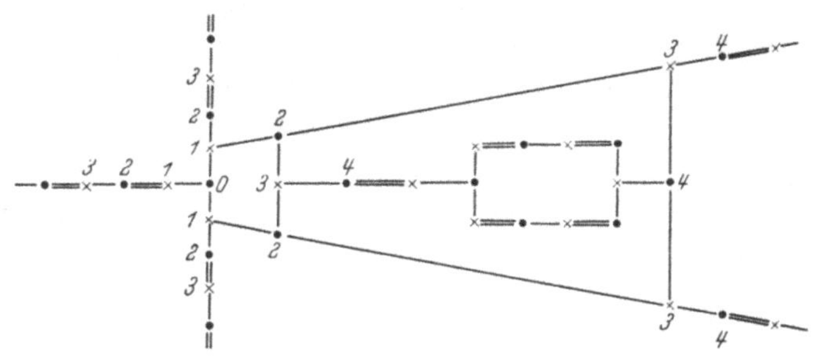

Abb. 12.

Schnitte längs $\arg w = \dfrac{2\pi}{q}\,j$ zerlegt. Diese Zerlegung in schlichte Winkelräume $\dfrac{2\pi}{q}\,j < \arg w < \dfrac{2\pi}{q}\,j'$ wird so vorgenommen, daß auf den Schenkeln des Winkelraumes ein Windungspunkt liegt; es wird also jeweils der größte Winkelraum ausgewählt, der gerade noch schlicht ist. Die Öffnungswinkel sind demnach $\dfrac{2\pi}{q}\,\mu$, $\mu = 1$ oder $2\ldots$ oder $q - 1$. Nun wird jeder dieser Winkelräume durch die Winkelhalbierende zerlegt. Dadurch erhält man eine Zerlegung von $F$ in eine abzählbare Menge von schlichten Winkelräumen $F_1$, $F_2$, $\ldots$ mit den Winkeln $\dfrac{\pi}{q}\,\nu$, $\nu = 1, 2, \ldots, q - 1$. Auf genau einem Schenkel liegt ein Verzweigungspunkt. Ist z. B. $0 < \arg w < \dfrac{\nu\,\pi}{q}$ ein solches Gebiet und $w = 1$ ein Windungspunkt, so bildet $|w^*| = |w|$, $\arg w^* = \dfrac{q}{2\nu}\,\arg w$ dieses Gebiet quasikonform in $0 < \arg w^* < \dfrac{\pi}{2}$ ab, wobei

$$D_{w/w^*} = \mathrm{Max}\left(\frac{q}{2\nu},\ \frac{2\nu}{q}\right)$$

gilt. Durch $\omega = \dfrac{1}{\pi}\log\dfrac{1 + w^*}{1 - w^*}$ entsteht das Streifengebiet $0 < \Re\,\omega < \infty$, $0 < \Im\,\omega < 1$. Das Bild des Windungspunktes ist $\omega = \infty$; der von einem Windungspunkt freie Schenkel geht in $\omega = it$, $0 \leqq t \leqq 1$ über. Auf diese Weise lassen sich alle schlichten Winkelräume $F_1, F_2, \ldots$

quasikonform in Streifengebiete $0 < \Re\,\omega < \infty$, $0 < \Im\,\omega < 1$ abbilden. Nun wird der Streckenkomplex $S$ generationsweise ausgeschöpft. Die nullte Generation sei ein Innenknoten, und bei der Abbildung $F \to |z| < R$ gehe der zugeordnete Flächenpunkt $w_i = 0$ in $z = 0$ über. Die Streifengebiete werden ebenfalls generationsweise angeordnet. Das $\omega$-Bild eines Winkelraumes $F_\mu$ wird durch eine Translation $\omega \to \omega + ni$ in $n < \Im\,\omega < n + 1$ abgebildet, wenn $w = 0$ bzw. $w = \infty$ zur $n$-ten bzw. $(n + 1)$-ten Generation gehört. Gehört $w = 0$ bzw. $w = \infty$ zur $(n + 1)$-ten bzw. $n$-ten Generation, dann wird vor der Translation eine Spiegelung an $\Im\,\omega = \frac{1}{2}$ vorgenommen. Nun werden die Streifen nach der durch den Streckenkomplex $S$ gegebenen Vorschrift verheftet, was nach dem Randverhalten der quasikonformen Hilfsabbildungen ohne weiteres möglich ist. Man erhält über dem ersten Quadranten der $\omega$-Ebene eine Fläche $\Omega$, die quasikonformes Bild der gegebenen Fläche $F$ ist. Die Strahlen $\arg w = \dfrac{2\pi}{q}\,\nu$ gehen in die Strahlen $\Im\,\omega = n$ über. $z = z(w) = z\big(w(\omega)\big) = f(\omega)$ bildet $\Omega$ quasikonform in $|z| < R$ ab, wobei

$$D_{\omega/z} \leqq C = \operatorname*{Max}_{\nu=1}^{q-1}\left(\frac{q}{2\nu},\ \frac{2\nu}{q}\right)$$

gilt. Die Gerade $\Re\,\omega + \Im\,\omega = \varrho > 0$ bestimmt auf $\Omega$ ein System von geschlossenen Kurven. Darunter gibt es für jedes $\varrho$ eine Kurve $\Gamma_\varrho$ der Länge $L(\varrho)$, deren $z$-Bild $z = 0$ von $|z| = R$ trennt. Es ergibt sich also

$$2\pi \leqq \int\limits_{\Gamma_\varrho} \left|\frac{d\log z}{d\omega}\right|\,|d\omega|,$$

$$4\pi^2 \leqq L(\varrho)\int\limits_{\Gamma_\varrho}\left|\frac{d\log z}{d\omega}\right|^2|d\omega| \leqq L(\varrho)\,C\int\limits_{\Gamma_\varrho}\frac{\boxed{\dfrac{d\log z}{d\omega}}}{\phantom{x}}|d\omega|.$$

Daraus folgt $\displaystyle\int\limits_{\varrho_1}^{\infty}\frac{d\varrho}{L(\varrho)} \leqq K\log\frac{R}{R_1}$. Die Fläche $F$ ist mithin vom parabolischen Typus, wenn $\displaystyle\int^{\infty}\frac{d\varrho}{L(\varrho)}$ divergiert. Da für $\varrho \leqq n$ die Beziehung $L(\varrho) \leqq \sqrt{2}\,(1 + 2q)\,\sigma(n)$ gilt, kann man aus der Divergenz der Reihe $\displaystyle\sum^{\infty}\frac{1}{\sigma(n)}$ auf den Grenzpunkttypus der Fläche $F$ schließen.

Dieses Typenkriterium gilt auch noch, wenn von den Grundpunkten nur vorausgesetzt wird, daß sie punktfremden, einfach zusammenhängenden Gebieten $G_j$ angehören. In dem Streckenkomplex ist dann für jedes Elementargebiet anzumerken, über welchem Grundpunkt der dem Elementargebiet zugeordnete Windungspunkt liegt.

5. Für speziellere Flächen lassen sich weitergehende Aussagen ableiten. Dazu werden die Flächen $F_q$ mit folgenden zusätzlichen Eigenschaften betrachtet: a) Es gibt keine algebraischen Windungspunkte. b) Der Streckenkomplex ist frei von logarithmischen Enden. c) Von jedem Knoten gehen zwei oder $q$ Bündel aus.

$v_0$ sei ein fest gewählter Verzweigungsknoten des Streckenkomplexes $S$, von dem also nach c) $q$ Strecken ausgehen. Ist der andere Endpunkt von einer dieser Strecken kein Verzweigungsknoten, so geht von diesem Knoten ein Bündel mit $(q-1)$ Strecken aus. Daran schließt sich wie-

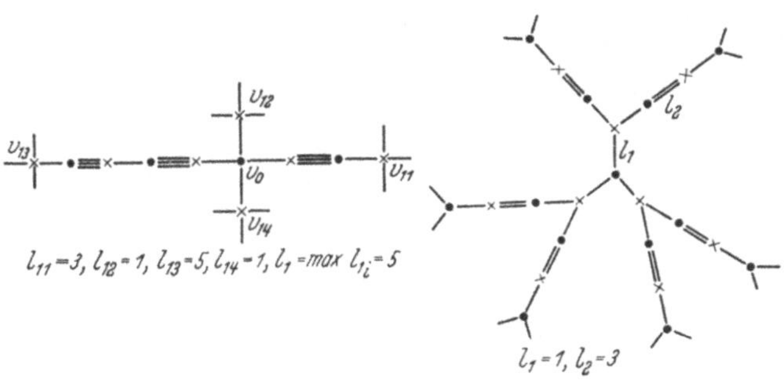


Abb. 13.

der eine Strecke an usw. Nach b) kommt man nach endlich vielen Schritten zu einem Verzweigungsknoten. Man erhält so $q$ Verzweigungsknoten $v_{11}, v_{12}, \ldots, v_{1q}$. Die Zahl der Bündel zwischen $v_0$ und $v_{1i}$ sei $l_{1i}$. Von jedem Verzweigungsknoten $v_{1i}$ gehen nach c) $(q-1)$ neue Strecken ungebündelt aus. Nach $l_{2i}$ Bündeln kommt man zu Verzweigungsknoten $v_{2i}$ usw. Nach a) wird auf diese Weise der ganze Streckenkomplex ohne Wiederholungen genau einmal ausgeschöpft. Ist $l_k = \operatorname*{Max}_{i} l_{ki}$ und $L_k = \operatorname*{Max}_{\varkappa \leq k} l_\varkappa$, so gilt nach KOBAJASHI [1]: Die Fläche ist vom hyperbolischen Typus, wenn $\sum_1^\infty \dfrac{k\,L_k}{(q-1)^k}$ konvergiert. Dieses Kriterium wurde von LE-VAN THIEM [1] verschärft zu: Aus der Konvergenz der Reihe $\sum_1^\infty \dfrac{l_k}{(q-1)^k}$ folgt, daß die Fläche vom Grenzkreistypus ist.

Die Beweise benützen passende quasikonforme Abbildungen der von KAKUTANI [1] eingeführten Faltungsflächen (man vgl. dazu auch R. NEVANLINNA [2]). Ist $l_{ki} = l_k$ und $v_k = l_1 + l_2 + \cdots + l_k$ (die $v_k$-ten Generationen sind verzweigt), so folgt aus der Konvergenz der beiden Reihen

$$\sum_1^\infty \frac{1}{(q-1)^k}\,\frac{v_k}{l_k} \quad \text{und} \quad \sum_1^\infty \frac{\log l_k}{(q-1)^k},$$

daß die Fläche vom hyperbolischen Typus ist. Wächst $l_k$ monoton mit $k$, so ist zufolge $v_k \leq k\,l_k$ die erste Reihe konvergent. Da mit

$\sum\limits_1^\infty \dfrac{1}{\sigma(n)}$ auch $\sum\limits_1^\infty \dfrac{\log l_k}{(q-1)^k}$ konvergiert, ist unter den Annahmen a), b), c), $l_{ki} = l_k$ und $l_{k+1} \geq l_k$ die Fläche $F_q$ dann und nur dann vom parabolischen Typus, wenn die Reihe $\sum\limits_1^\infty \dfrac{1}{\sigma(n)}$ divergiert. Bei diesen sehr symmetrisch gebauten Flächen gestattet also die Größe $\sigma(n)$, die ein Maß für die Verzweigungsstärke der Fläche ist, die Lösung des Typenproblems.

6. R. Nevanlinna [2] führt ein anderes Verzweigungsmaß ein. In einem endlichen Streckenkomplex gehöre ein Knoten $P$ zum Rand eines algebraischen Elementargebietes mit $2m$ Seiten. $P$ wird die Verzweigtheit $V_P = \sum\limits_A \left(1 - \dfrac{1}{m}\right)$ zugeordnet; die Summe ist über diejenigen Elementargebiete $A$ zu erstrecken, deren Rand der Knoten $P$ angehört. Nun bildet man mit der Gesamtzahl $2n$ der Knoten, die gleich der doppelten Blattzahl ist, die mittlere Verzweigtheit $V$ der Fläche

$$V = \frac{1}{2n} \sum_P V_P = \frac{1}{n} \sum (m-1).$$

Diese Definition wird auf offene Flächen $F_q$ durch eine passende Ausschöpfung des Streckenkomplexes übertragen. Ist $S_\nu$ der Teilkomplex $S$, der nur Knoten der Generationen $\leq \nu$ enthält, so bilde man für jeden der $n_\nu$ Knoten von $S_\nu$ die Verzweigtheit $V_P$; dabei ist, falls $P$ zum Rande eines logarithmischen Elementargebietes gehört, $m = \infty$ zu setzen. Jeder Generationszahl $\nu$ wird dann die Größe $V_\nu = \dfrac{1}{n_\nu} \sum\limits_{S_\nu}' V_P$ zugeordnet. Existiert $\lim\limits_{\nu \to \infty} V_\nu = V$, so heißt $V$ die mittlere Verzweigtheit der Fläche $F_q$, während sonst die Größen $\varliminf\limits_{\nu \to \infty} V_\nu$ bzw. $\varlimsup\limits_{\nu \to \infty} V_\nu$ zu betrachten sind. Für die universelle Überlagerungsfläche $F_q^\infty$ der in $q \geq 2$ Punkten punktierten Ebene ist $V = q$, so daß $V = 2$ parabolischen und $V > 2$ hyperbolischen Typus bei dieser Flächenklasse $F_q^\infty$ bedingt. Sind für $F_q$ die Voraussetzungen a), b), c) und $l_{ki} = l_k \to \infty$ bei $k \to \infty$ erfüllt, so läßt sich die mittlere Verzweigtheit leicht bestimmen. Mit

$$l_1 + l_2 + \cdots + l_j \leq \nu = l_1 + l_2 + \cdots + l_j + \lambda \leq l_1 + l_2 + \cdots + l_{j+1} - 1$$

gilt nämlich ($q = 3$ gesetzt)

$$\sum_{S_\nu} V_P = 2(1 + 3 l_1 + \cdots + 3 \cdot 2^{j-1} l_j + 3 \cdot 2^j \cdot \lambda) + 3 \cdot 2^j - 1$$

und

$$n_\nu = 1 + 3 l_1 + \cdots + 3 \cdot 2^{j-1} l_j + 3 \cdot 2^j \cdot \lambda,$$

also

$$2 \leq \frac{1}{n_\nu} \sum_{S_\nu} V_P \leq 2 + \frac{3 \cdot 2^j - 1}{3 \cdot 2^{j-1} l_j}.$$

Wegen $l_j \to \infty$ folgt $\lim\limits_{\nu \to \infty} V_\nu = 2$. Setzt man $l_j = (2j - 1)$, so ergibt sich aus $\sum\limits_1^\infty \frac{l_j}{2^j} = \sum\limits_1^\infty \frac{2j - 1}{2^j} < \infty$, daß eine Fläche vom hyperbolischen Typus mit der mittleren Verzweigtheit $V = 2$ vorliegt. Die Vermutung, daß $V = 2$ für den parabolischen und $V > 2$ für den hyperbolischen Fall hinreichend sei, erweist sich daher jedenfalls dann als falsch, wenn man sich bei der Definition der mittleren Verzweigtheit auf generationsweise Ausschöpfung des Streckenkomplexes festlegt.

Wählt man die $l_k$ derart, daß die Reihe $\sum\limits_1^\infty \frac{1}{\sigma(n)}$ divergiert, so erhält man eine Fläche vom parabolischen Typus; die logarithmischen Elementargebiete ihres Streckenkomplexes $S$ lassen sich eindeutig den logarithmischen Elementargebieten des Streckenkomplexes $S^\infty$ zuordnen, der zur Fläche $F_q^\infty$ gehört. Auf diese Folgerung aus dem $\sigma(n)$-Kriterium wies ULLRICH [2] hin und widerlegte damit eine Vermutung von SPEISER [1] u. [2]: Die RIEMANNsche Fläche ist vom hyperbolischen Typus, wenn die Endfolgemenge die Mächtigkeit des Kontinuums hat, vom parabolischen Typus, wenn diese Menge abzählbar oder endlich ist. Dabei ist unter einer Endfolge ein beliebiger Weg im Streckenkomplex zu verstehen, bei dessen Durchlaufung Knoten der Generationen $0, 1, 2, \ldots$ angetroffen werden.

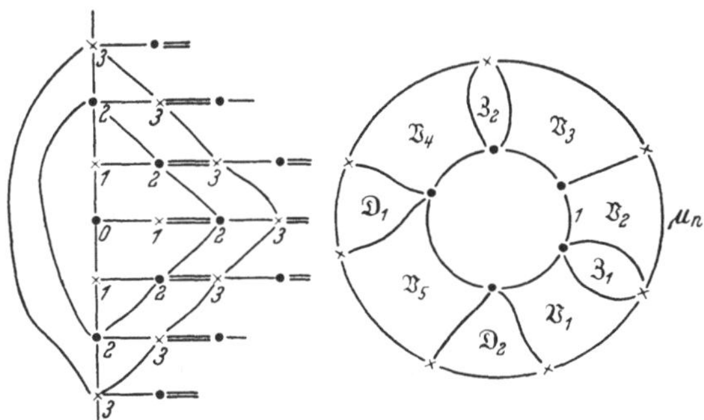

Abb. 14.

Für beliebige Flächen $F_q$ kann man bei alleiniger Benutzung der Größe $\sigma(n)$ keine vollständige Lösung des Typenproblems erwarten. Das zeigt die von der Funktion $w = \exp(e^z)$ erzeugte Fläche mit dem Streckenkomplex in Abb. 14. (Es ist $\sigma(n) = (n + 1)^2$ für $n \geqq 1$. Die Reihe $\sum\limits_1^\infty \frac{1}{\sigma(n)}$ konvergiert, und das Kriterium gibt keine Aussage über den Typus der Fläche.)

**7.** Für eine beliebige offene RIEMANNsche Fläche $F$ betrachtet SARIO [1] Ausschöpfungen durch eine Folge von Teilgebieten $F_n \subset F_{n+1}$ mit folgenden Eigenschaften: 1. Der Rand $\Gamma_n$ von $F_n$ setzt sich aus endlich vielen geschlossenen, stückweise analytischen Kurven zusammen, $\Gamma_0, \Gamma_1, \ldots$ sind punktfremd. 2. $F - F_n$ besteht aus einer Anzahl von nichtkompakten Gebieten. 3. Für jedes kompakte Teilgebiet $\bar{F} \subset F$ gilt von einem bestimmten $n$ an $\bar{F} \subset F_n$. Dann gilt das Hebbarkeitskriterium: Wenn eine Ausschöpfung von $F$ existiert, für welche das Produkt $\prod_1^\infty \mu_n$ der Minimalmoduln $\mu_n$ divergiert, dann ist der Rand von $F$ hebbar. Eine einfach zusammenhängende offene Fläche $F$ gehört danach zum Grenzpunkttypus, wenn eine Ausschöpfung mit den angegebenen Eigenschaften existiert. Ist umgekehrt $F$ vom parabolischen Typus, so gibt es sicher eine Ausschöpfung $F_n$ mit divergentem Modulprodukt: Ist $F_n$ Bild von $|z| \leq n + 1$, erzeugt durch $w = w(z)$, so erhält man in $F_{n+1} - F_n$ ein Flächenstück, das einem Kreisring $1 < |\zeta| \leq e^{M_n}$ konform äquivalent ist. Der Minimalmodul $\mu_n$ des SARIOschen Satzes fällt mit $e^{M_n}$ zusammen. Aus $\mu_n = 1 + \dfrac{2}{n+1}$ folgt, daß $\prod_1^\infty \mu_n$ divergiert. (Sind alle Flächenstücke $E_n = F_{n+1} - F_n$ Kreisringen $1 < |\zeta| < \mu_n$ konform äquivalent, so stellt die Behauptung des Typenkriteriums eine einfache Folgerung aus dem Zusammenhang zwischen Modul und logarithmischem Flächeninhalt des Ringgebietes dar. Das $z$-Bild von $E_n$ habe den logarithmischen Flächeninhalt $J_n$. Dann gilt $2\pi M_n = 2\pi \log \mu_n \leq J_n$, also

$$2\pi \log \left(\prod_{n_0}^N \mu_n\right) < 2\pi \log \frac{r(N)}{r(n_0)} \quad \text{oder} \quad \prod_1^N \mu_n < K\,r(N).$$

Die Fläche ist also vom parabolischen Typus, wenn $\prod_1^\infty \mu_n$ divergiert.)

Die im Anschluß an das Typenkriterium naheliegende Frage, ob zu jeder zulässigen Ausschöpfung $F_n$ einer Fläche $F$ vom parabolischen Typus ein divergentes Modulprodukt gehört, ist zu verneinen, wie von SARIO [2] durch die folgende Konstruktion gezeigt wurde.

Es sei $\varepsilon_n > 0$ und $\sum_0^\infty \varepsilon_n$ konvergent. Das von $\gamma_{2j-2} : |z| = 2^{j-1}$ und $\gamma_{2j} : |z| = 2^j$ begrenzte Ringgebiet wird durch eine Kurve $\gamma_{2j-1}$ so in zwei Ringgebiete $(\gamma_{2j-2}, \gamma_{2j-1})$ und $(\gamma_{2j-1}, \gamma_{2j})$ zerlegt, daß

$$\mu_{2j-2} = \exp\left(\mathrm{Mod}\left(\gamma_{2j-2}, \gamma_{2j-1}\right)\right) \leq 1 + \varepsilon_{2j-2}$$

und

$$\mu_{2j-1} = \exp\left(\mathrm{Mod}\left(\gamma_{2j-1}, \gamma_{2j}\right)\right) \quad \leq 1 + \varepsilon_{2j-1}$$

gilt. Nach VI. 3. ist das für $j = 1, 2, 3, \ldots$ möglich. Dem von $\gamma_n$ berandeten endlichen Gebiet $G(\gamma_n)$ entspricht durch $w = w(z)$ eine Teilfläche $F_n$ von $F$. Die Folge $F_n$ schöpft $F$ in zulässiger Weise aus. Mit $\sum_0^\infty \varepsilon_n$ ist auch das Modulprodukt $\prod_0^\infty \mu_n$ konvergent.

8. In diesem Zusammenhang sollen diejenigen einfach zusammenhängenden offenen Flächen $F$ etwas genauer betrachtet werden, die nur über den Grundpunkten $w = a_j = \exp j\,\dfrac{2\pi i}{q}$, $j = 1, 2, \ldots, q$, verzweigt

sind und keine algebraischen Windungspunkte besitzen. Nach der bei
WITTICH [1] angegebenen Vorschrift werden für $n = 1, 2, 3, \ldots$ geschlossene, stückweise analytische Kurven $\gamma_n$ im schlichten konformen
Bild der Fläche konstruiert, wobei $\gamma_n$ alle Knoten der $n$-ten Generation
trägt und nur diese. Die $w$-Bilder $\Gamma_n$ beranden Flächenstücke $F_n$,
die eine zulässige Ausschöpfung der Fläche leisten. $E_n = F_{n+1} - F_n$
ist mit $1 < |Z| < \mu_n$ konform äquivalent; $\Gamma_n$ soll bei der Abbildung
$|Z| = 1$ entsprechen. Durch die Bilder der Gliedkurven wird der
Kreisring in Teilgebiete zerlegt, nämlich in $v(n)$ Vierecke $\mathfrak{V}_j$, in Drei-
ecke $\mathfrak{D}_j$ und in Zweiecke $\mathfrak{Z}_j$ mit den Ecken auf $|Z| = 1$ und $|Z| = \mu_n$.
Diese Gebiete lassen sich durch einfache Funktionen quasikonform mit
beschränktem Dilatationsquotienten $Q$ in einfachere Gebiete abbilden.
Durch $\zeta_j = g_j(Z)$ werden die logarithmischen Elementargebiete, denen
ein Viereck $\mathfrak{V}$ oder ein Dreieck $\mathfrak{D}$ angehört, in $\Re \zeta_j > 0$ abgebildet,
wobei der bei der Ausschöpfung zuerst erfaßte Knoten auf dem Rande
des Elementargebietes in $\zeta_j = 0$ transformiert wird. Haben die den
auf $|Z| = 1$ gelegenen Ecken des Vierecks entsprechenden Knoten
im Streckenkomplex von dem $\zeta_j = 0$ zugeordneten Knoten den Knoten-
abstand $k_j$, so geht $\mathfrak{V}_j$ durch $\zeta_j = g_j(Z)$ in das Gebiet $k_j < |\zeta| < k_j + 1$,
$|\arg \zeta_j| < \dfrac{\pi}{2}$ über. Die $\zeta_j$-Bilder der in $\mathfrak{V}_j$ gelegenen Teilbögen $\alpha_j$ von
$|Z| = R$, $1 \leqq R \leqq \mu_n$, haben also eine Gesamtlänge $\geqq \pi k_j$. Aus

$$\pi \sum_{j=1}^{v} k_j \leqq \sum_{1}^{v} \int_{\alpha_j} \left| \frac{d\zeta_j}{d\log Z} \right| \, |d\log Z|$$

folgt wegen $\displaystyle\sum_{1}^{v(n)} \int_{\alpha_j} |d\log Z| \leqq 2\pi$

$$\frac{\pi}{2} \Big( \sum_{1}^{v(n)} k_j \Big)^2 \leqq \sum_{1}^{v(n)} \int_{\alpha_j} \left| \frac{d\zeta_j}{d\log Z} \right|^2 |d\log Z|$$

und durch Integration nach $\log R$, $1 \leqq R \leqq \mu_n$, zusammen mit

$$\left| \frac{d\zeta_j}{d\log Z} \right|^2 \leqq Q \, \frac{\boxed{d\zeta_j}}{\boxed{d\log Z}},$$

$$(\log \mu_n) \frac{\pi}{2} \Big( \sum_{1}^{v} k_j \Big)^2 \leqq Q \sum_{1}^{v} \iint \boxed{d\zeta_j} = \pi Q \sum_{1}^{v} (2k_j + 1) \leqq 3 Q \pi \sum_{1}^{v} k_j.$$

Danach gilt $\log \mu_n \leqq 6Q \, \dfrac{1}{\displaystyle\sum_{1}^{v} k_j} \leqq \dfrac{B}{\sigma(n)}$, weil $\displaystyle\sum_{1}^{v(n)} k_j \geqq \sigma(n)$ ist. Man erhält daher $\log \prod_1^N \mu_n \leqq B \sum_1^N \frac{1}{\sigma(n)}$ und entsprechend $A \sum_1^N \frac{1}{\sigma(n)} \leqq \log \prod_1^N \mu_n$.

$\sum_1^\infty \frac{1}{\sigma(n)}$ und $\prod_1^\infty \mu_n$ zeigen also gleiches Konvergenzverhalten. Danach gibt es zu jeder Fläche $F$ der betrachteten Klasse, die zum parabolischen Typus gehört und die Eigenschaft $\sum_1^\infty \frac{1}{\sigma(n)} < \infty$ hat, eine zulässige Ausschöpfung mit konvergentem Modulprodukt. Ein Beispiel ist die von $w = \exp(e^z)$ (bzw. einer linearen Transformierten) erzeugte Fläche. Wegen $\sigma(n) = (n+1)^2$ ist $\prod_1^\infty \mu_n$ bei generationsweiser Ausschöpfung konvergent (Abb. 14).

Die Literatur über die Typenfrage ist so umfangreich, daß nur auf einige Arbeiten besonders hingewiesen werden kann: AHLFORS [4], BLANC [1] u. [2], LAASONEN [1], P. J. MYRBERG [1], PFLUGER [4], ROYDEN [1], F. E. ULLRICH [1].

# VIII. Das Umkehrproblem der Wertverteilung.

Im Anschluß an die Defektrelation $(D')$ $\sum_a \delta(a) + \sum_a \vartheta(a) \leqq 2$ stellt sich das folgende Problem: Jedem Punkt $a_j$ einer gegebenen Punktfolge $a_1, a_2, \ldots$ werden zwei Zahlen $\delta_j \geqq 0$, $\vartheta_j \geqq 0$, $0 \leqq \delta_j + \vartheta_j \leqq 1$, zugeordnet, so daß $\sum_1^\infty \delta_j + \sum_1^\infty \vartheta_j = 2$ wird. Es soll eine in $|z| < \infty$ meromorphe Funktion $w(z)$ konstruiert werden, für welche $\delta(w, a_j) = \delta_j$ und $\vartheta(w, a_j) = \vartheta_j$ gilt. Dieses Problem heißt das Umkehrproblem der Wertverteilung. Eine Lösung der Aufgabe in dieser allgemeinen Form ist noch nicht gelungen. Es liegt nahe, sich zunächst auf endlich viele Punkte $a_1, a_2, \ldots, a_q$ zu beschränken. Unter dieser Annahme führt eine von ULLRICH [4] eingeführte Flächenklasse zu einer wichtigen Teillösung der Aufgabe.

1. Die von ULLRICH betrachtete Klasse der Flächen mit $p \geqq 1$ periodischen Enden kann so beschrieben werden. Ist $R(t)$ eine rationale Funktion, so erzeugt die in $|z| < \infty$ meromorphe Funktion $w = R(e^z)$ eine RIEMANNsche Fläche mit zwei logarithmischen Windungspunkten über $w = R(0)$ und $R(\infty)$, wobei auch $R(0) = R(\infty)$ sein kann. So erhält man z. B. mit $R(t) = \frac{1}{2}\left(t + \frac{1}{t}\right)$ die Funktion $w = \mathfrak{Co}\mathfrak{f}\,z$. Durch eine Kurve, welche die beiden logarithmischen Windungspunkte verbindet, wird die Fläche in zwei Halbflächen zerlegt. Eine solche Halbfläche heißt ein periodisches Ende. Die Flächen $F$ mit endlich vielen periodischen Enden sind solche, die sich aus endlich vielen Halbflächen

der betrachteten Art aufbauen lassen. Jede solche Fläche $F$ gehört zu der Flächenklasse $F_q$. Zu $R(e^z)$ gehört ein periodischer Streckenkomplex (er hat, wenn wir ihn in der $z$-Ebene betrachten, die Periode $2\pi i$), und der Halbfläche entspricht die „Hälfte" eines solchen Komplexes. Für einen solchen Teil des Komplexes wird auch die Bezeichnung periodisches Ende gebraucht. Zu $F$ gehört also ein Streckenkomplex $S$, der, von einem endlichen Kern abgesehen, aus $p \geqq 1$ log-

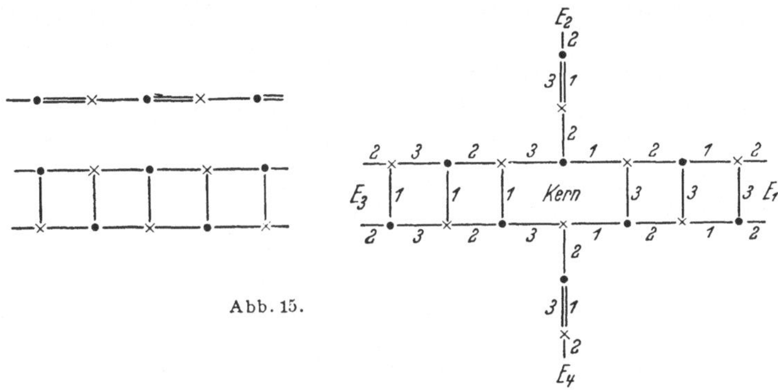

Abb. 15.

arithmischen Elementargebieten besteht, die durch $p$ beliebige periodische Enden getrennt werden. Der aus endlich vielen Knoten bestehende Kern dient dazu, die $p$ periodischen Enden $E_\mu$ so zu einem Streckenkomplex $S$ zu vereinigen, daß durch $(S, a_j, \mathfrak{c})$ eine einfach zusammenhängende Fläche $F$ bestimmt wird.

Über die durch $(S, a_j, \mathfrak{c})$ gegebenen Funktionen $w(z)$ kann man sofort einige Aussagen machen. Nach dem Typenkriterium aus VII.4. ist jede Fläche $F$ mit endlich vielen periodischen Enden vom parabolischen Typus, wird also von einer in $|z| < \infty$ meromorphen Funktion $w = w(z)$ erzeugt. Da die Zahl der logarithmischen Windungspunkte $p$ ist, muß nach dem Randstellensatz von AHLFORS-DENJOY $w(z)$ mindestens vom Mitteltypus der Ordnung $\dfrac{p}{2}$ sein. Falls alle periodischen Enden in logarithmische Enden ausarten, ist die Ordnung genau $\dfrac{p}{2}$. Kommen dagegen unendlich viele algebraische Windungspunkte vor, so kann sich die Ordnung erhöhen.

Zur Berechnung der Defekte und Indizes von $w = w(z)$ müssen die Anzahlfunktionen $n(r, a)$ für beliebiges $a$ bestimmt werden. Nach IV.2. ist für alle $a \neq a_j$ $m(r, a) = O(1)$. Die Berechnung der Anzahlfunktionen gelingt auf folgendem Wege. Durch partielle Uniformisierung mit den Umkehrfunktionen von $w = R(e^z)$ und durch Anwendung passend gewählter quasikonformer Abbildungen läßt sich eine im wesentlichen bekannte Funktion $Z = Z(w)$ konstruieren, die die Fläche $F$, von einem endlichen Flächenstück abgesehen, schlicht und quasikonform in $R_0 \leqq |Z| < \infty$ abbildet. Für beliebiges $a$ und $R > R_0$ läßt sich die Zahl $\nu(R, a)$ der auf $R_0 \leqq |Z| \leqq R$ gelegenen $a$-Stellen der Funktion $w = w(Z)$ angeben. Der in VI.12. bewiesene Verzerrungssatz gestattet dann schließlich die Bestimmung der gesuchten Anzahlfunktionen $n(r, a)$. Dieser Lösungsansatz soll nun etwas eingehender verfolgt werden. (Man vgl. dazu LE-VAN THIEM [2], PÖSCHL [1] und WITTICH [4].)

2. Jedes periodische Ende $E_\mu$ ist die Hälfte eines Komplexes $S_\mu$; ihm entspricht eine Fläche $W_\mu$, die durch $w_\mu = R_\mu(e^{z_\mu})$ erzeugt wird, $R_\mu(t)$ eine rationale Funktion. Die Grundpunkte $a_j$ und die Zerschneidungskurve $\mathfrak{c}$ sollen für $F$ und $W_\mu$ übereinstimmen. Das bedingt, daß für $W_\mu$ Grundpunkte zu berücksichtigen sind, die schlicht überdeckt werden, also bei der Betrachtung von $W_\mu$ allein außer acht gelassen werden könnten. Ein beliebiges der $p$ periodischen Enden wird mit $E_1$ bezeichnet. Die Reihenfolge $E_1, E_2, \ldots, E_p$ der periodischen Enden soll dann durch positiven Umlauf um den Kern gegeben sein. Dem von $E_\mu, E_{\mu+1}$ bestimmten logarithmischen Elementargebiet entspricht ein logarithmischer Windungspunkt über $w = a^{(\mu)}$; $a^{(\mu)}$ ist einer der Grundpunkte $a_1, \ldots, a_q$. Dasjenige Ufer von $E_\mu$, das bei Umlauf des Kernes (in der $z$-Ebene) in mathematisch-positiver Richtung zuerst angetroffen wird, heißt das rechte Ufer von $E_\mu$, das andere linkes Ufer von $E_\mu$. In Abb. 15 ist $a^{(1)} = a_2$, $a^{(2)} = a_3$, $a^{(3)} = a_3$ und $a^{(4)} = a_2$. Das rechte bzw. linke Ufer einer Periode von $E_\mu$ besteht aus $2\omega_\mu$ bzw. $2\omega'_\mu$ Gliedern. Im Streckenkomplex $S_\mu$ bilde das rechte Ufer von $E_\mu$ rechte oder linke Begrenzung, je nachdem $\mu$ ungerade oder gerade ist. Das läßt sich durch eine lineare Transformation der $z_\mu$-Ebene erreichen. Dann gilt

$$a^{(\mu-1)} = R_\mu(\infty), \qquad a^{(\mu)} = R_\mu(0) \qquad \text{für ungerades } \mu,$$

$$a^{(\mu-1)} = R_\mu(0), \qquad a^{(\mu)} = R_\mu(\infty) \qquad \text{für gerades } \mu.$$

Für $\Re z_\mu \to \pm\infty$ erhält man Entwicklungen der Form

$$
\begin{aligned}
\frac{1}{w_\mu - a^{(\mu-1)}} &= d_\mu \exp\left((-1)^{\mu-1}\,\omega_\mu z_\mu\right)(1+\varepsilon) \quad \text{für } (-1)^{\mu-1}\Re z_\mu > 0, \\
\frac{1}{w_\mu - a^{(\mu)}} &= d'_\mu \exp\left((-1)^{\mu}\,\omega'_\mu z_\mu\right)(1+\varepsilon) \quad \text{für } (-1)^{\mu}\Re z_\mu > 0.
\end{aligned}
\tag{1}
$$

Im Falle $a^{(\mu)} = \infty$ ist $\dfrac{1}{w_\mu - a^{(\mu)}}$ durch $w_\mu$ zu ersetzen. Die Fehlerglieder $\varepsilon$ sind im allgemeinen verschieden; es gilt $\varepsilon \to 0$ für $\Re z_\mu \to \pm\infty$. Es ist nun zweckmäßig, an der Zerschneidungskurve $\mathfrak{c}$ erlaubte Abänderungen vorzunehmen, und zwar so, daß $\mathfrak{c}$ in passenden Umgebungen der Punkte $a_j$ gradlinig verläuft. Eine solche Abänderung bewirkt, daß sich die $z_\mu$-Bilder von $\mathfrak{c}$ für große $|z_\mu|$ Parallelen zur reellen $z_\mu$-Achse nähern. Mit $w - a^{(\mu-1)} = \varrho\, e^{i\alpha}$, $\alpha$ fest, gilt dann auf $\mathfrak{c}$

$$\frac{1}{|w_\mu - a^{(\mu-1)}|} = |d_\mu|\exp(i\,D_\mu\,\omega_\mu)\exp((-1)^{\mu-1}\,\omega_\mu\,z_\mu)\,(1+\varepsilon),$$

$$\frac{1}{|w_\mu - a^{(\mu)}|} = |d'_\mu|\exp(i\,D'_\mu\,\omega'_\mu)\exp((-1)^{\mu}\,\omega'_\mu\,z_\mu)\,(1+\varepsilon). \tag{2}$$

$D_\mu$, $D'_\mu$ sind feste, nur von $\mu$ abhängige reelle Größen.

Durch eine einfache geschlossene Kurve $K$ wird der Kern abgetrennt. In dem von $E_\mu$, $E_{\mu+1}$ bestimmten logarithmischen Elementargebiet wird eine einfache Kurve $C_\mu$ gezogen, die von einem Punkte auf $K$ ausgeht und in $z = \infty$ mündet. $C_\mu$ soll für hinreichend große $|z|$ mit einem $z$-Bild von $\mathfrak{c}$ zusammenfallen. Ein Teilbogen von $K$, $C_{\mu-1}$ und $C_\mu$ trennen dann das Ende $E_\mu$ vom Streckenkomplex ab. Die Schnitte längs $K$ und $C_\mu$ erzeugen auf $F$ ein Schnittsystem, das die Fläche in $p$ Teilflächen $E'_1$, $E'_2$, ..., $E'_p$ und ein endlich vielblättriges Flächenstück $T$ zerlegt.

Die Figur zeigt schematisch eine solche Zerlegung. Neben dem Streckenkomplex sind noch die Bilder von $\mathfrak{c}$ (die Ränder der „Fundamentalgebiete") eingezeichnet.

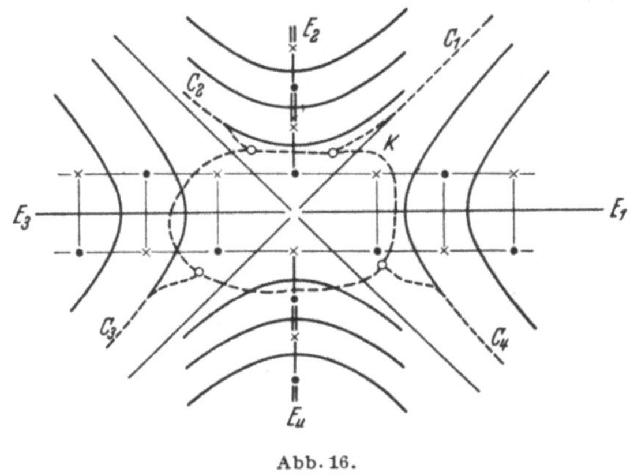


Abb. 16.

Da die $E'_\mu$ Teilflächen von $W_\mu$ sind, kann man sie durch die Umkehrfunktion von $R_\mu(e^{z_\mu})$ in schlichte Gebiete $G_\mu$ der $z_\mu$-Ebenen abbilden.

Die Gebiete $G_\mu$ werden nun weiter betrachtet. Dabei wird $\mu$ ungerade vorausgesetzt. Es gibt eine quasikonforme Abbildung $z_\mu \to z^*_\mu$, die $G_\mu$ in die Halbebene $\Im z^*_\mu > 0$ überführt, und zwar so, daß $|z_\mu| = |z^*_\mu|$ und $\arg z^*_\mu = \arg z_\mu(1+\varepsilon)$ gilt, wobei eine Umgebung des Nullpunktes auszuschließen ist. Aus (2) folgt dann für $\Im z^*_\mu = 0$, $z^*_\mu = x^*_\mu + i y^*_\mu$,

$$-x^*_\mu = \frac{1}{\omega_\mu}\log|d_\mu|\varrho + \frac{1}{\omega_\mu}\log|1+\varepsilon| + \varepsilon, \qquad x^*_\mu > 0,$$

$$x^*_\mu = \frac{1}{\omega'_\mu}\log|d'_\mu|\varrho + \frac{1}{\omega'_\mu}\log|1+\varepsilon| + \varepsilon, \qquad x^*_\mu < 0, \tag{3}$$

gültig für ungerade $\mu$. Nun wird $\Im z^*_\mu > 0$ durch eine zweite quasikonforme Abbildung so in $\Im \tilde{z}_\mu > 0$ transformiert, daß auf $\Im z^*_\mu = \Im \tilde{z}_\mu = 0$

die folgende Ränderzuordnung besteht:

$$x_\mu^* > 0: \quad \tilde{z}_\mu = z_\mu^* + \frac{1}{\omega_\mu}\log|1 + \varepsilon| + \varepsilon + \frac{1}{\omega_\mu}\log|d_\mu|,$$

$$x_\mu^* < 0: \quad \tilde{z}_\mu = z_\mu^* - \frac{1}{\omega_\mu'}\log|1 + \varepsilon| + \varepsilon - \frac{1}{\omega_\mu}\log|d_\mu'|.$$

$$(4)$$

Damit ist $G_\mu$ quasikonform in $\Im\,\tilde{z}_\mu > 0$ abgebildet worden, von einer passenden Umgebung des Nullpunktes abgesehen. Zwischen den Punkten $z_\mu$ und $\tilde{z}_\mu$ besteht die Zuordnung

$$|\tilde{z}_\mu| = |z_\mu|(1 + \varepsilon(z_\mu)), \qquad \arg\tilde{z}_\mu = \arg z_\mu(1 + \varepsilon(z_\mu)).$$

Ganz entsprechend werden die Gebiete $G_\mu$ betrachtet, wenn $\mu$ gerade ist; diese Gebiete gehen in untere Halbebenen $\Im\,\tilde{z}_\mu < 0$ über.

Wir setzen zunächst $p \geqq 2$ voraus. Auf $F - T = F'$ haben die Bilder von $G_\mu$ und $G_{\mu+1}$ als gemeinsamen Rand die Kurve $\Gamma_\mu$, das $w$-Bild von $C_\mu$. In der Umgebung von $w = a^{(\mu)}$ kann auf $\Gamma_\mu$ die Größe $\varrho$ als Parameter eingeführt werden. Dann folgt aus (4)

$$-\tilde{x}_\mu = \frac{1}{\omega_\mu}\log\varrho, \quad \text{wenn} \quad \tilde{x}_\mu > 0$$

und

$$\tilde{x}_\mu = \frac{1}{\omega_\mu'}\log\varrho, \quad \text{wenn} \quad \tilde{x}_\mu < 0.$$

$$(5)$$

Danach sind bei ungeradem $\mu$ die Punkte $\omega_\mu'\tilde{z}_\mu$ und $\omega_{\mu+1}\tilde{z}_\mu$ auf der negativ reellen Achse zu identifizieren. Ein durch $\varrho$ festgelegter Flächenpunkt auf $\Gamma_\mu$ geht also durch die Hilfsabbildungen in $\omega_\mu'\tilde{z}_\mu$ und in $\omega_{\mu+1}\tilde{z}_{\mu+1}$ über. Durch die Substitution

$$\zeta_1 = \tilde{z}_1, \quad \zeta_2 = \frac{\omega_2}{\omega_1'}\tilde{z}_2, \ldots, \quad \zeta_\mu = \frac{\omega_\mu}{\omega_{\mu-1}'}\frac{\omega_{\mu-1}}{\omega_{\mu-2}'}\cdots\frac{\omega_2}{\omega_1'}\tilde{z}_\mu, \ldots,$$

$$\zeta_p = \frac{\omega_p}{\omega_{p-1}'}\frac{\omega_{p-1}}{\omega_{p-2}'}\cdots\frac{\omega_2}{\omega_1'}\tilde{z}_p$$

$$(6)$$

erreicht man schließlich, daß die $p$ Halbebenen $(-1)^{\mu+1}\Im\,\zeta_\mu > 0$ abwechselnd über die negativ oder positiv reelle Achse verheftet werden können. Über der $s = \sigma + i\,\tau$-Ebene erhält man so eine aus $p$ Halbebenen aufgebaute RIEMANNsche Fläche, die noch die freien Ufer $\arg s = 0$ und $\arg s = p\,\pi$ hat. Auf diesen Ufern sind für $t \geqq t_0 > 0$ $s = t$ und $s = tA\,e^{p\pi i}$ zu identifizieren, $A = \dfrac{\omega_1\,\omega_2\ldots\omega_p}{\omega_1'\,\omega_2'\ldots\omega_p'}$. Um nun noch die schlichte Abbildung der ideal zusammenhängenden RIEMANNschen Fläche über der $s$-Ebene zu erzwingen, wird der Ansatz

$$s = Z^{a+ib} = \exp\big((a + i\,b)\,(\log R + i\,\Phi)\big)$$

gemacht. Mit $a = \dfrac{p}{2}$, $b = -\dfrac{\log A}{2\pi}$ erhält man eine schlichte quasikonforme Abbildung der Fläche $F'$ in die punktierte $Z$-Ebene, wobei eine Umgebung des Nullpunktes, die ganz in $|Z| < R_0$ liegt, auszulassen ist. Da $F$ durch $z = z(w)$ schlicht und konform in $|z| < \infty$ abgebildet wird, erhält man durch Zusammensetzung der Abbildungsfunktionen eine schlichte quasikonforme Abbildung des Gebietes $R_0 < |Z| < \infty$ in die $z$-Ebene, ausgenommen eine Umgebung des Punktes $z = 0$. Die quasikonformen Hilfsabbildungen sind so wählbar, daß der Dilatationsquotient $D_{Z/z}$ der Bedingung genügt:

$$h(R) = \iint\limits_{|Z| \geq R} (D_{Z/z} - 1) \; \boxed{d \log Z} = O(R^{-\beta p/2}), \qquad R \geq R_1;$$

dabei ist $\beta = 1 + \left(\dfrac{2}{p} \dfrac{\log A}{2\pi}\right)^2$. Nach dem Verzerrungsgesetz aus VI.12. gilt

$$|z| = \gamma |Z| (1 + \varepsilon(Z)), \qquad \lim_{|Z| \to \infty} \varepsilon(Z) = 0 \quad \text{und} \quad 0 < \gamma < \infty.$$

Nun lassen sich die gesuchten Anzahlfunktionen $n(r, a)$ usw. bestimmen. Dazu wird ausgenutzt, daß die Wertverteilung der Funktionen $R_\mu(e^{z_\mu})$ bekannt ist. Eine Periode des periodischen Endes $E_\mu$ enthalte $2 g^{(\mu)}$ Knoten, also $g^{(\mu)}$ Innen- und $g^{(\mu)}$ Außenknoten. Weiter mögen zu einer solchen Periode $j_{\mu k}$ algebraische Elementargebiete gehören, denen algebraische Windungspunkte der Ordnung $m_{\mu k}^{(a)} - 1$ über $w = a_k$ entsprechen; $k$ durchläuft die Werte $1, 2, \ldots, q$, $\mu$ die Werte $1, 2, \ldots, p$, während $\alpha$ bei festem $k$ die Zahlwerte $1, 2, \ldots, j_{\mu k}$ annimmt. Mit diesen Größen bildet man

$$g^{(\mu)}(a_k) = \sum_{\alpha=1}^{j_{\mu k}} m_{\mu k}^{(\alpha)} \quad \text{und} \quad g_1^{(\mu)}(a_k) = \sum_{\alpha=1}^{j_{\mu k}} (m_{\mu k}^{(\alpha)} - 1).$$

Die natürliche Zahl $g^{(\mu)}(a_k)$ gibt also an, wie oft der Wert $a_k$ in einer Periode von $E_\mu$ angenommen wird. Eine ähnliche Bedeutung hat $g_1^{(\mu)}(a_k)$. Da die Funktion $R_\mu(e^{z_\mu})$ die Periode $2\pi i$ hat, erhält man für die Zahl der auf $|z_\mu| \leq r$ gelegenen $a$-Stellen:

$$\left.\begin{aligned}
n^{(\mu)}(r, a) &= \frac{g^{(\mu)}}{\pi} r(1 + \varepsilon), \qquad a \neq a_1, a_2, \ldots, a_q, \\[2mm]
n^{(\mu)}(r, a_k) &= \frac{g^{(\mu)}(a_k)}{\pi} r(1 + \varepsilon), \\[2mm]
n_1^{(\mu)}(r, a_k) &= \frac{g_1^{(\mu)}(a_k)}{\pi} r(1 + \varepsilon), \\[2mm]
n^{(\mu)}(r) &= n^{(\mu)}(r, a) + O(1) \quad \text{mit} \quad n^{(\mu)}(r) = \operatorname*{Max}_a n(r, a).
\end{aligned}\right\} \tag{7}$$

Für alle Fehlergrößen $\varepsilon = \varepsilon(r)$ gilt $\lim\limits_{r \to \infty} \varepsilon(r) = 0$.

Für $w = w(Z)$ sei $\nu(R, a)$ die Zahl der $a$-Stellen auf $R_0 \leq |Z| \leq R$.

Mit

$$A_1 = 1, \qquad A_{p+1} = A, \qquad A_\mu = \frac{\omega_1\,\omega_2 \ldots \omega_{\mu-1}}{\omega_1'\,\omega_2' \ldots \omega_{\mu-1}'}, \qquad \mu = 2, 3, \ldots, p,$$

$$e_\mu = \frac{A^{\mu/p}}{A_\mu\,\omega_\mu} \quad \text{und} \quad B = \omega_1 A^{1/(2p)}$$

erhält man aus (7) und $s = Z^{\frac{p}{2}}\left(1 - i\,\frac{2}{p}\,\frac{\log A}{2\pi}\right)$

$$
\left.
\begin{aligned}
v(R, a) &= \frac{B}{2\pi}\left(\sum_{\mu=1}^{p} g^{(\mu)} e_\mu\right) R^\varkappa + O(1), \\[4pt]
v(R) &= v(R, a) + O(1), \qquad a \neq a_k, \\[4pt]
v(R, a_k) &= \frac{B}{2\pi}\left(\sum_{\mu=1}^{p} g^{(\mu)}(a_k) e_\mu\right) R^\varkappa + O(1), \\[4pt]
v_1(R, a_k) &= \frac{B}{2\pi}\left(\sum_{\mu=1}^{p} g_1^{(\mu)}(a_k) e_\mu\right) R^\varkappa + O(1)
\end{aligned}
\right\} \qquad (7')
$$

mit $\varkappa = \dfrac{\beta\,p}{2}$. Aus (7') und $|z| = \gamma\,|Z|\,(1 + \varepsilon)$ folgt schließlich mit $C = \dfrac{B}{2\pi}\,\gamma^{-\varkappa}$, $0 < C < \infty$,

$$
\left.
\begin{aligned}
n(r, a) &= C\,r^\varkappa(1 + \varepsilon(r))\left(\sum_{\mu=1}^{p} g^{(\mu)} e_\mu\right), \\[4pt]
n(r) &= n(r, a) + O(1), \qquad a \neq a_k, \\[4pt]
n(r, a_k) &= C\,r^\varkappa(1 + \varepsilon(r))\left(\sum_{\mu=1}^{p} g^{(\mu)}(a_k) e_\mu\right), \\[4pt]
n_1(r, a_k) &= C\,r^\varkappa(1 + \varepsilon(r))\left(\sum_{\mu=1}^{p} g_1^{(\mu)}(a_k) e_\mu\right), \\[4pt]
\varepsilon(r) &\to 0 \quad \text{für} \quad r \to \infty.
\end{aligned}
\right\} \qquad (8)
$$

Damit ergibt sich für die Anzahlfunktionen $N(r, a)$, $N_1(r, a)$

$$
\left.
\begin{aligned}
N(r, a) &= c\,r^\varkappa(1 + \eta(r))\left(\sum_{1}^{p} g^{(\mu)} e_\mu\right), \qquad a \neq a_k, \\[4pt]
N(r, a_k) &= c\,r^\varkappa(1 + \eta(r))\left(\sum_{1}^{p} g^{(\mu)}(a_k) e_\mu\right), \\[4pt]
N_1(r, a_k) &= c\,r^\varkappa(1 + \eta(r))\left(\sum_{1}^{p} g_1^{(\mu)}(a_k) e_\mu\right),
\end{aligned}
\right\} \qquad (9)
$$

$0 < c < \infty$ und $\eta(r) \to 0$ für $r \to \infty$. Da für $a \neq a_k$ $m(r, a) = O(1)$ gilt, erhält man nach dem ersten Hauptsatz

$$T(r, w) = c\,r^\varkappa(1 + \eta(r))\left(\sum_{1}^{p} g^{(\mu)} e_\mu\right). \qquad (10)$$

$w = w(z)$ ist also vom Mitteltypus der Ordnung

$$\lambda = \varkappa = \frac{p}{2}\,\beta = \frac{p}{2} + \frac{2}{p}\left(\frac{\log A}{2\pi}\right)^2 \geqq \frac{p}{2}.$$

Für die Defekte und Indizes findet man nach (9) und (10)

$$\delta(a_k) = 1 - \frac{\sum\limits_{\mu=1}^{p} g^{(\mu)}(a_k)\,e_\mu}{\sum\limits_{\mu=1}^{p} g^{(\mu)}\,e_\mu}, \qquad \vartheta(a_k) = \frac{\sum\limits_{\mu=1}^{p} g_1^{(\mu)}(a_k)\,e_\mu}{\sum\limits_{\mu=1}^{p} g^{(\mu)}\,e_\mu}. \tag{11}$$

Die Voraussetzung $p \geqq 2$ ist unwesentlich. Mit denselben Methoden läßt sich zeigen, daß (11) auch im Falle $p = 1$ gilt:

$$\delta(a_k) = 1 - \frac{g(a_k)}{g}, \qquad \vartheta(a_k) = \frac{g_1(a_k)}{g}.$$

3. Da $w(z)$ von endlicher Ordnung ist, folgt aus dem zweiten Hauptsatz und seiner Umkehrung

$$\sum_{1}^{q}\big(T(r, w) - N(r, a_k)\big) + \sum_{1}^{q} N_1(r, a_k) = 2\,T(r, w) + O(\log r)$$
$$\text{für alle} \quad r \geqq r_0.$$

Division mit $T(r, w)$ und Grenzübergang $r \to \infty$ führt nach (9) und (10) zu

$$\sum_{1}^{q} \delta(a_k) + \sum_{1}^{q} \vartheta(a_k) = 2.$$

Diese Behauptung kann man auch elementar so beweisen: Eine Periode des Endes $E_\mu$ wird auf die untere Halbkugel topologisch abgebildet und, wie bei ELFVING [1], durch Spiegelung in der Äquatorebene zu einem geschlossenen Komplex ergänzt. Nach dem EULERschen Polyedersatz erhält man

$$\sum_{k=1}^{q} g_1^{(\mu)}(a_k) + \sum_{k=1}^{q}\big(g^{(\mu)} - g^{(\mu)}(a_k)\big) = 2g^{(\mu)}.$$

Multiplikationen mit $e_\mu$ und Summation über $\mu$ von 1 bis $p$ ergibt dann zusammen mit (11) die Behauptung.

Der Streckenkomplex $S$ bestehe aus endlich vielen algebraischen Elementargebieten und $p$ logarithmischen Enden. Es muß $p \geqq 2$ sein, da die Annahme $p = 1$ mit den angegebenen Eigenschaften des Streckenkomplexes nicht verträglich ist, solange man nur endlich viele algebraische Elementargebiete zuläßt. Wegen $\omega_j = \omega_j'$ gilt $A = 1 = e_\mu = A_\mu = B$, also $\lambda = \frac{p}{2}$. Die Zahl der über $w = a_j$ gelegenen logarithmischen Windungspunkte sei $m_j$. Ihnen entsprechen $m_j$ logarithmische Elementargebiete, die von einer unendlichen Gliedfolge $j$, $j + 1$ berandet werden.

Dies bedingt, daß $\sum\limits_1^p g^{(\mu)}(a_j)$ von $2m_j$ der insgesamt $p$ logarithmischen

Enden keinen Beitrag erhält. Da jede Periode der restlichen $p - 2m_j$

Enden zur Summe den Beitrag 1 gibt, erhält man $\sum\limits_1^p g^{(\mu)}(a_j) = p - 2m_j$.

Zusammen mit $\sum\limits_1^p g^{(\mu)} = p$ und (11) folgt $\delta(a_j) = 1 - \dfrac{p - 2m_j}{p} = \dfrac{2m_j}{p}$.

Liegt also über $w = a_j$ mindestens ein logarithmischer Windungspunkt, so ist $a_j$ für die meromorphe Funktion $w = w(z)$ defekter Wert.
Da alle $g_1^{(\mu)}(a_j)$ verschwinden, gilt $\vartheta(a_j) = 0$ für $j = 1, 2, \ldots, q$.
Aus $\delta(a_j) = \dfrac{2m_j}{p} \leqq 1$ ersieht man, daß über einem Grundpunkt höchstens $\dfrac{p}{2}$ logarithmische Windungspunkte liegen können. $m_j = \dfrac{p}{2}$ ist
möglich, wie das folgende Beispiel (Abb. 17) zeigt: Es ist $q = 3$, $p = 4$

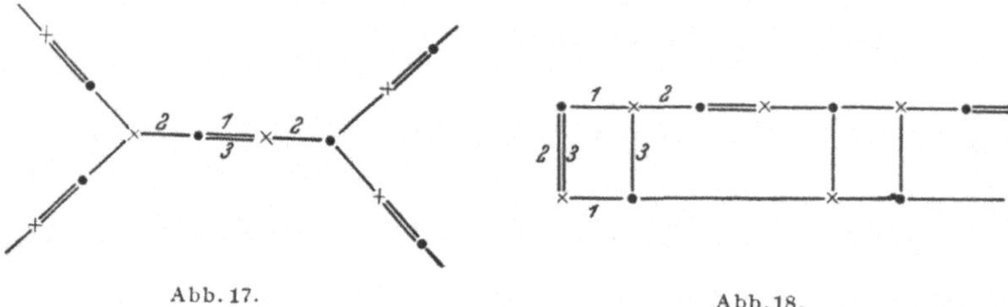

Abb. 17.                          Abb. 18.

und daher $\lambda = 2$. Über $w = a_1$ liegen 2 logarithmische Windungspunkte, die beiden anderen über $w = a_2$ und $a_3$. Danach folgt
$\delta(a_1) = 1$ und $\delta(a_3) = \tfrac{1}{2}$. $w = w(z)$ hat nur eine $a_1$-Stelle. Für
ungerade $p$ ist stets $\delta(a_j) < 1$.

Die Flächen mit endlich vielen algebraischen und logarithmischen
Windungspunkten wurden zuerst von R. NEVANLINNA [4] und AHL-
FORS [3], später von ELFVING [1] behandelt. Sind nicht alle $p$ Enden
in logarithmische Enden ausgeartet, so kann $A \neq 1$ sein. In diesem
Falle tritt eine Erhöhung der Wachstumsordnung um $\dfrac{2}{p}\left(\dfrac{\log A}{2\pi}\right)^2$
gegenüber der durch den AHLFORS-DENJOYschen Satz bestimmten
Mindestordnung $\dfrac{p}{2}$ ein. Mit den Größen $e_\mu$ können auch Defekte und
Indizes algebraische Zahlen sein; für $A = 1$ sind sie immer rational.
Aus (11) erkennt man, daß stets $\vartheta(a_j) < 1$ gilt. Weiter ist ersichtlich,
daß ein logarithmischer Windungspunkt über $w = a_j$ stets $\delta(a_j) > 0$
bewirkt.

Dazu sollen noch einige Beispiele betrachtet werden:

1. Die durch den Streckenkomplex Abb. 16 definierte Funktion
$w = w(z)$ hat die folgenden Verzweigungseigenschaften:

$$\delta(a_1) = 0, \qquad \delta(a_2) = \delta(a_3) = \tfrac{2}{3},$$
$$\vartheta(a_1) = \tfrac{1}{3}, \qquad \vartheta(a_2) = \vartheta(a_3) = \tfrac{1}{6}.$$

$w(z)$ ist vom Mitteltypus der Ordnung 2.

2. Abb. 18.

$$\omega = 1, \qquad \omega' = 2, \qquad g = 3,$$
$$g(a_1) = 3, \; g(a_2) = 0, \; g(a_3) = 3; \quad \delta(a_1) = 0, \; \delta(a_2) = 1, \; \delta(a_3) = 0,$$
$$g_1(a_1) = 1, \; g_1(a_2) = 0, \; g_1(a_3) = 2; \quad \vartheta(a_1) = \tfrac{1}{3}, \; \vartheta(a_2) = 0, \; \vartheta(a_3) = \tfrac{2}{3}.$$

Wegen $A = \dfrac{\omega}{\omega'} = \dfrac{1}{2}$ gilt für die Ordnung $\lambda$: $\lambda = \dfrac{1}{2} + 2\left(\dfrac{\log 2}{2\pi}\right)^2$.

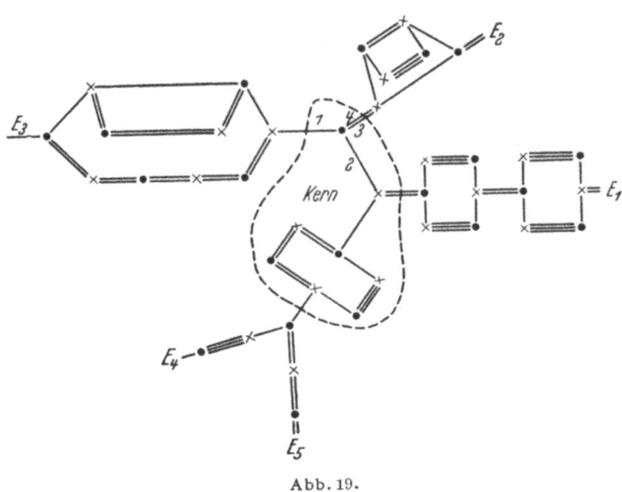


Abb. 19.

3. Abb. 19.

$$q = 4 \quad \text{und} \quad p = 5;$$

$$\omega_1 = \omega_1' = 1, \; \omega_2 = 1, \; \omega_2' = 2, \; \omega_3 = 2, \; \omega_3' = 3, \; \omega_4 = \omega_4' = \omega_5 = \omega_5' = 1,$$

$$A_1 = A_2 = 1, \qquad A_3 = \tfrac{1}{2}, \qquad A_4 = A_5 = \tfrac{1}{3} \quad \text{und} \quad A = \tfrac{1}{3}.$$

$$e_1 = 3^{-\frac{1}{5}}, \qquad e_2 = 3^{-\frac{2}{5}}, \qquad e_3 = 3^{-\frac{3}{5}}, \qquad e_4 = 3 \cdot 3^{-\frac{4}{5}}, \qquad e_5 = 1,$$

$$g^{(1)} = 3, \qquad g^{(2)} = 3, \qquad g^{(3)} = 5, \qquad g^{(4)} = 1, \qquad g^{(5)} = 1.$$

Die Ordnung von $w = w(z)$ ist $\lambda = \dfrac{5}{2} + \dfrac{2}{5}\left(\dfrac{\log 3}{2\pi}\right)^2 = 2{,}5122 \ldots$ .

Dem Streckenkomplex entnimmt man die folgenden Größen:

$g^{(\mu)}(a_j)$

| $_\mu\diagdown^j$ | 1 | 2 | 3 | 4 |
|---|---|---|---|---|
| 1 | 3 | 1 | 3 | 1 |
| 2 | 3 | 2 | 3 | 1 |
| 3 | 2 | 5 | 5 | 3 |
| 4 | 0 | 0 | 1 | 1 |
| 5 | 1 | 0 | 1 | 0 |

$g_1^{(\mu)}(a_j)$

| $_\mu\diagdown^j$ | 1 | 2 | 3 | 4 |
|---|---|---|---|---|
| 1 | 2 | 0 | 0 | 0 |
| 2 | 2 | 1 | 0 | 0 |
| 3 | 1 | 4 | 0 | 0 |
| 4 | 0 | 0 | 0 | 0 |
| 5 | 0 | 0 | 0 | 0 |

Mit $N = 3\sqrt[5]{81} + 3\sqrt[5]{27} + 5\sqrt[5]{9} + 3\sqrt[5]{3} + 3 = 3\sum_1^5 g^{(\mu)} e_\mu$ erhält man für die Defekte und Indizes:

$$\delta(a_1) = \frac{1}{N}\left(3\sqrt[5]{9} + 3\sqrt[5]{3}\right), \quad \delta(a_2) = \frac{1}{N}\left(2\sqrt[5]{81} + \sqrt[5]{27} + 3\sqrt[5]{3} + 3\right),$$

$$\delta(a_3) = 0, \quad \delta(a_4) = \frac{1}{N}\left(2\sqrt[5]{81} + 2\sqrt[5]{27} + 2\sqrt[5]{9} + 3\right),$$

$$\vartheta(a_1) = \frac{1}{N}\left(2\sqrt[5]{81} + 2\sqrt[5]{27} + \sqrt[5]{9}\right), \quad \vartheta(a_2) = \frac{\sqrt[5]{27}}{N},$$

$$\vartheta(a_3) = \frac{4\sqrt[5]{9}}{N}, \quad \vartheta(a_4) = 0.$$

Nach (11) kann, da die Zahl der periodischen Enden $\geq 1$ ist, die Summe $\sum_1^q {}' \delta(a_j)$ der Defekte nicht verschwinden. Aus dem Ausdruck für den Verzweigungsindex folgt, daß stets $0 \leq \vartheta(a_j) < 1$ gilt. Schließlich ist noch die Summe

$$\delta(a_j) + \vartheta(a_j) = 1 - \frac{\sum_1^p \left(g^{(\mu)}(a_j) - g_1^{(\mu)}(a_j)\right) e_\mu}{\sum_1^p g^{(\mu)} e_\mu}$$

kleiner als 1, wenn $\vartheta(a_j)$ positiv ist. Da im Falle $A = 1$ alle Defekte und Indizes rational sind, ist es sehr plausibel, daß mit den Flächen mit $p \geq 1$ periodischen Enden das Umkehrproblem der Wertverteilungslehre in folgendem Umfange gelöst werden kann (Le-Van Thiem [2]):

Jedem Punkte $a_j$, $j = 1, 2, \ldots, q$, sind zwei nichtnegative rationale Zahlen $\delta_j$ und $\vartheta_j$ zugeordnet, die den folgenden Bedingungen genügen:

$$\text{a) } \sum_1^q \delta_j + \sum_1^q \vartheta_j = 2; \quad \text{b) } \sum_1^q \delta_j > 0; \quad \text{c) } 0 < \delta_j + \vartheta_j \leqq 1$$

und $<1$, wenn $\vartheta_j > 0$.

Dann gibt es eine in $|z| < \infty$ meromorphe Funktion $w = w(z)$ mit den Verzweigungseigenschaften $\delta(w, a_j) = \delta_j$ und $\vartheta(w, a_j) = \vartheta_j$, $j = 1, 2, \ldots, q$.

4. Eine andere interessante Klasse von Flächen mit endlich vielen Grundpunkten wurde von Teichmüller [5] betrachtet. Es handelt sich um „periodisch endende" einfach zusammenhängende Riemannsche Flächen ohne logarithmische Windungspunkte. Zu ihrer Beschreibung geht man von einem doppeltperiodischen Komplex aus. Die entsprechende doppeltperiodische Funktion sei $w = h(u)$, die Perioden $\omega_1$, $\omega_2$ sollen den Bedingungen $\Re \omega_1 > 0$, $\omega_2 = 2\pi i$ genügen. Im Periodenparallelogramm nimmt $h(u)$ jeden Wert $a$ $g$-mal an, wenn die elliptische Funktion vom Grad $g$ ist. Mit $\zeta = e^u$, $u = \log \zeta$ erhält man wegen $\omega_2 = 2\pi i$ in $w = h(u) = h(\log \zeta) = H(\zeta)$ eine in $0 < |\zeta| < \infty$ eindeutige analytische Funktion. Als Bild der in 0 und $\infty$ punktierten

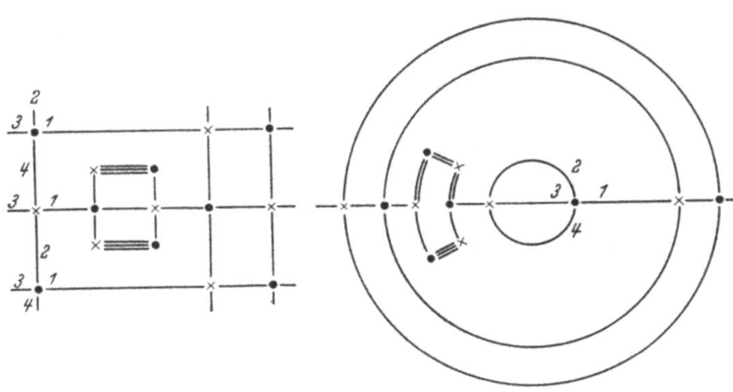

Abb. 20.

$\zeta$-Ebene erzeugt $w = H(\zeta)$ eine unendlich vielblättrige, zweifach zusammenhängende Riemannsche Fläche $F'$. Ihr Streckenkomplex $S'$ besteht aus unendlich vielen periodischen Kränzen, die aneinander gehängt sind. Diese Kränze häufen sich, eine passende topologische Abbildung von $S'$ vorausgesetzt, im Nullpunkt und im unendlich fernen Punkt. Durch einen Schnitt längs der Berandung eines Kranzes zerfällt $S'$ in zwei unendliche Teilkomplexe $S_0'$ und $S_\infty'$. Ersetzt man $S_0'$ (d. i. der Teilkomplex, dessen Knoten sich im Nullpunkt häufen) durch einen endlichen Kern, so entsteht ein einfach zusammenhängender

Streckenkomplex $S$, der eine einfach zusammenhängende Fläche $F$ mit endlich vielen Grundpunkten definiert. Aus dem $\sigma$-Kriterium folgt, daß $F$ vom parabolischen Typus ist. Die meromorphe Funktion $w = w(z)$ erzeugt $F$ als Bild von $|z| < \infty$. Trennt man von $F$ ein dem endlichen Kern des Streckenkomplexes $S$ entsprechendes endlich vielblättriges Flächenstück ab, so verbleibt eine Fläche $\overline{F}$, die echter Teil von $F'$ ist. $\overline{F}$ wird also durch $w = H(\zeta)$ in ein schlichtes Gebiet der $\zeta$-Ebene abgebildet, welches das Ringgebiet $R_0 < |\zeta| < \infty$ enthält. $z = z(w)$ bildet $\overline{F}$ schlicht und konform in eine Umgebung von $z = \infty$ ab. Es gibt also eine Funktion $\zeta = \zeta(z)$ der Form

$$\zeta = C\,z + C_0 + \frac{C_1}{z} + \cdots, \tag{12}$$

die eine Umgebung von $z = \infty$ schlicht und konform in eine Umgebung von $\zeta = \infty$ abbildet.

Die Anzahlfunktionen lassen sich jetzt leicht bestimmen. In jedem Kreisring $G_\mu : R_0\, e^{(\mu-1)\Re\omega_1} < |\zeta| \leq R_0\, e^{\mu\Re\omega_1}$, $\mu = 1, 2, \ldots$, nimmt die Funktion $H(\zeta)$ jeden Wert $g$-mal an. $g_1(a_j)$ sei die Zahl der $a_j$-Stellen von $H(\zeta)$ in $G_\mu$, jede $\lambda$-fache Stelle nur $(\lambda-1)$-mal gezählt. Diese Zahlen $g$ und $g_1(a_j)$ lassen sich aus einem Kranz des Streckenkomplexes ablesen. Die Kreisringe $G_\mu$ gehen in Ringgebiete $G'_\mu$ der $z$-Ebene über. Die Zahl $\nu$ der auf $|z| \leq r$, $r \geq r_0$ mit hinreichend großem $r_0$, gelegenen Gebiete $G'_\mu$ ist nach (12) $\nu = \dfrac{\log r}{\Re\omega_1} + O(1)$. Es müssen also die Gleichungen

$$n(r, a) = \frac{g}{\Re\omega_1}\log r + O(1), \qquad n_1(r, a_j) = \frac{g_1(a_j)}{\Re\omega_1}\log r + O(1)$$

bestehen.

Durch Integration nach $\log r$ erhält man die Anzahlfunktionen

$$\begin{aligned}
N(r, a) &= \frac{g}{2\Re\omega_1}(\log r)^2 + O(\log r), \\
N_1(r, a_j) &= \frac{g_1(a_j)}{2\Re\omega_1}(\log r)^2 + O(\log r).
\end{aligned} \tag{13}$$

Da für alle $a$ $m(r, a) = O(1)$ gilt, erhält man

$$T(r, w) = \frac{g}{2\Re\omega_1}(\log r)^2 + O(\log r).$$

Diejenigen Funktionen $w = w(z)$, die periodisch endende Flächen ohne logarithmische Windungspunkte erzeugen, sind also von der Wachstumsordnung Null. Aus (13) folgt

$$\delta(a) = 0 \quad \text{für alle } a, \qquad \vartheta(a_j) = \frac{g_1(a_j)}{g} \quad \text{und} \quad \sum_{j=1}^{q} \vartheta(a_j) = 2. \tag{14}$$

Die letzte Behauptung ergibt sich aus dem zweiten Hauptsatz und seiner Umkehrung: $2\,T\,(r,\,w) = \sum_{j=1}^{q} N_1(r,\,a_j) + O\,(\log r)$. Die Aussage über die Summe der Verzweigungsindizes läßt sich auch elementar, wie bei den Flächen mit $p$ periodischen Enden, aus der EULERschen Polyederformel für den Torus ableiten. Man bemerkt, daß auch für diese Funktionen $w\,(z)$   $\vartheta\,(a_j) = 1$ nicht möglich ist.

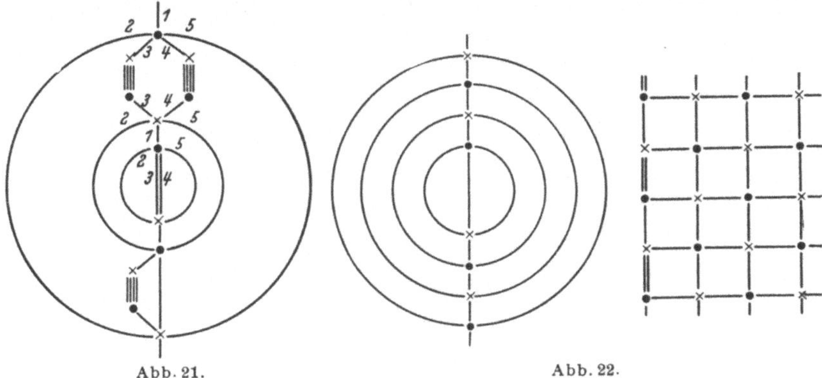

Abb. 21.             Abb. 22.

Der Streckenkomplex in Abb. 20 definiert eine Funktion $w = w\,(z)$ mit folgenden Verzweigungseigenschaften: $q = 4$, $g = 5$, $g_1(a_1) = 3$, $g_1(a_2) = 2$, $g_1(a_3) = 2$, $g_1(a_4) = 3$, also $\vartheta\,(a_1) = \frac{3}{5}$, $\vartheta\,(a_4) = \frac{3}{5}$, $\vartheta\,(a_3) = \vartheta\,(a_2) = \frac{2}{5}$.

In Abb. 21 ist:

$$q = 5, \quad g = 5, \quad g_1(a_1) = 1, \quad g_1(a_2) = 3, \quad g_1(a_3) = 3, \quad g_1(a_4) = 2,$$

$$g_1(a_5) = 1, \quad \text{also} \quad \vartheta\,(a_1) = \tfrac{1}{5}, \quad \vartheta\,(a_2) = \vartheta\,(a_3) = \tfrac{3}{5}, \quad \vartheta\,(a_4) = \tfrac{2}{5}$$

$$\text{und} \quad \vartheta\,(a_5) = \tfrac{1}{5}.$$

Die Fläche, die zum linksstehenden Streckenkomplex in Abb. 22 gehört, wird aus $|z| < \infty$ durch $w = \wp\left(\log\left(z + \sqrt{z^2 - 1}\right);\ \omega_1,\ 2\,\pi\,i\right)$ erzeugt. Es gilt: $q = 4$, $g = 2$, $g_1(a_j) = 1$, also $\vartheta\,(a_j) = \frac{1}{2}$ für $j = 1, \dots, 4$. Mit $z = 1 + e^{\zeta}$ erhält man eine in $|\zeta| < \infty$ meromorphe Funktion $w = F\,(\zeta)$, die eine Fläche mit dem Streckenkomplex rechts in Abb. 22 erzeugt. Die eingehendere Diskussion des analytischen Ausdruckes für $F\,(\zeta)$ ergibt $N\,(r,\,a) = \dfrac{r^2}{4\,\Re\,\omega_1} + O\,(r)$ für alle $a$,

$N_1(r,\,a_j) = \dfrac{r^2}{8\,\Re\,\omega_1} + O\,(r)$ und $T\,(r,\,F) = \dfrac{r^2}{4\,\Re\,\omega_1} + O\,(r)$, also $\delta\,(a_j) = 0$

und $\vartheta\,(a_j) = \dfrac{1}{2}$. $w = F\,(\zeta)$ erzeugt eine Fläche mit einem logarithmischen Windungspunkt, der aber keinen positiven Defekt bewirkt. Für alle $a \neq \infty$ ist die Schmiegungsfunktion $m\,(r,\,a)$ beschränkt. Für

$a = \infty$ gilt $m(r, \infty) = \dfrac{r}{\pi} + O(1)$. Wenn auch der logarithmische Windungspunkt über $w = \infty$ keinen positiven Defekt bewirkt, so macht sich doch sein Einfluß in der Schmiegungsfunktion $m(r, \infty)$ bemerkbar. Auf dieses Beispiel wird später noch einmal hingewiesen werden.

5. Unter den bisher betrachteten Funktionen befindet sich keine mit dem größtmöglichen Verzweigungsindex $\vartheta(a) = 1$. Wie man zu solchen Funktionen kommen kann, zeigen die folgenden Erörterungen.

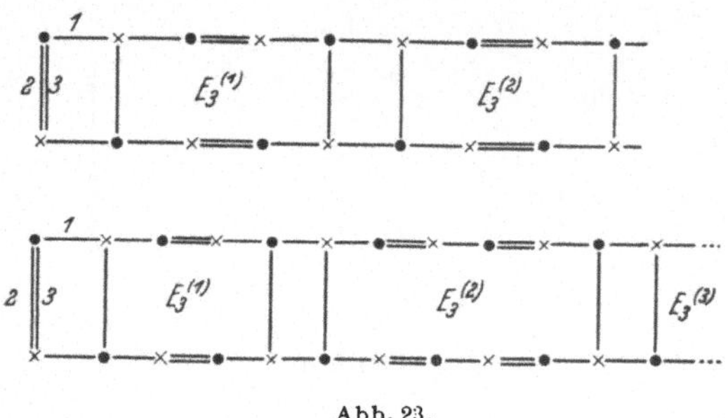


Abb. 23.

In dem periodischen Ende werden für die algebraischen Elementargebiete $E_3^{(1)}$, $E_3^{(2)}$, ...., $4(\mu + 1)$-Ecke gewählt ($\mu = 1$ in der Abbildung). Dann ist $g = 2\mu + 1$, $g_1(a_1) = 1$ und $g(a_2) = g_1(a_2) = 0$. Nach (11) gilt $\delta(a_2) = 1$, $\vartheta(a_1) = \dfrac{1}{2\mu + 2}$, $\vartheta(a_2) = 0$. Aus $\delta(a_2) + \sum\limits_{1}^{3} \vartheta(a_j) = 2$ folgt $\vartheta(a_3) = 1 - \dfrac{1}{2\mu + 2}$. Dieses Verzweigungsverhalten legt nun die folgende Konstruktion nahe: Für $E_3^{(1)}$ wird ein 8-Eck, für $E_3^{(2)}$ ein 12-Eck, ...., für $E_3^{(j)}$ ein $4(j + 1)$-Eck gewählt.

Die zugehörige Fläche ist vom parabolischen Typus. Die Anzahlfunktionen lassen sich berechnen; nach WITTICH [5] gilt:

$$n(r, a_1) = r\,\alpha(r), \quad n(r, a_2) = 0, \quad n(r, a_3) = \sqrt{r}\,\alpha(r), \quad n(r) = \sqrt{r}\,\alpha(r),$$

$$n_1(r, a_1) = \sqrt[4]{r}\,\alpha(r), \quad n_1(r, a_2) = 0, \quad n_1(r, a_3) = \sqrt{r}\,\alpha(r) \quad \text{mit} \quad \lim_{r \to \infty} \alpha(r) = A,$$

$0 < A < \infty$. Die erzeugende Funktion $w = w(z)$ ist von der Ordnung $\tfrac{1}{2}$ und zeigt das folgende Verzweigungsverhalten: $\delta(a_2) = 1$ und $\vartheta(a_3) = 1$. Zu dem gleichen Resultat kommt man, wenn für $E_3^{(j)}$ ein $(4jd + 4)$-Eck, $d$ eine natürliche Zahl, gewählt wird.

Zu anderen Beispielen meromorpher Funktionen mit algebraischem Höchstindex kommt man auf dem Wege über eine Flächenklasse, die von P. J. MYRBERG [1] im Zusammenhang mit dem Typenproblem untersucht wurde.

In $\Im\,\zeta > 0$, $\Re\,\zeta > 0$ sei $K_0$, $K_1$, ... eine unendliche Folge von Modulkreisen. $K_0$ treffe die positiv reelle Achse in $P_0$, $P_1$, $K_1$ in

$P_1, P_2, \ldots, K_n$ in $P_n$, $P_{n+1}, \ldots, P_0 = 0$ (wobei monoton $\lim\limits_{n \to \infty} P_n = \infty$ gilt). Der Folge $K_n$ wird in $\Im \zeta > 0$, $\Re \zeta < 0$ eine Folge $K_n'$ von Modulkreisen zugeordnet, die durch Spiegelung der $K_n$ an $\Re \zeta = 0$ entstehen; die $P_n$ entsprechenden Punkte nennen wir $P_n'$; $P_n'$, $P_{n+1}'$ gehören also zu $K_n'$, $P_0' = P_0$. Bei Identifizierung zugeordneter Punkte auf $K_n$ und $K_n'$ bildet die elliptische Modulfunktion $w = \lambda(\zeta)$ den konstruierten Bereich $B$ auf eine RIEMANNsche Fläche $F$ ab, deren Verzweigungspunkte über $w = 0, 1, \infty$ liegen. Der in $\Re \zeta > 0$ gelegene Teil von $B$ sei $B_1$. $z = z(\zeta)$ bildet $B_1$ in $\Im z > 0$ ab, wobei $\zeta = 0$ der Stelle $z = 0$ entspricht und die positiv imaginäre $\zeta$-Achse in die negativ reelle $z$-Achse übergeht. Da die Voraussetzungen des SCHWARZschen Spiegelungsprinzips erfüllt sind, leistet die nach diesem Prinzip in $B_1'$ analytisch fortgesetzte Funktion $z = z(\zeta)$ eine schlichte und konforme Abbildung von $B$ in $|z| < \infty$. Die eindeutige analytische Funktion $w = \lambda(\zeta(z)) = w(z)$ erzeugt als Bild von $|z| < \infty$ die Fläche $F$. Aus der Art, wie $B$ aus Fundamentalgebieten der zum LEGENDREschen Integral gehörigen Modulfunktion zusammengesetzt ist, erkennt man den Aufbau von $F$ aus Halbblättern und kann damit auch den zu $F$ gehörigen Streckenkomplex konstruieren. Für $P_n = n$, $P_n' = -n$, $n = 0, 1, \ldots$, erhält man den nachstehenden Streckenkomplex (Abb. 24). Berühren sich in $P_n$ $g_n$ Modulkreise, so entspricht einer Umgebung dieses Punktes — d. i. eine Vollumgebung wegen der Identi-

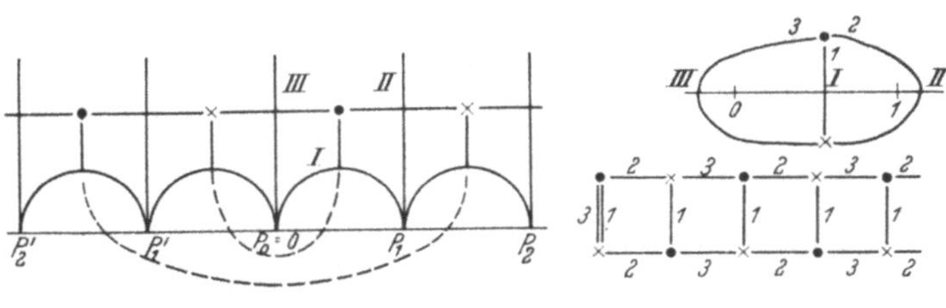

Abb. 24.

fizierungsvorschrift — durch $w = \lambda(\zeta)$ eine Umgebung eines $g_n$-blättrigen Windungspunktes über dem Grundpunkt $w = \lambda(P_n) = \lambda(P_n') = (0, 1$ oder $\infty)$. Über $w = 0$ und $1$ liegen nur algebraische Windungspunkte; über $w = \infty$ liegt ein logarithmischer Windungspunkt und möglicherweise algebraische Windungspunkte. Läßt man die den $P_n$ zugeordneten natürlichen Zahlen $g_n$ für $n \to \infty$ gegen $\infty$ streben, so erhält man Flächen mit algebraischen Windungspunkten von beliebig hoher Ordnung.

Der auf $B$ gelegene Teil von $|\zeta| = \varrho$ sei $K_\varrho$. Das $z$-Bild von $K_\varrho$ ist eine einfache geschlossene Kurve $\Gamma_\varrho$, die $z = 0$ von $z = \infty$ trennt. Es sei bei passendem $\varrho_0$, $\varrho_0 < \varrho_1 < \varrho_2$, $M(\varrho_1, \varrho_2)$ der Modul des Ringes $(\Gamma_{\varrho_1}, \Gamma_{\varrho_2})$. Die Funktion $\tilde{z} = \tilde{z}(z)$ bildet den Ring in $0 \leqq \tilde{x} \leqq M$,

$0 \leq \tilde{y} \leq 2\pi$ ab. Dabei geht $K_\varrho$ in eine Kurve $\tilde{K}_\varrho$ der Länge $\geq 2\pi$ über. Mit $\tilde{\zeta} = \log\zeta$ gilt $2\pi \leq \int\limits_{K_\varrho} \left|\dfrac{d\tilde{z}}{d\tilde{\zeta}}\right| |d\tilde{\zeta}|$. Daraus folgt nach Übergang zur Schwarzschen Ungleichung und Integration nach $\log\varrho$

$$2\log\frac{\varrho_2}{\varrho_1} \leq M(\varrho_1, \varrho_2).$$

Im Rechteck wird nun die Strecke $\tilde{x} = \text{const.}$ betrachtet. Ihr Bild ist in der $\zeta^* = \log\left(\zeta - \dfrac{i}{2}\right)$-Ebene eine Kurve der Länge $\geq \pi$. Danach gilt

$$\pi \leq \int\limits_{\tilde{x}} \left|\frac{d\zeta^*}{d\tilde{z}}\right| d\tilde{y}, \qquad \pi^2 \leq 2\pi \int\limits_0^{2\pi} \left|\frac{d\zeta^*}{d\tilde{z}}\right|^2 d\tilde{y}$$

oder

$$\frac{\pi}{2} \int\limits_0^M d\tilde{x} = \frac{\pi}{2} M(\varrho_1, \varrho_2) \leq \int\limits_0^M \int\limits_0^{2\pi} \left|\frac{d\zeta^*}{d\tilde{z}}\right|^2 d\tilde{x}\, d\tilde{y} = \iint \boxed{d\zeta^*} = J;$$

eine elementare Rechnung liefert die für alle $\varrho_1 > e$ gültige Abschätzung

$$J < \pi\left(\log\frac{\varrho_2}{\varrho_1} + \frac{6}{\varrho_1}\right).$$

Mithin ergibt sich für $e < \varrho_0 < \varrho_1 < \varrho_2$

$$\left|M(\varrho_1, \varrho_2) - 2\log\frac{\varrho_2}{\varrho_1}\right| < \frac{12}{\varrho_1}.$$

Nach dem Modulsatz erhält man daraus

$$r_j(\varrho) = e^\alpha \varrho^2(1 + \varepsilon(\varrho)), \quad \varepsilon(\varrho) \to 0 \quad \text{für} \quad \varrho \to \infty, \quad 0 < e^\alpha < \infty. \tag{14}$$

Mit $\nu(\varrho, a)$ wird die Zahl der $a$-Stellen von $w = \lambda(\zeta)$ auf dem von $K_\varrho$ begrenzten endlichen Teil von $B$ bezeichnet. Bei der Anzahlfunktion $\nu_1(\varrho, a)$ wird eine $k$-fache $a$-Stelle nur $(k-1)$-mal gezählt. Diese Anzahlfunktionen lassen sich aus der Art, wie $B$ durch die Fundamentalgebiete von $\lambda(\zeta)$ zerlegt wird, bestimmen und damit auch aus dem Streckenkomplex. Nach (14) erhält man dann schließlich $n(r, a)$, $n_1(r, a)$ und $n(r) = \max\limits_a n(r, a)$.

Bei dem Streckenkomplex in Abb. 25 werden in die algebraischen Elementargebiete $A_2$, $A_4$, ... je $2m$ Vierecke eingebettet in der Art, wie die Abbildung für $m = 1$ zeigt.

Für diesen Streckenkomplex findet man $\delta(0) = \delta(1) = 0$, $\delta(\infty) = \dfrac{2}{2m + 4}$, $\vartheta(0) = 1 - \dfrac{1}{2m + 4}$, $\vartheta(1) = \dfrac{1}{2} + \dfrac{1}{2m + 4}$, $\vartheta(\infty) = \dfrac{1}{2} - \dfrac{2}{2m + 4}$. Die Ordnung der erzeugenden Funktion $w(z)$

ist $\frac{1}{2}$. Ordnet man nun den Elementargebieten $A_{2\mu}$ die Zahlen $2m_\mu$ zu, wobei $m_\mu \to \infty$ bei $\mu \to \infty$ gilt, so darf man die folgende Verteilung der Defekte und Indizes erwarten:

$$\delta(0) = \delta(1) = \delta(\infty) = 0,$$
$$\vartheta(0) = 1, \qquad \vartheta(1) = \vartheta(\infty) = \tfrac{1}{2}.$$

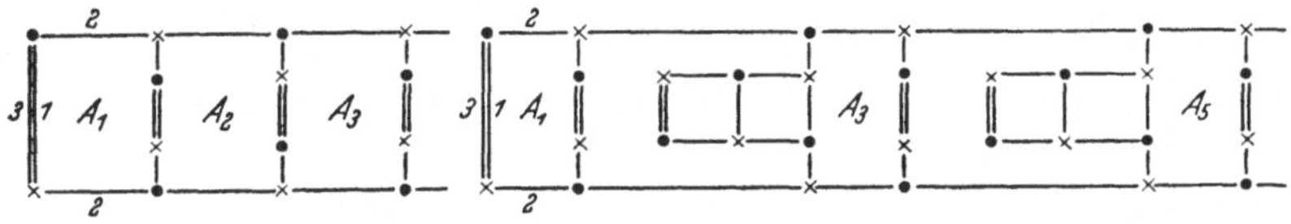

Abb. 25.

Ist $\varrho$ beliebig gegeben, so bestimme man dazu die natürliche Zahl $\mu$ so, daß $2\mu + 1 \le \varrho < 2\mu + 3$ gilt. Aus dem Streckenkomplex findet man mit $S(\mu) = \sum\limits_{\alpha=1}^{\mu} m_\alpha$

$$v(\varrho, a) = 4\mu + 2S(\mu) + O(1) \quad \text{für alle} \quad a \neq \infty,$$
$$v(\varrho, \infty) = 2\mu + 2S(\mu) + O(1),$$
$$v_1(\varrho, 0) = 3\mu + 2S(\mu) + O(1),$$
$$v_1(\varrho, 1) = 3\mu + S(\mu) + O(1),$$
$$v_1(\varrho, \infty) = S(\mu) + O(1).$$

Ist $m_\mu = \mu$, so folgt wegen $S(\mu) = \dfrac{\mu(\mu+1)}{2}$ und $\mu = \dfrac{\varrho}{2}\left(1 + O\left(\dfrac{1}{\varrho}\right)\right)$

$$v(\varrho, a) = \frac{\varrho^2}{4}(1 + \varepsilon(\varrho)) \quad \text{für alle } a, \qquad v_1(\varrho, 0) = \frac{\varrho^2}{4}(1 + \varepsilon(\varrho)),$$
$$v_1(\varrho, 1) = v_1(\varrho, \infty) = \frac{\varrho^2}{8}(1 + \varepsilon(\varrho))$$

und zusammen mit (14)

$$n(r, a) = r\,\alpha(r) \quad \text{für alle } a, \qquad n_1(r, 0) = r\,\alpha(r),$$
$$n_1(r, 1) = n_1(r, \infty) = \frac{r}{2}\alpha(r), \qquad \lim_{r \to \infty} \alpha(r) = A, \qquad 0 < A < \infty.$$

Die durch diesen Streckenkomplex definierte gebrochene Funktion zeigt die vermutete Wertverteilung $\vartheta(0) = 1$, $\vartheta(1) = \vartheta(\infty) = \tfrac{1}{2}$. Die Ordnung $\lambda$ ist von $\tfrac{1}{2}$ auf 1 angestiegen. Setzt man $m_\mu = \mu^2$ bzw. $m_\mu = \mu^3$, so entstehen gebrochene Funktionen mit derselben Verteilung der Defekte und Indizes. Die Wachstumsordnungen sind $\tfrac{3}{2}$ bzw. 2. Mit $m_1 = 1$, $m_2 = m_3 = 2$, $m_4 = m_5 = m_6 = m_7 = 3$ usw., also $m_\mu = \alpha + 1$ für $2^\alpha \le \mu \le 2^{\alpha+1} - 1$, $\alpha = 0, 1, \ldots$, erhält man

$\nu(\varrho) = \dfrac{\varrho \log \varrho}{\log 2} \left(1 + \varepsilon(\varrho)\right)$ und $n(r) = \left(A \sqrt{r} \log r\right) \left(1 + \varepsilon(r)\right)$. $w = w(z)$ ist vom Maximaltypus der Ordnung $\frac{1}{2}$. Die Verteilung der Defekte und Indizes ist dieselbe wie bei den anderen Beispielen. Dieses Beispiel steht in Zusammenhang mit von HÄLLSTRÖM [3] angegebenen ganzen Funktionen

$$s(z) = \prod_{j=1}^{\infty} \frac{1}{\dfrac{z}{j}} \left(\sin \frac{z}{j}\right) \quad \text{und} \quad c(z) = \prod_{1}^{\infty} \cos \frac{z}{j} \quad \text{mit algebraischem Höchst-}$$

index einer Stellensorte. Bei allen betrachteten Flächen liegen über $w = \infty$ neben dem einzigen logarithmischen Windungspunkt noch unendlich viele zweiblättrige Windungspunkte, und zwar in solcher Häufigkeit, daß der logarithmische Windungspunkt keinen Einfluß mehr auf die Defektverteilung hat. In den konstruierten, in $|z| < \infty$ eindeutigen analytischen Funktionen liegen also solche gebrochenen Funktionen von endlicher Ordnung vor, die keinen NEVANLINNAschen Ausnahmewert haben, obwohl die von ihnen erzeugten RIEMANNschen Flächen einen logarithmischen Windungspunkt aufweisen. Durch passende Wahl der $m_\mu$ kann die Wachstumsordnung beliebig groß gemacht werden.

Sind auch in $A_1, A_2, \ldots$ algebraische Elementargebiete enthalten, so läßt sich im allgemeinen $\vartheta(0) = 1$ nicht mehr erreichen. So gilt, falls man in $A_1$ und $A_2$ je zwei algebraische Elementargebiete einschaltet, in $A_3$ und $A_4$ je drei usw.,

$$\lambda = 1, \quad \delta(0) = \delta(1) = \delta(\infty) = 0, \quad \vartheta(0) = \vartheta(1) = \tfrac{3}{4}, \quad \vartheta(\infty) = \tfrac{1}{2}.$$

6. In VII. wurde gezeigt, wie durch Verlagerung der algebraischen Windungspunkte ein Umspringen des Flächentypus erzwungen werden kann. Bei weniger starken Deformationen bleibt der Typus erhalten. Die Frage, ob und wie sich dann die Ordnung und die Verzweigungsgrößen der zugehörigen gebrochenen Funktionen ändern, ist in den letzten Jahren mehrfach untersucht worden (vgl. HUCKEMANN [1], HÄLLSTRÖM [2]).

$F$ sei die von $w = \cos z$ erzeugte Fläche mit zwei logarithmischen Windungspunkten über $w = \infty$ und unendlich vielen zweiblättrigen Windungspunkten über $w = \pm 1$. Zu $z = n \cdot \pi$ gehört ein Windungspunkt $W_n$ über $w = (-1)^n$. $w = \cos z$ ist vom Mitteltypus der Ordnung 1; weiter gilt $\delta(\infty) = 1$, $\vartheta(1) = \vartheta(-1) = \frac{1}{2}$. Wie in VII. werden um $w = 1$ und $-1$ punktfremde Gebiete $G_1$, $G_{-1}$ mit Teilbereichen $B_1$, $B_{-1}$ konstruiert. Eine quasikonforme Abbildung führt $F$ in eine Fläche $F'$ über, wobei $W_n$ in einen zweiblättrigen Windungspunkt $W_n'$ übergeht. Die Windungspunkte $W_n'$ liegen über höchstens abzählbar vielen Grundpunkten $w_n'$, die zu $B_1$, $B_{-1}$ gehören. $G_1$ und $G_{-1}$ entsprechen in der $z$-Ebene unendlich viele endliche Gebiete $(G)$, die alle in einem Parallelstreifen $|\Im z| < y_0 < \infty$ enthalten sind. Die Fläche $F'$ läßt sich, da der Typus erhalten bleibt, schlicht und konform in $|z'| < \infty$ abbilden; die erzeugende gebrochene Funktion soll mit $f(z')$ bezeichnet werden. Durch $z \to w \to w' \to z'$ erhält man eine schlichte quasikonforme Abbildung einer Umgebung von $z = \infty$ in eine Umgebung von $z' = \infty$. In den Gebieten $(G)$ ist $D_{z'z'} \leq K$, und außerhalb der Gebiete gilt $D_{z'z'} = 1$. Da die Gebiete $(G)$ einem Streifen von endlicher Breite angehören, ist das Verzerrungsintegral $\iint\limits_{|z| \geq r} (D_{z\,z'} - 1) \; \boxed{d \log z}$ konvergent, woraus $|z'| = A\,|z|\,(1 + \varepsilon)$ folgt. Man kann die Abbildung $F' \to z'$ so normieren, daß $A = 1$ wird. Nun lassen sich die Anzahlfunktionen für $f(z')$ bestimmen. Man erhält zunächst für alle $a \neq 0, 1, \infty$:

$$N(r, a) = N\left(r, \frac{1}{f(z') - a}\right) = \frac{2r}{\pi}\,(1 + \varepsilon)$$

und für $a = \infty$ $N\big(r, f(z')\big) = 0$.

Ist $a$ ein Wert, der von $F'$ nur schlicht überdeckt wird, so ergibt sich $m(r, a) = O(1)$ und daher nach dem ersten Hauptsatz

$$T\big(r, f(z')\big) = N(r, a) + m(r, a) + O(1) = \frac{2r}{\pi}\,(1 + \varepsilon).$$

$f(z')$ ist, wie $w = \cos z$, vom Mitteltypus der Ordnung 1. $w = \infty$ ist PICARDscher Ausnahmewert: $\delta\big(f(z'), \infty\big) = 1$.

Über einem Grundpunkt $w'$ aus $B_1$ oder $B_{-1}$ liegen endlich oder unendlich viele zweiblättrige Windungspunkte, die durch Deformation aus den Windungspunkten $W_{m_1}, W_{m_2}, \ldots$ erzeugt worden sind: $|m_1| \leq |m_2| \leq \cdots$. Die Zahlen $m_j$ sind nur gerade oder ungerade, so daß also $j \leq |m_j| + 1$ gilt. Liegen über $w'$ nur endlich viele algebraische Windungspunkte, so ist sicher $\vartheta(w') = 0$. Man kann also $\vartheta(w') > 0$ nur erwarten, wenn $(|m_j|)$ eine unendliche Folge ist. Genauer gilt:

Aus $\lim\limits_{j \to \infty} \dfrac{j}{|m_j|} = \alpha$ folgt $\vartheta(w') = \dfrac{\alpha}{2}$.

Dabei ist wegen $j \leq |m_j| + 1$ stets $\alpha \leq 1$, also $\vartheta(w') \leq \tfrac{1}{2}$.

Nach Voraussetzung gilt für alle $j \geq j_0$

$$\frac{j}{|m_j|} = \alpha + \langle \delta \rangle, \quad 0 < |\langle \delta \rangle| \leq \delta < 1.$$

Weiter gibt es zu beliebigem $r \geq r_0$ eine Zahl $j$, die der Bedingung $\pi|m_j| \leq r < \pi|m_{j+1}|$ genügt. Diese Zahl $j$, die zwischen den Grenzen $\dfrac{r}{\pi}(\alpha + \langle \delta \rangle) - 1$ und $\dfrac{r}{\pi}(\alpha + \langle \delta \rangle)$ liegt, gibt an, wie viele Bilder von $W'_n$ mit dem Grundpunkt $w'$ auf $|z| \leq r$ liegen. Wegen $|z| = |z'|(1 + \langle \delta \rangle)$ ist für alle hinreichend großen $t$ $r = t(1 + \langle \delta \rangle)$. Damit erhält man

$$n_1\left(t, \frac{1}{f(z') - w'}\right) = \frac{t}{\pi}\left(\alpha + \langle\delta'\rangle\right),$$ wobei mit $\delta$ auch $|\langle\delta'\rangle|$ beliebig klein wird. Integration liefert

$$N_1\left(r, \frac{1}{f(z') - w'}\right) = N_1(r, w') = \frac{r}{\pi}\left(\alpha + \langle\delta'\rangle\right) + O(1).$$

Daraus folgt, da $\delta'$ beliebig klein gemacht werden kann, die Behauptung $\vartheta(w') = \lim\limits_{r \to \infty} \dfrac{N_1(r, w')}{T(r, f(z))} = \dfrac{\alpha}{2}$. Auf diesem Ergebnis beruht der Beweis des folgenden Satzes: Sind $w_1, w_2, \ldots$ und $w_1^*, w_2^*, \ldots$ beliebige Folgen aus $B_1$ bzw. $B_{-1}$ und sind die positiven Zahlen $\vartheta_n, \vartheta_n^*$ mit $\sum\limits_1^\infty \vartheta_n \leq \frac{1}{2}$, $\sum\limits_1^\infty \vartheta_n^* \leq \frac{1}{2}$ gegeben, so existiert dazu eine in $|z| < \infty$ meromorphe Funktion $w = w(z)$, für welche $\vartheta(w_n) = \vartheta_n$, $\vartheta(w_n^*) = \vartheta_n^*$ ist. Für alle anderen Werte $w \neq w_n$, $w_n^*$ ist $\vartheta(w) = 0$. (Zum Beweis vgl. man HÄLLSTRÖM [2].)

Dieser Beitrag zum Umkehrproblem der Wertverteilungslehre zeigt zugleich, wie meromorphe Funktionen mit unendlich vielen positiven Verzweigungsindizes konstruiert werden können. Ersetzt man $\cos z$ durch passende einfach periodische Funktionen, so lassen sich auch Verzweigungsindizes $> \frac{1}{2}$ erzeugen. Es ist aber nicht möglich, den Maximalwert 1 zu erreichen.

7. Stärkere Verschiebungen der algebraischen Windungspunkte können, wie HUCKEMANN [1] zeigte, die Wachstumsordnung erheblich beeinflussen. Nach VII. kann sich der Typus der Fläche ändern; dieser Fall ist, wenn z. B. die Wachstumsordnungen verglichen werden sollen, auszuschließen.

HUCKEMANN geht von der folgenden Fläche $W$ aus: Die durch den Streckenkomplex $S$, die Grundpunkte $w = \pm 1$, $\infty$ und die reelle Achse

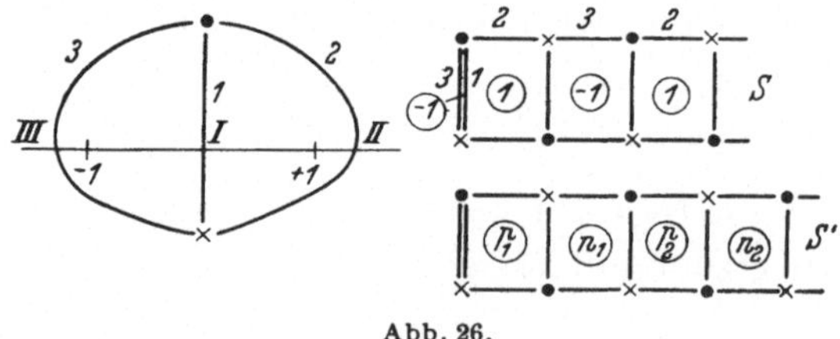

Abb. 26.

als Zerschneidungskurve $c$ bestimmte Fläche $W$ hat über $w = \infty$ einen logarithmischen Windungspunkt, über $w = \pm 1$ unendlich viele zweiblättrige Windungspunkte. $W$ steht in engem Zusammenhang mit der von $w = \cos\sqrt{z}$ erzeugten Fläche.

Die Windungspunkte über $\pm 1$ werden so verlagert, daß sie nach der Deformation über den Koordinaten $w = p_j$, $n_j$ liegen, $1 < p_j < \infty$

und $-\infty < n_j < -1$. So erhält man eine RIEMANNsche Fläche $F$ mit dem verallgemeinerten Streckenkomplex $S'$. $F$ zeigt über $w = \infty$ eine unmittelbare Randstelle; die Fläche ist nicht mehr zerfällbar, wenn $\lim\limits_{j \to \infty} (p_j - n_j) = \infty$ gilt.

Eine analytische Fassung des Deformationsprozesses gelingt auf folgendem Wege. $\zeta = \zeta(w)$ bildet die universelle Überlagerungsfläche $W^{(\infty)}$ der in $w = 1, -1, \infty$ punktierten $w$-Ebene in $\Im \zeta > 0$ ab. $W$ entsteht durch $w(\zeta)$ als Bild des Bereiches $B$. Nun wird $B$ mit Einschnitten (HUCKEMANN spricht von Gräten) $P_\mu Q_\mu$, $P'_\mu Q'_\mu$ parallel zur imaginären $\zeta$-Achse versehen; $Q_\mu$ und $Q'_\mu$ liegen symmetrisch zur imaginären Achse. Die Umkehrfunktion von $\zeta = \zeta(w)$ erzeugt aus diesem Einschnittgebiet $\overline{B}$ eine Fläche $F$ mit zweiblättrigen Win-

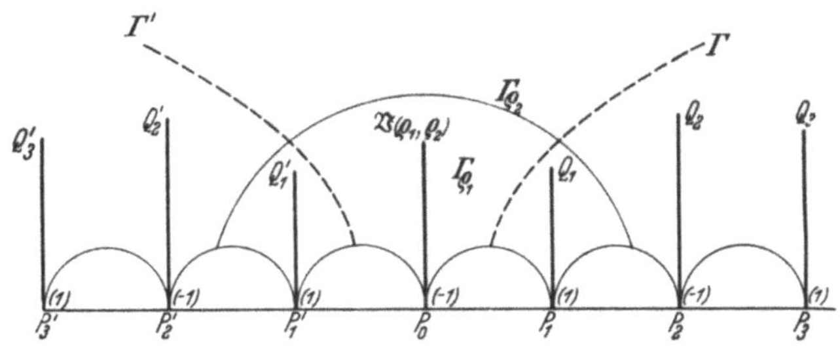

Abb. 27.

dungspunkten über $w = w(Q_\mu) = p_\mu$ oder $n_\mu$. Es ist klar, daß man durch passende Wahl der Punkte $Q_\mu$ jeden gegebenen Wert $p_\mu$, $1 < p_\mu < \infty$, und $n_\mu$, $-\infty < n_\mu < -1$, erzielen kann. $z = z(w)$ bildet $F$ schlicht und konform in $|z| < R \leqq \infty$ ab. Man kann erreichen, daß der $\zeta = P_0$ entsprechende Flächenpunkt in $z = 0$ übergeht. Ist $\Gamma_\varrho$ derjenige Bogen des Kreises $|\zeta| = \varrho$, der ganz in $\overline{B}$ liegt und den Punkt $\zeta = i\varrho$ enthält, so ergibt sich als seine Länge $\pi \lambda(\varrho)\, \varrho$, $0 < \lambda(\varrho) < 1$. $\Gamma_\varrho$ entspricht in der $z$-Ebene einer geschlossenen Kurve, die $z = 0$ von $|z| = R$ trennt. Zwei Kurven $\Gamma_{\varrho_1}$, $\Gamma_{\varrho_2}$, $\varrho_1 < \varrho_2$ bestimmen ein ideal zusammenhängendes Ringgebiet $\Re(\varrho_1, \varrho_2)$ mit dem Modul $M(\varrho_1, \varrho_2)$. Über den Verlauf der $z$-Bilder von $\Gamma_\varrho$ sollen auf dem Wege über den Modulsatz Aussagen gemacht werden. Dazu sind hinreichend genaue Abschätzungen der Modulgröße $M(\varrho_1, \varrho_2)$ erforderlich.

Aus den in VI. angegebenen Eigenschaften der Modulgröße folgt

$$\int_{\varrho_1}^{\varrho_2} \frac{2}{\lambda(\varrho)} \frac{d\varrho}{\varrho} \leqq M(\varrho_1, \varrho_2). \tag{15}$$

Zur Abschätzung des Moduls nach oben wird $M(\varrho_1, \varrho_2)$ durch den Modul eines passenden Vierecks majorisiert. Es sei $\Gamma$ eine stückweise glatte Kurve mit der Parameterdarstellung $\zeta = \zeta(t)$, $0 \leq t < \infty$, $|\zeta(t)| \to \infty$ für $t \to \infty$ und $\zeta(0) = \zeta_0$, wobei $\zeta_0 \in \overline{B}$ in $\Re\,\zeta > 0$ auf $|\zeta| = \varrho_0$ liegt. Für alle $t \geq 0$ verlaufe $\varGamma'$ in $\overline{B}$ und habe mit dem Rand von $\overline{B}$ höchstens Punkte $Q_\mu$ gemeinsam. Schließlich soll $\varGamma'$ jeden Kreis $|\zeta| = \varrho > \varrho_0$ in genau einem Punkt treffen und in diesem Punkte den Kreis nicht berühren. $\varGamma''$ sei das Spiegelbild von $\varGamma'$ bezüglich der imaginären Achse. Von $\varGamma_\varrho$ schneiden $\varGamma'$, $\varGamma''$ einen Bogen $\varGamma_\varrho^*$ der Länge $\pi\,\lambda^*(\varrho)\,\varrho$ ab. Im Ringgebiet $\Re(\varrho_1,\varrho_2)$ bestimmen $\varGamma'$ und $\varGamma'^*$ ein Viereck $\mathfrak{B}(\varrho_1,\varrho_2)$ mit dem Modul $M^*(\varrho_1,\varrho_2)$, wobei $\dfrac{1}{M^*} \leq \dfrac{1}{M}$, also $M \leq M^*$ gilt. Nun wird $\mathfrak{B}(\varrho_1,\varrho_2)$ durch $\zeta \to \log\zeta_1$ schlicht und konform in ein Rechteck mit den Seiten $2\pi$ und $M^*$ abgebildet. Durch $\zeta \to \log\omega$, $\sigma = \varrho$ und

$$\psi - \frac{\pi}{2} = \frac{2}{\lambda^*(\varrho)}\left(\varphi - \frac{\pi}{2}\right),\ \zeta = \varrho\,e^{i\varphi}\ \text{und}\ \omega = \sigma\,e^{i\psi}\ \text{gesetzt, erhält man}$$

ein Rechteck mit den Seiten $2\pi$ und $\log\dfrac{\varrho_2}{\varrho_1}$, das quasikonformes Bild von $\mathfrak{B}$ ist. Aus $M^* \leq \displaystyle\int |d\log\zeta_1| = \int \sqrt{\left|\dfrac{d\log\zeta_1}{d\log\omega}\right|}\,|d\log\omega|$ folgt nach den Regeln über das Rechnen mit dem Dilatationsquotienten

$$M^*(\varrho_1,\varrho_2) \leq \int\limits_{\varrho_1}^{\varrho_2} \left\{ \frac{2}{\lambda^*(\varrho)}\left(1 + \frac{\pi^2}{4}\left(\frac{d\lambda^*}{d\log\sigma}\right)^2\right) \boxed{\frac{d\log\zeta_1}{d\log\omega}}\right\}^{1/2} d\log\sigma.$$

Anwendung der Schwarzschen Ungleichung und anschließende Integration nach $\psi$ ergibt

$$M(\varrho_1,\varrho_2) \leq M^*(\varrho_1,\varrho_2) \leq \int\limits_{\varrho_1}^{\varrho_2} \frac{2}{\lambda^*(\varrho)}\left(1 + \frac{\pi^2}{4}\left(\frac{d\lambda^*}{d\log\varrho}\right)^2\right) d\log\varrho$$

$$= \int\limits_{\varrho_1}^{\varrho_2} \frac{2}{\lambda(\varrho)}\,\frac{d\varrho}{\varrho} + h(\varrho_1,\varrho_2) \tag{15'}$$

mit

$$h(\varrho_1,\varrho_2) = \int\limits_{\varrho_1}^{\varrho_2} \left\{\frac{2}{\lambda^*} - \frac{2}{\lambda} + \frac{\pi^2}{2\lambda^*}\left(\frac{d\lambda^*}{d\log\varrho}\right)^2\right\} \frac{d\varrho}{\varrho}.$$

Mithin gilt

$$\left| M(\varrho_1,\varrho_2) - \int\limits_{\varrho_1}^{\varrho_2} \frac{2}{\lambda(\varrho)}\,\frac{d\varrho}{\varrho}\right| \leq h(\varrho_1,\varrho_2). \tag{16}$$

Ist nun $h(\varrho_1,\varrho_2)$ für $\varrho_2 \to \infty$ beschränkt, so sind die Voraussetzungen des Modulsatzes erfüllt, und mit $f(\varrho) = \displaystyle\int^{\varrho} \frac{2}{\lambda(\varrho)}\,\frac{d\varrho}{\varrho}$ erhält man

$$r_j(\varrho) = A\,e^{f(\varrho)}\left(1 + \varepsilon_j(\varrho)\right),\quad 0 < A < \infty \tag{17}$$

und

$$\varepsilon_j(\varrho) \to 0 \quad \text{für}\quad \varrho \to \infty,\quad j = 1, 2.$$

(17) zeigt wegen $r_1(\varrho) < R$ und $f(\varrho) \to \infty$ für $\varrho \to \infty$, daß die Fläche $F$ vom parabolischen Typus ist, also von einer in $|z| < \infty$ meromorphen Funktion $w = w(z)$ erzeugt wird.

Liegen von einem gewissen $\mu$ ab alle $Q_\mu$ auf einem Strahl $\arg(\zeta - \zeta_0) = \dfrac{\pi}{2}(1 - \mathfrak{a})$, $0 < \mathfrak{a} \leq 1$, so kann dieser Strahl als Kurve $\Gamma$ gewählt werden. Es gilt $\mathfrak{a} \equiv \lambda^*(\varrho) = \lambda(\varrho) + O\left(\dfrac{1}{\varrho}\right)$ und $\dfrac{d \log \varrho}{d \lambda^*} \equiv 0$. Wegen $h(\varrho_1, \varrho_2) = O\left(\dfrac{1}{\varrho}\right)$ und $f(\varrho) = \dfrac{2}{\mathfrak{a}} \log \varrho + O\left(\dfrac{1}{\varrho}\right)$ gilt nach (17) $r_j(\varrho) = A\, \varrho^{2/\alpha}\left(1 + \eta_j(\varrho)\right)$. Die erzeugende Funktion $w = w(z)$ hat auf dem von dem $z$-Bild der Kurve $\Gamma_\varrho$ berandeten endlichen Bereich $\nu(\varrho, a)$ $a$-Stellen. Diese Zahl läßt sich aus der $\zeta$-Ebene bestimmen. Entsprechendes ergibt sich für die Anzahlfunktionen $\nu_1(\varrho, a)$. Für $\nu(\varrho) = \underset{a}{\mathrm{Max}}\, \nu(\varrho, a)$ findet man, wenn $P_1$ in $\zeta = 1$ liegt, $\nu(\varrho) = \varrho \sin \dfrac{\pi\, \lambda(\varrho)}{2} + O(1)$, also $n(r) = \underset{a}{\mathrm{Max}}\, n(r, a) = B\, r^{\alpha/2}\left(1 + \varepsilon(r)\right)$, $0 < B < \infty$. $w = w(z)$ ist also von der Ordnung $\dfrac{\alpha}{2}$. Kleinen $\mathfrak{a}$-Werten entspricht eine starke Verschiebung der algebraischen Windungspunkte aus ihren ursprünglichen Lagen über $\pm 1$. Es ist, da $w = \infty$ nicht angenommen wird, $\delta(\infty) = 1$. Weiter ist $\vartheta(a) = 0$ für alle $a$, weil über $w = p_j$ und $n_j$ nur je ein zweiblättriger Windungspunkt liegt. Nun gilt aber, wie leicht zu bestätigen ist, $\Phi = \Phi_e = 1$, so daß eine genaue Defektrelation $\delta(\infty) + \Phi = 2$ erfüllt ist. Man vergleiche dazu auch SCHUBART [1] und [2].

Auf dem Wege über die Flächen $F$ lassen sich Funktionen mit unendlich vielen positiven Verzweigungsindizes $\vartheta(a_j)$ konstruieren. So findet man eine solche Funktion mit $\vartheta(a_j) = \dfrac{1}{2^j}$, $j = 1, 2, \ldots$, in folgender Weise. Bei festem $j$ werden in den Punkten $\zeta = 2^{j-1} + 2^j m$, $m = 0, 1, \ldots$, Einschnitte der Länge $L_j$ angebracht. Dabei sollen die Beziehungen $L_j \neq L_{j'}$, für $j \neq j'$ und $\varlimsup\limits_{j \to \infty} L_j = L < \infty$ bestehen. Die Grundpunkte $n_\mu$, $p_\mu$ sind also auf ein endliches Intervall der reellen $w$-Achse beschränkt. Als Kurve $\Gamma$ wird ein Strahl $\Im \zeta = L$, $\Re \zeta \geq \xi_0$, $\xi_0$ hinreichend groß gewählt. Dann ist $\lambda^*(\varrho) = 1 + O\left(\dfrac{1}{\varrho}\right)$, $\lambda(\varrho) = \lambda^*(\varrho) + O\left(\dfrac{1}{\varrho}\right)$, $\dfrac{d \log \varrho}{d \lambda^*} = O\left(\dfrac{1}{\varrho}\right)$ und daher $h(\varrho_1, \varrho_2) = O\left(\dfrac{1}{\varrho_1}\right)$. Die so bestimmte Fläche $F$ wird also von einer in $|z| < \infty$ eindeutigen analytischen Funktion $w = w(z)$ erzeugt. Es ist $\nu(\varrho) = \varrho\left(1 + \varepsilon(\varrho)\right)$, $\nu_1(\varrho, a_j) = \dfrac{\varrho}{2^j}\left(1 + \varepsilon(\varrho)\right)$. Daraus folgt, in Verbindung mit $r_j(\varrho) = \varrho^2\left(1 + \eta_j(\varrho)\right)$,

$$\vartheta(a_j) = \frac{1}{2^j} \quad \text{und} \quad \delta(\infty) + \sum_1^\infty \vartheta(a_j) = 1 + \sum_1^\infty \frac{1}{2^j} = 2.$$

An weiteren Ergebnissen (vgl. HUCKEMANN [1]) sei noch das folgende erwähnt: Zu zwei Zahlen $\underline{s}$ und $\bar{s}$, $0 \leq \underline{s} \leq \bar{s} \leq \tfrac{1}{2}$, läßt sich durch passende Wahl von $\lambda(\varrho)$ eine in $|z| < \infty$ meromorphe Funktion $w = w(z)$ finden, für welche

$$\underline{s} = \varliminf_{r \to \infty} \frac{\log T(r, w)}{\log r} \quad \text{und} \quad \bar{s} = \varlimsup_{r \to \infty} \frac{\log T(r, w)}{\log r}$$

gilt. Insbesondere kann $\underline{s} = 0$ und $\bar{s} = \tfrac{1}{2}$ erreicht werden. Führt man neben

$$\vartheta(a_j) = \underline{\vartheta}(a_j) = \varliminf_{r \to \infty} \frac{n_1(r, a_j)}{n(r)} \quad \text{noch} \quad \varlimsup_{r \to \infty} \frac{n_1(r, a_j)}{n(r)} = \bar{\vartheta}(a_j)$$

ein, so läßt sich eine Funktion $w(z)$ angeben mit dem Verzweigungsverhalten

$$\delta(\infty) = 1, \quad \sum_{j=1}^{\infty} \underline{\vartheta}(a_j) = 0, \quad \sum_{j=1}^{\infty} \bar{\vartheta}(a_j) = \infty.$$

8. Die Methode der partiellen Uniformisierung eignet sich auch zur Untersuchung der durch den Streckenkomplex Abb. 28 gegebenen Fläche (Vgl. KÜNZI [3]). Es sei $a_1 = \infty$ und $a_2 + a_3 + a_4 = 0$. Über $w = a_4$ soll der einzige logarithmische Windungspunkt liegen. Durch eine Flächenkurve $\Gamma$ mit der Spur $\gamma$ wird die Fläche $F$ in ein logarithmisches Windungsflächenstück $F_1$ und $F_2 = F - F_1$ zerfällt. $F_1$ wird durch $z_1 = \log(w - a_4) + c_1$ schlicht in ein Gebiet

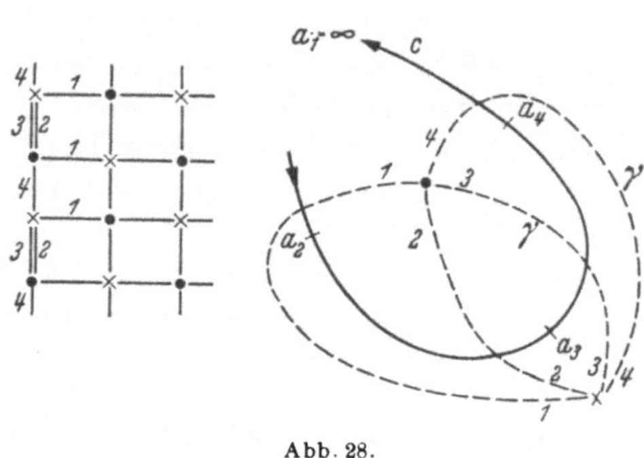

Abb. 28.

der $z$-Ebene abgebildet, wobei durch Wahl der Konstanten $c_1$ erzwungen werden kann, daß auf $\Gamma_{z_1}$, dem $z_1$-Bild von $\Gamma$, die Punkte $z_1 = 2\pi i j$ liegen. $F_2$ geht durch

$$Z = \int\limits_{a_1}^{w} \frac{dw}{\sqrt{4w^3 - g_2 w - g_3}} + c_2$$

in ein schlichtes Gebiet der $Z$-Ebene über. Durch Wahl von $c_2$ und $\gamma$ wird erreicht, daß dieses Gebiet die Halbebene $\Re Z > 0$ ist, das $Z$-Bild $\Gamma_Z$ von $\Gamma$ also mit der imaginären $Z$-Achse zusammenfällt. Beide Abbildungen erzeugen eine Zuordnung zwischen den Punkten $z_1 \in \Gamma_{z_1}$ und $Z \in \Gamma_Z$. Das $z_1$-Bild von $F_1$ wird unter Festhaltung der Punkte $z_1 = 0$, $2\pi i$, $\infty$ in $\Re z_2 < 0$ abgebildet; $\Gamma_{z_2}$ ist die Gerade $\Re z_2 = 0$. Damit sind $F_1$ und $F_2$ schlicht und konform in die Halbebene $\Re z_2 < 0$

und $\Re Z > 0$ abgebildet worden. Die Randpunkte $Z = iY$ und $z_2 = i\,y_2$ sind durch eine Beziehung $Y = h(y_2)$ verknüpft. Auf den Streifen $-a \leqq \Re z_2 \leqq 0$, $a > 0$, wendet man die quasikonforme Abbildung

$$X = x_2 ,$$

$$Y = h(y_2) + \big(h(y_2) - y_2\big)\frac{x_2}{a}, \qquad z_2 = x_2 + i\,y_2 , \qquad Z = X + iY,$$

an. Dabei bleiben die Punkte auf $\Re z_2 = a$ fest, während die Punkte $z_2 = i\,y_2$ in die Punkte $Z = i\,h(y_2)$ übergehen. Die benützten Hilfsabbildungen sind so beschaffen, daß der von $h(z_2)$ abhängige Dilatationsquotient $D_{z_2/Z}$ für alle $z_2$ des Streifens gleichmäßig beschränkt ist. Die drei Gebiete $G_1$: $\Re z_2 \leqq -a$, $G_2$: $-a \leqq \Re Z \leqq 0$, $G_3$: $\Re Z > 0$ können jetzt längs $\Re Z = -a$ und $\Re Z = 0$ verheftet werden. Als quasikonformes Bild von $F$ erhält man also $|Z| < \infty$. Durch $Z \to F \to z$ wird $|Z| < \infty$ in $|z| < \infty$ quasikonform abgebildet. Da die Abbildung $w \longleftrightarrow z_2$, $w \longleftrightarrow Z$ in $F_1, F_2$ konform ist, bekommt das Verzerrungsintegral $\iint\limits_{|Z| \geqq R} (D_{Z/z} - 1) \,\boxed{d \log Z} = H(R)$ nur von $G_2$ positive Beiträge. Eine einfache Rechnung ergibt $H(R) = O\left(\dfrac{1}{R}\right)$, woraus nach dem Verzerrungssatz folgt:

$$|z| = A\,|Z|\,(1 + \varepsilon(|Z|)), \qquad 0 < A < \infty .$$

Damit erhält man in Verbindung mit

$$v(R, a) = \frac{R^2}{2\,\Re\,\omega_1}\,(1 + \varepsilon(R)), \qquad v_1(R, a_j) = \frac{R^2}{4\,\Re\,\omega_1}\,(1 + \varepsilon(R)),$$

$$j = 1, 2, 3, 4,$$

für die Anzahlfunktionen

$$n(r, a) = \frac{1}{A^2}\,\frac{r^2}{2\,\Re\,\omega_1}\,(1 + \varepsilon(r)), \qquad n_1(r, a_j) = \frac{1}{A^2}\,\frac{r^2}{4\,\Re\,\omega_1}\,(1 + \varepsilon(r)),$$

$$N(r, a) = \frac{1}{A^2}\,\frac{r^2}{4\,\Re\,\omega_1}\,(1 + \varepsilon(r)), \qquad N_1(r, a_j) = \frac{1}{A^2}\,\frac{r^2}{8\,\Re\,\omega_1}\,(1 + \varepsilon(r)).$$

Daraus folgt wegen $m(r, a) = O(\log r)$, $a \neq a_4$,

$$T(r, w) = \frac{1}{A^2}\,\frac{r^2}{4\,\Re\,\omega_1}\,(1 + \varepsilon(r)).$$

$w = w(z)$ ist vom Mitteltypus der Ordnung 2 und hat die Verzweigungseigenschaften

$$\delta(a) = 0 \quad \text{für alle } a, \qquad \vartheta(a_j) = \frac{1}{2} \quad \text{für } j = 1, \ldots, 4.$$

Die hier bevorzugte Art der Zerschneidung (Abtrennen passender logarithmischer Windungsflächenstücke) kann man auch, wie zuerst von

WITTICH [4] gezeigt wurde, bei der Behandlung der Flächen mit endlich vielen periodischen Enden verwenden. KÜNZI ([3] und besonders [4]) hat, indem er diese Methode weiterentwickelte, Flächen mit endlich vielen einfach und doppelt periodischen Enden behandelt. Diese Flächen sind vom parabolischen Typus. Die wesentliche Eigenschaft der eben betrachteten Fläche, daß nämlich der logarithmische Windungspunkt über $w = a_4$ keinen positiven Defekt der erzeugenden Funktion bedingt, gilt unverändert für die von KÜNZI betrachteten Flächen. Enthält eine solche Fläche auch nur ein doppeltperiodisches Ende, so gilt $\delta(a_j) = 0$, wie groß auch die endliche Anzahl $\mu_j$ der über $w = a_j$ gelegenen logarithmischen Windungspunkte sein möge.

Wir betrachten zur Ergänzung der letzten Bemerkung noch einige Beispiele. Nach KÜNZI [4] wird die Ordnung $\lambda$ der erzeugenden gebrochenen Funktion $w(z)$ durch

$$\lambda = (p + 2q)\,\beta, \qquad \beta = 1 + \left(\frac{2}{p+2q}\;\frac{\log A}{2\pi}\right)^2, \quad \text{also} \quad \lambda \geq (p + 2q)$$

gegeben. $p$ ist die Anzahl der einfach periodischen Enden, $q$ die der doppelt periodischen Enden und $A$, wie bei den Flächen mit nur einfach periodischen Enden, der Quotient $\dfrac{\omega_1\,\omega_2\,\ldots\,\omega_p}{\omega_1'\,\omega_2'\,\ldots\,\omega_p'} = A$. Danach

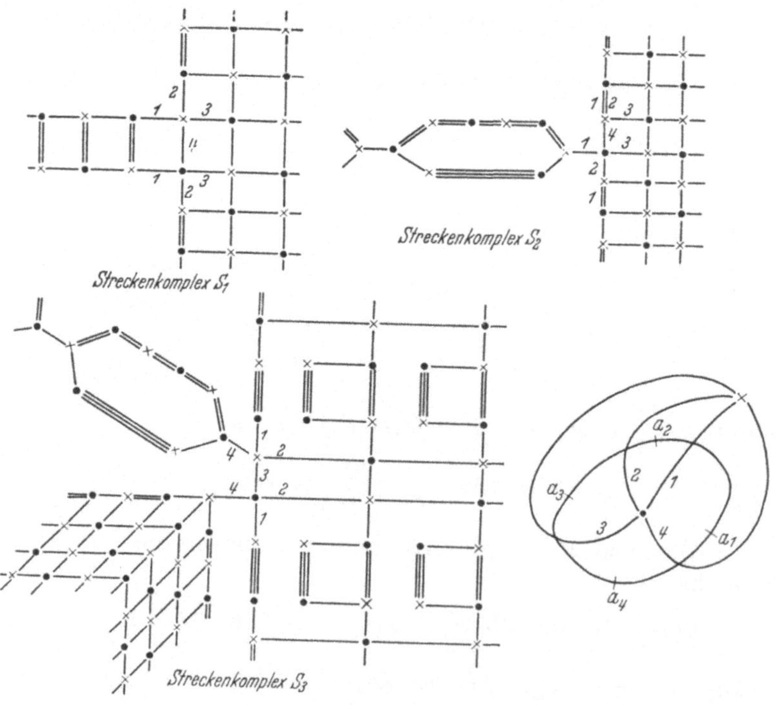


Abb. 29.

gilt für den Streckenkomplex $S_1$ in Abb. 29 $\lambda_1 = 3$ und für $S_2$ $\lambda_2 = 3\left[1 + \left(\frac{2}{3}\,\frac{\log 1.5}{2\pi}\right)^2\right]$. In beiden Fällen ist $\vartheta(a_j) = \frac{1}{2}$, $j = 1, \ldots, 4$. Das einzige einfach periodische Ende beeinflußt nur die Wachstumsordnung. In $S_3$ ist $p = 1$, $q = 2$ und $\lambda_3 = 5\left[1 + \left(\frac{2}{5}\,\frac{\log 1.5}{2\pi}\right)^2\right]$. Die Verzweigungsindizes berechnen sich zu $\vartheta(a_1) = \vartheta(a_2) = \dfrac{2\sqrt[5]{\frac{3}{2}} + \sqrt{(\frac{2}{3})^5}}{3\sqrt[5]{\frac{3}{2}} + 2\sqrt{(\frac{2}{3})^5}}$ und $\vartheta(a_3) = \vartheta(a_4) = \dfrac{\sqrt[5]{\frac{3}{2}} + \sqrt{(\frac{2}{3})^5}}{3\sqrt[5]{\frac{3}{2}} + 2\sqrt{(\frac{2}{3})^5}}$, also $\sum_{1}^{4} \vartheta(a_j) = 2$.

# IX. Funktionen mit beschränktem Dirichlet-Integral.

1. In einem schlichten, endlich vielfach zusammenhängenden Gebiet $G$ der $z$-Ebene werden alle eindeutigen regulär analytischen Funktionen $w(z)$ betrachtet, die in $G$ quadratisch integrierbar sind:

$$\iint\limits_{G} |w(z)|^2\,dx\,dy = \lim_{n \to \infty} \iint\limits_{G_n} |w(z)|^2\,dx\,dy < \infty;$$

die Teilbereiche $G_n$ schöpfen für $n \to \infty$ das Gebiet $G$ aus. Weiter soll $G$ mindestens ein Randkontinuum besitzen und die Funktionen $w(z)$ sollen eindeutige Integralfunktionen haben. Diese Zusatzvoraussetzungen sind für die beabsichtigten Anwendungen wichtig. Unter dem Skalarprodukt $(f, g)$ versteht man das Integral

$$(f, g) = \iint\limits_{G} f(z)\,\overline{g(z)}\,dx\,dy. \tag{1}$$

Da $f(z)$, $g(z)$ quadratisch integrierbar sind, folgt nach der Schwarzschen Ungleichung die Existenz von (1). Für $f = g$ gilt

$$(f, f) = N(f) = \iint\limits_{G} |f(z)|^2\,dx\,dy;$$

$N(f)$ heißt die Norm von $f(z)$. $f(z) \equiv 0$ zieht $N(f) = 0$ nach sich und umgekehrt. Wegen $\sqrt{N(f + g)} \leqq \sqrt{N(f)} + \sqrt{N(g)}$ ist mit $f$ und $g$ auch $f + g$ quadratisch integrierbar. Durch (1) wird die Klasse der betrachteten Funktionen zu einem metrischen Raum $H$, der abgeschlossen ist. Von grundlegender Bedeutung ist der folgende Satz: Im Raum $H$ gibt es vollständige orthonormale Systeme $\varphi_j(z)$:

$$(\varphi_j, \varphi_k) = \delta_{jk} = \begin{cases} 1 & j = k \\ 0 & j \neq k \end{cases}.$$

Die Elemente von $H$ und die Reihen $\sum_j c_j \, \varphi_j(z)$ mit $\sum_j |c_j|^2 < \infty$ entsprechen sich eindeutig. Die Reihe $f(z) = \sum_j c_j \, \varphi_j(z)$, $c_j = (f, \varphi_j)$, konvergiert gleichmäßig auf jedem Teilbereich von $G$. Beweise dieses Satzes findet man bei Bergmann [1], Bochner [1], Lehto [1]. Wichtig für die Theorie der orthonormalen Systeme ist die mit einem Orthonormalsystem $\varphi_j(z)$ gebildete Kernfunktion $K(z, \bar{t}) = \sum_j \varphi_j(z) \, \overline{\varphi_j(t)}$. $K(z, \bar{t})$ ist, wenn $t$ einem Teilbereich von $G$ angehört, ein Element aus $H$. Mit $f(z) = \sum_j c_j \, \varphi_j(z)$ gilt nach **(1)**

$$(f(t), K(t, \bar{z})) = \left(f(t), \sum_j \varphi_j(t) \, \overline{\varphi_j(z)}\right) = \sum_j (f, \varphi_j) \, \varphi_j(z) = f(z).$$

Man betrachtet nun alle Funktionen $f(z)$ aus $H$, die an einer Stelle $z = t$ den Wert 1 annehmen. Dann gilt

$$1 = |f(t)|^2 \leq \left(\sum_j |c_j \, \varphi_j(t)|\right)^2 \leq \sum_j |c_j|^2 \sum_j \varphi_j(t) \, \overline{\varphi_j(t)} = N(f) \, K(t, \bar{t}).$$

Es ist also $N(f) \geq \dfrac{1}{K(t, \bar{t})}$. Für

$$f(z) = \frac{K(z, \bar{t})}{K(t, \bar{t})} \tag{2}$$

gilt das Gleichheitszeichen. Aus dieser Tatsache folgt weiter, daß die Kernfunktion $K(z, \bar{t})$ allein vom Gebiet $G$ abhängt: Gehört $K(z, \bar{t})$ zu dem Orthonormalsystem $\varphi_j(z)$, $K^*(z, \bar{t})$ zu dem System $\varphi_j^*(z)$, dann gilt $K(z, \bar{t}) \equiv K^*(z, \bar{t})$.

2. Betrachtet man alle Funktionen $f(z) \in H$, die in $n$ gegebenen Punkten $z_j \in G$ gegebene Werte $w_j$ annehmen, $w_j = f(z_j)$, so wird man entsprechend nach zulässigen Funktionen mit kleinster Norm fragen. Ist $f(z)$ eine solche Lösung und verschwindet $g(z) \in H$ an den Stellen $z_j$, so hat $h(z) = f(z) + \lambda g(z)$ die Eigenschaft $h(z_j) = w_j$ und gehört zu $H$. Nun ist

also
$$N(h) = N(f) + \lambda[(f, g) + (g, f) + \lambda N(g)],$$
$$\lambda[(f, g) + (g, f) + \lambda N(g)] \geq 0,$$

weil $f(z)$ Extremalfunktion sein soll. Das ist, da $\lambda$ eine beliebige reelle Zahl bedeutet, nur für $(f, g) + (g, f) = 0$ möglich. Daraus folgt ferner $N(h) = N(f) + \lambda^2 N(g) = N(f) + N(h - f)$, also $N(h) \geq N(f)$ und $N(h) = N(f)$ nur, wenn $h(z) \equiv f(z)$ ist. Die Aufgabe hat, wenn sie überhaupt lösbar ist, nur eine Lösung. Bei der in **1.** erwähnten Extremalaufgabe ist also $f(z) = \dfrac{K(z, \bar{t})}{K(t, \bar{t})}$ die einzige Extremalfunktion.

Die gesuchte Lösung wird angesetzt in der Form $f(z) = \sum_j c_j\, \varphi_j(z)$.

Dann muß $\sum_j c_j\, \bar{c}_j$ zum Minimum gemacht werden unter den Nebenbedingungen $\sum_j c_j\, \varphi_j(z_k) = w_k$, $k = 1, \ldots, n$. Nach der Methode von LAGRANGE folgt, wenn $\lambda_1, \ldots, \lambda_n$ die Multiplikatoren sind, $c_j = \sum_{k=1}^{n} \bar{\lambda}_k\, \overline{\varphi_j}(z_k)$ und $f(z) = \sum_{k=1}^{n} \bar{\lambda}_k\, K(z, \bar{z}_k)$. Die Multiplikatoren sind aus dem Gleichungssystem $\sum_{k=1}^{n} \bar{\lambda}_k\, K(z_m, \bar{z}_k) = w_m$, $m = 1, 2, \ldots, n$, zu bestimmen. Dieses Gleichungssystem ist eindeutig lösbar; mit den so gewonnenen Multiplikatoren $\lambda_k$ ergibt sich die gesuchte Funktion

$$f(z) = \sum_{k=1}^{n} \bar{\lambda}_k\, K(z, \bar{z}_k).$$

Für den Einheitskreis $|z| < 1$ als Gebiet $G$ hat LOKKI [1] ausführlich die folgende Aufgabe behandelt: Unter allen zu $w(z) \in H$ gehörigen Integralfunktionen $W(z)$, die in gegebenen Punkten $z_1$, $z_2, \ldots, |z_j| < 1$, vorgeschriebene Werte $W_1, W_2, \ldots$ annehmen, $W(z_j) = W_j$, $j = 1, 2, \ldots$, sollen diejenigen bestimmt werden, für welche das DIRICHLET-Integral $D(W) = N(W') = N(w)$ einen kleinsten Wert annimmt. Im Falle endlich vieler Stellen $z_1, z_2, \ldots, z_n$ gibt es genau eine Extremalfunktion $F_n(z)$, die das DIRICHLET-Integral zum Minimum $D_n$ macht. Die $D_n$ bilden eine monoton wachsende Folge. Ist $\lim_{n \to \infty} D_n = D_\infty = \infty$, so gibt es keine Integralfunktion $W(z)$, die die Interpolationsaufgabe $W(z_j) = W_j$, $j = 1, 2, \ldots$, löst. Hat $D_\infty$ einen endlichen Wert, dann gibt es genau eine Extremalfunktion $F_\infty(z)$, $D(F_\infty) = D_\infty$. Im Bestimmtheitsfall ist $F_\infty(z)$ die einzige Lösung der Interpolationsaufgabe, während im Unbestimmtheitsfalle neben $F_\infty(z)$ noch unendlich viele $F(z)$ existieren, die den Bedingungen $F(z_j) = W_j$ und $D_\infty = D(F_\infty) < D(F) < \infty$ genügen. Welcher der beiden Fälle vorliegt, hängt allein von der Folge $z_1, z_2, \ldots$ ab. Die Funktionen $F(z)$ sind, da aus der sphärischen Normalform der Charakteristik und $D(F) < \infty$ $T(r, F) = O(1)$ folgt, beschränktartig. Nach einem Satz von F. und R. NEVANLINNA [2] sind zwei beschränktartige Funktionen $F_1(z)$ und $F_2(z)$ identisch, wenn in einer Punktmenge $z_j$, für welche die Reihe $\sum_1^{\infty} (1 - |z_j|)$ divergent ist, $F_1(z_j) = F_2(z_j)$ gilt. Wegen des Nachweises dafür, daß diese Bedingung auch notwendig ist, muß auf die Arbeit von LOKKI [1] verwiesen werden. Man vgl. auch weiter LOKKI [2] und [3].

3. Enthält $G$ den Nullpunkt, dann folgt aus (2) mit $t = 0$

$$f(z) = \frac{K(z, \bar{0})}{K(0, \bar{0})}, \quad N(f) = \frac{1}{K(0, \bar{0})} \text{ und } (h, f) = N(f)\, h(0), \; h \in H. \quad (2')$$

Ist $z = \infty$ innerer Punkt von $G$, so hat jedes Element von $H$ in der Umgebung von $z = \infty$ die Entwicklung $\frac{a_2}{z^2} + \frac{a_3}{z^3} + \cdots$. (2') führt nun sofort zur Lösung der folgenden Aufgabe: Von allen Funktionen $f(z) \in H$ mit der Entwicklung $f(z) = -\frac{1}{z^2} + \frac{a_3}{z^3} + \cdots$ sind diejenigen mit kleinster Norm zu bestimmen.

Durch eine Stürzung geht $G$ in ein Gebiet über, das den Nullpunkt enthält. Beachtet man, daß bei einer konformen Abbildung $\zeta = \zeta(z)$ die Elemente $f(z) \in H$ durch $f(z) \to f(\zeta)\frac{d\zeta}{dz}$ transformiert werden, dann folgt aus (2') für die Extremalfunktion

$$B'(z) = -\lim_{t \to \infty} \frac{1}{t^2}\frac{K(z,\bar{t})}{K(t,\bar{t})} \; ; \quad N(B') = \lim_{t \to \infty} \frac{1}{|t|^4\,K(t,\bar{t})} \, ,$$
$$(h, B') = -N(B')\lim_{t \to \infty} t^2\,h(t) \, . \tag{3}$$

Die Funktion $B(z) = -\int\limits_\infty^z \lim_{t \to \infty} \frac{1}{t^2}\frac{K(z,\bar{t})}{K(t,\bar{t})}\,dz = \frac{1}{z} + \frac{C_2}{z^2} + \cdots$ gibt dem Dirichlet-Integral $N(F') = D(F)$ seinen kleinsten Wert, wenn alle zu $H$ gehörigen Integralfunktionen $F(z)$ mit der Entwicklung $F(z) = \frac{1}{z} + \frac{c_2}{z^2} + \cdots$ in $z = \infty$ zur Konkurrenz zugelassen sind. Jede von $B(z)$ verschiedene Funktion $F(z)$ erzeugt also von $G$ ein Bildgebiet, dessen Inhalt größer ist als der Inhalt des von $B(z)$ erzeugten Gebietes.

4. Mit Rücksicht auf spätere Anwendungen soll (1) umgeformt werden. Das Gebiet $G$, das $z = \infty$ enthalten möge, wird durch eine Folge von Gebieten $G_n$, $G_1 \subset G_2 \subset \cdots$, $z = \infty \in G_n$, ausgeschöpft. Der Rand $\Gamma_n$ von $G_n$ soll aus einer endlichen Anzahl glatter Kurven bestehen. Für $n \to \infty$ strebt der Rand $\Gamma_n$ von $G_n$ gegen den Rand $\Gamma$ von $G$. $r$ wird so groß gewählt, daß $\Gamma$ und alle $\Gamma_n$ der Kreisscheibe $|z| < r$ angehören. $G'$ bzw. $G'_n$ ist der Durchschnitt von $G$ bzw. $G_n$ mit $|z| < r$. Mit $F'(z) = f(z)$ gilt nach der Greenschen Formel

$$\iint\limits_{G'_n} f(z)\,\overline{g(z)}\,dx\,dy = \frac{i}{2}\int\limits_{\Gamma_n} F(z)\,\overline{g(z)}\,d\bar{z} + \frac{i}{2}\int\limits_{|z|=r} F(z)\,\overline{g(z)}\,d\bar{z}. \tag{*}$$

Da bei $n \to \infty$ die linke Seite gegen einen Grenzwert strebt, existiert auch $\lim\limits_{n \to \infty}\int\limits_{\Gamma_n} F\,\bar{g}\,d\bar{z} = \int\limits_\Gamma F(z)\,\overline{g(z)}\,d\bar{z}$. Aus $f(z) = \frac{a_2}{z^2} + \cdots$, $g(z) = \frac{b_2}{z^2} + \cdots$ folgt $\int\limits_{|z|=r} F\,\bar{g}\,d\bar{z} \to 0$ für $r \to \infty$, also

$$(f, g) = \iint\limits_G f(z)\,\overline{g(z)}\,dx\,dy = \frac{i}{2}\int\limits_\Gamma F(z)\,\overline{g(z)}\,d\bar{z}. \tag{1'}$$

Gilt wieder $z = \infty \in G$, so soll die Klasse $\overline{H}$ neben den Funktionen $f(z) \in H$ auch noch die Konstanten enthalten. Eine Funktion $g(z) \in \overline{H}$, die in $z = \infty$ den Wert $c$ annimmt, ist daher von der Form $g(z) = c - f(z) = c - \sum_j c_j\, \varphi_j(z)$; $\varphi_j(z)$ ist ein vollständiges Orthonormalsystem in $H$. Eine Definition des Skalarproduktes nach (1) ist für beliebige Elemente $f, g$ aus $\overline{H}$ nicht möglich. Aus (*) ist aber zu erkennen, daß das Integral $\int_\Gamma F(z)\,\overline{g(z)}\,d\overline{z}$ existiert. Durch

$$(f,\, g) = \frac{i}{2} \int_\Gamma F(z)\,\overline{g(z)}\,d\overline{z}, \qquad f = F' \in \overline{H},\; g \in \overline{H}, \tag{4}$$

wird in $\overline{H}$ eine Metrik eingeführt. Aus dieser Definition folgt: $(f,\, h) = \sum_j (f,\, \varphi_j)\,\overline{c}_j$, wenn $f$ zu $\overline{H}$ und $h = \sum_j c_j\, \varphi_j(z)$ zu $H$ gehört. Die Funktion $\sum_j (f,\, \varphi_j)\, \varphi_j(z)$ gehört für alle $f \in \overline{H}$ zu $H$.

Mit $w = u + iv = F$ erhält man aus (4)

$$N(f) = \frac{i}{2} \int_\Gamma w\, d\overline{w} = \frac{i}{4} \int_\Gamma d\,|w|^2 + \frac{1}{2} \int_\Gamma (u\,dv - v\,du) = \frac{1}{2} \int_\Gamma (u\,dv - v\,du)$$

$N(f)$ gibt, wenn $f$ ein Element von $H$ ist, den Inhalt des Gebietes an, das $F(z)$ von $G$ entwirft. Ist $F(z)$ schlicht und $F'(\infty) = f(\infty) \neq 0$, dann ist $-N(f)$ gleich dem äußeren Flächenmaß derjenigen Punktmenge, die vom Bild des Gebietes $G$ nicht überdeckt wird. $N(f)$ ist für $f \in \overline{H}$ stets eine reelle Zahl, die auch negativ sein kann.

5. In $\overline{H}$ werden nun alle Funktionen $g(z) = 1 - \sum_j c_j\, \varphi_j(z)$, $\sum_j |c_j|^2 < \infty$, betrachtet, die in $z = \infty$ den Wert 1 annehmen. Gefragt wird nach denjenigen zulässigen Funktionen, für welche die Norm $N(g)$ möglichst klein wird. Zur Lösung wird $N(g)$ berechnet:

$$N(g) = N(1) + \sum_j c_j\,\overline{c}_j - \sum_j \overline{c}_j\,(1,\, \varphi_j) - \sum_j c_j\,\overline{(1,\, \varphi_j)}.$$

Aus den Gleichungen $\dfrac{\partial N(g)}{\partial \overline{c}_j} = 0$, $\dfrac{\partial N(g)}{\partial c_j} = 0$ ergibt sich $c_j = (1,\, \varphi_j)$. Die mit diesen Koeffizienten gebildete Funktion $A'(z) = 1 - \sum_j (1,\, \varphi_j)\, \varphi_j(z)$ gehört zu $\overline{H}$, und ihre Norm ist $N(A') = N(1) - \sum_j |(1,\, \varphi_j)|^2$. Diese Funktion löst die Minimumaufgabe und ist auch die einzige Lösung. Ist nämlich $g(z)$ eine beliebige zulässige Funktion, so gilt

$$N(g) - N(A') = \sum_j |c_j|^2 + \sum_j |(1,\, \varphi_j)|^2 - 2\Re\left(\sum_j \overline{c}_j\,(1,\, \varphi_j)\right)$$

$$= N(g - 1) + N(A' - 1) - 2\Re\big((g - 1),\, (A' - 1)\big)$$

$$= N(g - A') \geqq 0,$$

weil $g(z) - A'(z)$ zu $H$ gehört. Aus $N(g) = N(A')$ folgt wegen $N(g - A') = 0$ $g(z) \equiv A'(z)$.

Diese beiden durch Extremaleigenschaften charakterisierten Funktionen $A(z) = z - \int_\infty^z \sum_j (1, \varphi_j)\, \varphi_j(z)\, dz$ und $B(z)$ führen nun zu Horizontal- und Vertikalschlitzabbildungen. In $w(z) = A(z) + k\, B(z)$ kann, wie Lehto [1] gezeigt hat, die reelle Zahl $k$ so bestimmt werden, daß $w(z) = z + \dfrac{a_1}{z} + \cdots$ das Gebiet $G$ schlicht in einen Horizontalschlitzbereich abbildet. $k$ hat den Wert

$$\frac{\pi}{N(B')} = \pi \lim_{t \to \infty} |t|^4 K(t, \bar{t}).$$

Die Funktion $w^*(z) = A(z) - k\, B(z) = z + \dfrac{b_1}{z} + \cdots$ bildet $G$ in einen Vertikalschlitzbereich ab. Aus $B(z) = \dfrac{1}{z} + \cdots = \dfrac{a_1 - b_1}{2k}\, \dfrac{1}{z} + \cdots$ folgt $a_1 - b_1 = 2k = \dfrac{2\pi}{N(B')} = S$. Die Spanne $S$ des Gebietes $G$ ist, da $B'$ zu $H$ gehört, eine nichtnegative Zahl. Aus

$$N(w') = 0 = N(A') + k^2\, N(B') = -(J(\overline{G}) + \sum_j |(1, \varphi_j)|^2) + \frac{\pi}{2} S$$

folgt

$$S = \frac{2}{\pi}\left(J(\overline{G}) + \sum_j |(1, \varphi_j)|^2\right) \geq \frac{2}{\pi} J(\overline{G}), \tag{5}$$

ein Ergebnis, das von Schiffer [1] bewiesen wurde. $J(\overline{G})$ ist das äußere Flächenmaß des Komplementes $\overline{G}$ von $G$.

Schiffer [1] hat gezeigt, daß $A(z) = \frac{1}{2}\big(w(z) + w^*(z)\big)$ eine schlichte Funktion ist. Aus der Extremaleigenschaft $N(w') \geqq N(A')$ folgt, wenn $w(z) = z + \dfrac{c}{z} + \cdots$ $G$ schlicht in $G_w$ abbildet und $J(\overline{G}_w)$ das äußere Flächenmaß des Komplementes $\overline{G}_w$ von $G_w$ bezeichnet, $J(\overline{G}_A) > J(\overline{G}_w)$ für $w(z) \not\equiv A(z)$.

Wegen weiterer Zusammenhänge zwischen den Kernfunktionen und konformen Abbildungen auf Normalgebiete muß auf die zusammenfassende Darstellung von Bergmann [1] und Schiffer [2] hingewiesen werden. Neben der dort angegebenen Literatur vgl. man auch Meschkowski [1] und [2].

6. Im folgenden werden Funktionen $w = w(z)$ betrachtet, die in einem Gebiet $G$ eindeutig analytisch sind und deren Anwachsen durch die Forderung eingeschränkt wird, daß das Dirichlet-Integral

$$N(w') = D(w) = \iint_G |w'(z)|^2\, dx\, dy$$

endlich sein soll. Die Funktionen $w(z) \equiv$ const. erfüllen diese Bedingungen. Es gibt Gebiete, in denen es keine nichtkonstanten eindeutigen analytischen Funktionen mit endlichem DIRICHLET-Integral gibt. Ist etwa $G$ das Gebiet $|z| < \infty$, so hat jede nichtkonstante ganze Funktion $w(z) = a_0 + a_1 z + \cdots$ ein unbeschränktes DIRICHLET-Integral, wie man der Beziehung

$$D_r(w) = \iint\limits_{|z| \leq r} |w'|^2 \, dx \, dy$$
$$= \pi \left\{ |a_1|^2 r^2 + 2 |a_2|^2 r^4 + \cdots + n |a_n|^2 r^{2n} + \cdots \right\}$$

entnimmt. Danach ergibt sich das folgende Problem: Es sei $E$ eine abgeschlossene und beschränkte Punktmenge der $z$-Ebene mit zusammenhängendem Komplement $G$. Wann gibt es in $G$ keine eindeutigen nichtkonstanten analytischen Funktionen mit endlichem DIRICHLET-Integral? Die Punktmenge $E$ heißt $D$-hebbar, wenn sie diese Eigenschaft hat. Man bemerkt, daß eine $D$-hebbare Punktmenge kein Kontinuum enthalten kann. Ist nämlich ein solches vorhanden, dann bildet eine schlichte konforme Abbildung $G$ in ein Gebiet $G_\zeta$ ab, dessen Komplement innere Punkte enthält. Ist $a$ ein solcher Punkt, dann ist $\dfrac{1}{\zeta - a}$ eine in $G_\zeta$ eindeutige nichtkonstante analytische Funktion mit endlichem DIRICHLET-Integral. Daraus erhält man eine in $G$ nichtkonstante Funktion mit $D(w) < \infty$, $(D(w) < \infty$ ist eine Folge der bekannten Tatsache, daß bei schlichten konformen Abbildungen das DIRICHLET-Integral seinen Wert nicht ändert). Nach LEHTO [2] muß eine nicht $D$-hebbare Punktmenge $E$ positives lineares Maß haben; man vergleiche dazu IX.12. Bei der Untersuchung $D$-hebbarer Punktmengen kann man also annehmen, daß $E$ eine diskrete Punktmenge ist. Es gibt, wie MYRBERG gezeigt hat, diskrete nicht $D$-hebbare ebene Punktmengen (Zusatzbemerkung SARIO [1]).

7. Ein Gebiet $G$ der $z$-Ebene soll $z = \infty$ enthalten. $\mathfrak{D} = \mathfrak{D}(G)$ bezeichnet die Klasse aller Funktionen, die in $G$ eindeutig analytisch sind und deren DIRICHLET-Integral $D(w)$ höchstens gleich $\pi$ ist. $\mathfrak{D}$ ist nicht leer, da die Konstanten zulässige Funktionen sind. AHLFORS und BEURLING [1] führen mit $z_0 \in G$ den Ausdruck

$$M_{\mathfrak{D}}(z_0, G) = \overline{\underset{w \in \mathfrak{D}}{\mathrm{fin}}} \, |w'(z_0)|$$

ein. Diese Größe wird zunächst für ein Gebiet $G$ berechnet, das von einer endlichen Anzahl analytischer Kurven berandet wird. Der Rand, in mathematisch positivem Sinne durchlaufen, sei $\Gamma$ und $w(z) \in \mathfrak{D}(G)$, auf $G + \Gamma$ regulär analytisch. Nach 5. gibt es zwei Funktionen

$$p(z) = \frac{1}{z - z_0} + a(z - z_0) + \cdots \quad \text{und} \quad q(z) = \frac{1}{z - z_0} + b(z - z_0) + \cdots$$

mit folgender Eigenschaft: $p(z)$ bildet $G$ schlicht und konform in ein Gebiet ab, dessen Rand aus Horizontalschlitzen besteht. $q(z)$ erzeugt aus $G$ ein schlichtes Gebiet mit Vertikalschlitzen.

Nach 5. gehört $p'(z) - q'(z)$ zu $H$; es gilt nach (1')

$$(w', p' - q') = D(w, p - q)$$
$$= \iint\limits_G w'(z)\,(\overline{p'(z)} - \overline{q'(z)})\,dx\,dy = \frac{i}{2}\int\limits_\Gamma w\,(d\overline{p} - d\overline{q})\,.$$

Wegen $d\overline{p} = dp$ und $d\overline{q} = -dq$ auf $\Gamma$ erhält man, zusammen mit dem Residuensatz,

$$\int\limits_\Gamma w\,(d\overline{p} - d\overline{q}) = \int\limits_\Gamma w\,(dp + dq) = -4\pi\,i\,w'(z_0)\,,$$

also $\qquad\qquad D(w, p - q) = 2\pi\,w'(z_0)\,.$

Insbesondere ist $N(p' - q') = D(p - q) = 2\pi(a - b) \geqq 0$. Nach der SCHWARZschen Ungleichung gilt weiter:

$$4\pi^2\,|w'(z_0)|^2 = |D(w, p - q)|^2 \leqq D(w)\,D(p - q) \leqq 2\pi^2\,(a - b)\,,$$

also

$$\left|\,w'\,(z_0)\,\right| \leqq \sqrt{\frac{a - b}{2}} \quad\text{und}\quad M_\mathfrak{D}(z_0, G) \leqq \sqrt{\frac{a - b}{2}}\,.$$

Da für $w(z) = \dfrac{p(z) - q(z)}{\sqrt{2(a - b)}}$   $|w'(z_0)| = \sqrt{\dfrac{a - b}{2}}$ wird, erhält man

$$M_\mathfrak{D}(z_0, G) = \sqrt{\frac{a - b}{2}}\,.$$

Ist jetzt $E$ eine beliebige beschränkte und abgeschlossene Punktmenge, so kann ihr Komplement, das Gebiet $G$, durch eine Folge von Gebieten $G_n$, $G_1 \subset G_2 \subset \cdots \subset G_n \subset \cdots$, ausgeschöpft werden. Der Rand $\Gamma_n$ von $G_n$ soll aus endlich vielen analytischen Kurven bestehen. Nach Definition der Größe $M_\mathfrak{D}(z_0, G)$ gilt $0 \leqq M(z_0, G_{n+1}) \leqq M(z_0, G_n)$. Weiter ist die Folge $a_n - b_n$ monoton fallend. Daher erhält man

$$\lim_{n \to \infty} M(z_0, G_n) = M_\mathfrak{D}(z_0, G) = \sqrt{\frac{a - b}{2}} = \lim_{n \to \infty} \sqrt{\frac{a_n - b_n}{2}}\,; \qquad (6)$$

$z_0 = \infty$ ergibt $M_\mathfrak{D}(\infty, G) = \sqrt{\dfrac{S(G)}{2}}$, wenn $S(G) = S$ die Spanne von $G$ bezeichnet. Mit $M_\mathfrak{D}(z_1, z_2, G) = \overline{\lim_{w \in \mathfrak{D}}}\,|w(z_1) - w(z_2)|$, $z_1, z_2 \in G$, folgt aus $M_\mathfrak{D}(z_1, z_2, G) = 0$ die Beziehung $M_\mathfrak{D}(z_0, G) \equiv 0$, $z_0 \in G$.

8. Es ist zweckmäßig, neben der Klasse $\mathfrak{D}(G)$ noch die Funktionenklasse $\mathfrak{S}\,\mathfrak{E}(G)$ zu betrachten. Die Klasse $\mathfrak{E}(G)$ besteht aus allen in $G$

eindeutig analytischen Funktionen mit der folgenden Eigenschaft: $\dfrac{1}{w(z) - w(z_0)}$ läßt eine Menge von Werten aus, deren Flächenmaß nicht kleiner als $\pi$ ist. Die schlichten Funktionen aus $\mathfrak{E}(G)$ zusammen mit den Konstanten bilden die Klasse $\mathfrak{S}\,\mathfrak{E}(G)$. Aus

$$M_{\mathfrak{S}\mathfrak{E}}(z_0, G) = \overline{\lim_{w \in \mathfrak{S}\mathfrak{E}}} \, |w'(z_0)| = 0$$

folgt wegen der Schlichtheit, daß $M_{\mathfrak{S}\mathfrak{E}}(z_0, G)$ für alle $z_0 \in G$ verschwindet. Zwischen $M_{\mathfrak{D}}(z_0, G)$ und $M_{\mathfrak{S}\mathfrak{E}}(z_0, G)$ besteht der Zusammenhang

$$M_{\mathfrak{D}}(z_0, G) = M_{\mathfrak{S}\mathfrak{E}}(z_0, G). \tag{7}$$

Zum Beweis von (7) wird zunächst wieder angenommen, daß der Rand $\Gamma$ von $G$ aus endlich vielen analytischen Kurven besteht. $w = w(z)$ sei ein Element der Klasse $\mathfrak{S}\mathfrak{E}(G)$ und

$$g(z) = \frac{1}{w(z) - w(z_0)} = \frac{c}{z - z_0} + \cdots, \qquad c = \frac{1}{w'(z_0)}.$$

Das durch $g(z)$ von $\Gamma$ entworfene Bild umschließt eine endliche Fläche, deren Inhalt durch $-J(g) = -\dfrac{i}{2} \int g(z)\, \overline{dg(z)}$ gegeben wird und nach Voraussetzung $\geqq \pi$ ist. Es gilt also $J(g) \leqq -\pi$. Nach dem Residuensatz erhält man

$$\frac{i}{2} \int\limits_{\Gamma} g(d\overline{p} + d\overline{q}) = \frac{i}{2} \int\limits_{\Gamma} g(dp - dq) = -\pi\, c(a - b)$$

und

$$\frac{i}{2} \int\limits_{\Gamma} (p + q)\,(d\overline{p} + d\overline{q}) = -2\pi(a - b).$$

Da die Funktion $g(z) - \dfrac{c}{2}\left(p(z) + q(z)\right) = h(z)$ polstellenfrei ist, gilt

$$D\left(g - \frac{c}{2}(p + q)\right) = D(h) = \frac{i}{2} \int\limits_{\Gamma} h\, d\overline{h} \geqq 0.$$

Rechnet man dieses Integral aus und setzt die bereits ermittelten Werte ein, dann erhält man $0 \leqq J(g) + \dfrac{\pi}{2}\,|c|^2\,(a - b) \leqq -\pi + \dfrac{\pi}{2}\,|c|^2\,(a - b)$ oder $\dfrac{1}{|c|} = |w'(z_0)| \leqq \sqrt{\dfrac{a + b}{2}}$, also $M_{\mathfrak{S}\mathfrak{E}}(z_0, G) \leqq \sqrt{\dfrac{a - b}{2}}$. Da $g(z) = \dfrac{p(z) - q(z)}{2(a - b)}$ schlicht ist, stellt

$$w(z) - w(z_0) = \frac{1}{g(z)} = \sqrt{\frac{a - b}{2}}\,(z - z_0) + \cdots$$

eine zu $\mathfrak{S}\mathfrak{E}(G)$ gehörige Funktion mit der Ableitung $w'(z_0) = \sqrt{\dfrac{a - b}{2}}$

dar. Damit ist aber $M_{\mathfrak{S}\mathfrak{E}}(z_0, G) = \sqrt{\dfrac{a-b}{2}}$. Eine Approximation von $G$ durch Gebiete $G_n$ zeigt schließlich die Gültigkeit von (7) im allgemeinen Falle.

9. Aus (7) folgt nun, daß $M_{\mathfrak{D}}(z_0, G) = 0$ das identische Verschwinden von $M_{\mathfrak{D}}(z_0, G)$ nach sich zieht. Es handelt sich dabei um eine Eigenschaft, die allein von $G$, also von der Struktur der Punktmenge $E$, abhängt. Da im Falle $M_{\mathfrak{D}}(z_0, G) = 0$ die Klasse $\mathfrak{D}(G)$ nur die Konstanten enthält, ist $E$ $\mathfrak{D}$-hebbar. (7) besagt weiter, daß jede $\mathfrak{D}$-hebbare Menge $E$ $\mathfrak{S}\mathfrak{E}$-hebbar ist und umgekehrt. $E$ ist also dann und nur dann $\mathfrak{D}$-hebbar, wenn alle mit $G$ konform äquivalenten Gebiete ein Komplement vom Flächenmaß Null haben. Setzt man $z_0 = \infty$, so folgt: $E$ ist dann und nur dann $\mathfrak{D}$-hebbar, wenn die Spanne des Komplementes von $E$ Null ist. Nach (5) ist $E$ nicht $\mathfrak{D}$-hebbar, wenn das äußere Flächenmaß von $E$ positiv ist.

In einem Gebiet $\overline{G}$ sei $w = w(z)$ bis auf eine $\mathfrak{D}$-hebbare Menge $E$ eindeutig analytisch und $D(w)$ beschränkt. Nach dem Integralsatz von CAUCHY gilt $w(z) = w_1(z) + w_2(z)$. $w_1(z)$ ist analytisch in $\overline{G}$, $w_2(z)$ in $G$, dem Komplement von $E$. Da $w_1(z)$ und $w(z)$ $D$-beschränkt sind, gilt $D(w_2) < \infty$ in $G$, also $w_2(z) \equiv c$. $w(z)$ läßt sich daher in $E$ so erklären, daß diese Funktion im ganzen Gebiet $\overline{G}$ analytisch ist. Für $w(z)$ sind folglich die Singularitäten $E$ hebbare Unstetigkeiten. Läßt sich umgekehrt jede Funktion $w(z)$ der Klasse $\mathfrak{D}(G)$ über $E$ hinaus fortsetzen, dann ist $w(z)$ in der vollen $z$-Ebene regulär und hat ein beschränktes DIRICHLET-Integral, muß also eine Konstante sein, d. h., $E$ ist $\mathfrak{D}$-hebbar.

Nunmehr wird wieder angenommen, daß $E$ $\mathfrak{D}$-hebbar und $s(z)$ in $G$ schlicht ist. Dabei darf man voraussetzen, daß $z_0 \in G$ Polstelle von $s(z)$ ist. Ein Gebiet $\overline{G}$ wird so gewählt, daß es $E$ enthält und $z_0$ als Außenpunkt hat. Wegen $D(s) < \infty$ in $\overline{G}$ kann $s(z)$ fortgesetzt werden. Man erhält eine in der vollen $z$-Ebene meromorphe Funktion mit einer einfachen Polstelle. $s(z)$ ist also eine lineare Funktion. Wenn $E$ nicht $\mathfrak{D}$-hebbar ist, dann gibt es in $G$ schlichte nichtlineare Funktionen. Es können nämlich nicht gleichzeitig $p(z)$ und $q(z)$ linear sein, weil sonst nach (6) $M_{\mathfrak{D}}(z_0, G) = 0$ wäre, was der Annahme widerspricht. Eine Menge $E$ ist also dann und nur dann $\mathfrak{D}$-hebbar, wenn jede im Komplement von $E$ schlichte Funktion eine lineare Funktion ist.

10. Zwischen den $\mathfrak{D}$-hebbaren Mengen $E$ und der extremalen Länge einer Kurvenmenge $\{\gamma\}$ besteht ein Zusammenhang, der jetzt hergeleitet werden soll.

In einem Gebiet $G_z$ sei eine Menge von streckbaren Kurven und eine Funktion $\varrho(z) = \varrho(x, y) \geqq 0$ gegeben. Die Integrale $L_\varrho(\gamma) = \displaystyle\int_\gamma \varrho(z)\,|dz|$

und $A_\varrho(G) = \iint\limits_G \varrho^2 \, dx \, dy$ sollen existieren, $0 < A_\varrho(G) < \infty$. Mit $L_\varrho\{\gamma\} = \varliminf\limits_\gamma L_\varrho(\gamma)$ wird nach Ahlfors-Beurling $[1]$ $\lambda\{\gamma\} = \varlimsup\limits_\varrho \dfrac{L_\varrho^2\{\gamma\}}{A_\varrho(G)}$ gebildet; $\lambda\{\gamma\}$ heißt die extremale Länge der Kurvenmenge $\{\gamma\}$. Bei einer schlichten konformen Abbildung $w = w(z)$ geht die Menge $\{\gamma_z\}$ in eine Menge $\{\gamma_w\}$ über. Da mit $\varrho(z)$ auch $\varrho^*(w) = \varrho\big(z(w)\big)\left|\dfrac{dz}{dw}\right|$ eine zulässige $\varrho$-Funktion im Bildgebiet $G_w$ ist, gilt

$$\lambda\{\gamma_z\} = \lambda\{\gamma_w\}. \tag{8}$$

Wenn die Menge $\{\gamma\}$ die Menge $\{\gamma_1\}$ der Kurven $\gamma_1$ enthält, dann besteht zwischen den extremalen Längen $\lambda\{\gamma\}$ und $\lambda\{\gamma_1\}$ die Beziehung

$$\lambda\{\gamma\} \le \lambda\{\gamma_1\}. \tag{9}$$

Es ist nämlich $L_\varrho\{\gamma\} \le L_\varrho\{\gamma_1\}$ für jede zulässige $\varrho$-Funktion. Daraus folgt (9). Nach Definition von $\lambda\{\gamma\}$ wird diese Größe zwar für ein Gebiet $G$ berechnet, ist aber, wie man leicht einsieht, von $G$ unabhängig.

Als Beispiel betrachtet man etwa ein Rechteck $R$ mit den Seiten $a, b$ und berechnet die extremale Länge aller in $R$ gelegenen streckbaren Kurven $\gamma$, die zwei parallele Seiten verbinden. Dabei darf man annehmen, daß das Rechteck $R$ durch $-\dfrac{a}{2} < x < \dfrac{a}{2}$, $-\dfrac{b}{2} < y < \dfrac{b}{2}$ in der $z$-Ebene gegeben ist. $\gamma$ verbinde die Seite $S_1\big(x = \dfrac{a}{2}$, $|y| \le \dfrac{b}{2}\big)$ mit $S_2\big(x = -\dfrac{a}{2}$, $|y| \le \dfrac{b}{2}\big)$. Ist $\{\gamma_1\}$ die Menge der Strecken $-\dfrac{a}{2} < x < \dfrac{a}{2}$, $y = c$, $-\dfrac{b}{2} < c < \dfrac{b}{2}$, dann gilt nach (9) $\lambda\{\gamma\} \le \lambda\{\gamma_1\}$. Nun ist $L_\varrho(\gamma_1) = \displaystyle\int\limits_{-a/2}^{a/2} \varrho \, dx$, $L_\varrho^2(\gamma_1) \le a \displaystyle\int\limits_{-a/2}^{a/2} \varrho^2 \, dx$, also $L_\varrho^2\{\gamma_1\} \le a \displaystyle\int\limits_{-a/2}^{a/2} \varrho^2 \, dx$. Daraus folgt $b L_\varrho^2\{\gamma_1\} \le a \, A_\varrho(R)$ oder $\lambda\{\gamma_1\} \le \dfrac{a}{b}$. Da $\varrho(x, y) \equiv 1$ eine zulässige $\varrho$-Funktion ist, erhält man, wegen $L_1\{\gamma\} \ge a$, $\dfrac{a^2}{a\,b} \le \dfrac{L_1^2\{\gamma\}}{A_1(R)}$, d. h. $\lambda\{\gamma\} \ge \dfrac{a}{b}$ oder $\lambda\{\gamma\} = \dfrac{a}{b}$. Verbindet $\bar\gamma$ die Seiten $\bar S_1\big(|x| \le \dfrac{a}{2}$, $y = \dfrac{b}{2}\big)$ und $\bar S_2\big(|x| \le \dfrac{a}{2}$, $y = -\dfrac{b}{2}\big)$, so folgt entsprechend $\lambda\{\bar\gamma\} = \dfrac{b}{a}$. Ganz ähnlich erhält man für die extremale Länge der Kurven $\{\gamma\}$, die in $1 < |z| < R$ verlaufen und den Kreis $|z| = 1$ von $|z| = R$ trennen, $\lambda\{\gamma\} = \dfrac{2\pi}{\log R}$.

**11.** Es bedeute $E$ eine beschränkte abgeschlossene Punktmenge, die im Rechteck $R$: $|x| < \dfrac{a}{2}$, $|y| < \dfrac{b}{2}$, enthalten sein soll. Nach (9) ist die extremale Länge $\lambda\{\gamma\}$ der Kurven $\gamma$, die $S_1$ mit $S_2$ verbinden und keinen Punkt von $E$ enthalten, nicht kleiner als $\dfrac{a}{b}$. Daß $\lambda\{\gamma\} > \dfrac{a}{b}$ sein kann, zeigt das folgende einfache Beispiel. Als Punktmenge $E$ wird die in $R$ gelegene Strecke $x = 0$, $|y| \leq \dfrac{s}{2} < \dfrac{b}{2}$ gewählt. $R'$ ist das Rechteck $|x| < \dfrac{\varDelta}{2}$, $|y| < \dfrac{s}{6}$, $\dfrac{\varDelta}{2} < \mathrm{Min}\left(\dfrac{s}{6}, \dfrac{a}{2}\right)$. Mit $\varrho \equiv 0$ in $R'$ und $\varrho \equiv 1$ in $R - R'$ erhält man eine in $R$ zulässige $\varrho$-Funktion $\varrho_0$. Ist nun $\gamma$ eine beliebige, die Seiten $S_1$ und $S_2$ verbindende Kurve, die mit $E$ keine gemeinsamen Punkte hat, dann gilt $L_{\varrho_0}(\gamma) \geq a$, also $L_{\varrho_0}\{\gamma\} \geq a$. Zusammen mit $A_{\varrho_0}(R) = a\,b - \dfrac{\varDelta \cdot s}{3}$ folgt

$$\lambda\{\gamma\} \geq \frac{L^2_{\varrho_0}\{\gamma\}}{A_{\varrho_0}(R)} > \frac{a}{b}\,.$$

Für die Kurven $\bar{\gamma}$, die $\overline{S}_1$ mit $\overline{S}_2$ verbinden und $E$ nicht treffen, ist $\lambda\{\bar{\gamma}\} = \dfrac{b}{a}$.

Besteht $E$ nur aus endlich vielen Punkten, dann gilt $\lambda\{\gamma, R - E\} = \dfrac{a}{b}$ und $\lambda\{\bar{\gamma}, R - E\} = \dfrac{b}{a}$. Es sind nun die $\mathfrak{D}$-hebbaren Punktmengen $E$,

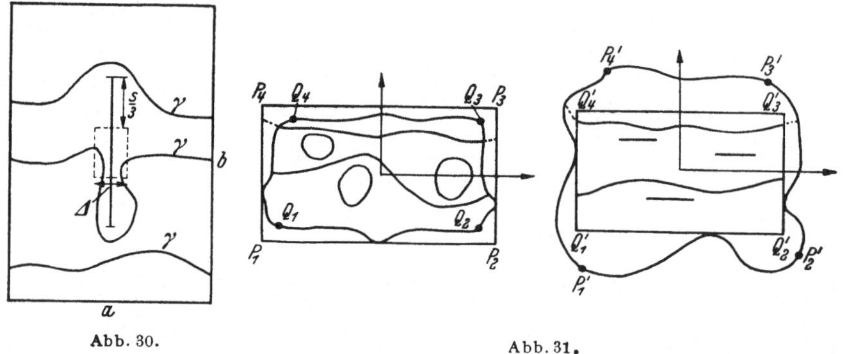

Abb. 30.
Abb. 31.

die die extremalen Längen nicht ändern:

$$\lambda\{\gamma, R - E\} = \frac{a}{b} \quad \text{und} \quad \lambda\{\bar{\gamma}, R - E\} = \frac{b}{a}\,.$$

Zum Beweis dieser Behauptung wird $G$ — das ist das Komplement von $E$ — wie in 7. durch Gebiete $G_n$ approximiert. Die Randkurven $\varGamma_n$ von $G_n$ liegen im Rechteck $R$. $p_n(z) = z + \dfrac{a(n)}{z} + \cdots$ bildet $G_n$ in einen Horizontalschlitzbereich ab. Nun wird angenommen, daß die Menge $E$ $\mathfrak{D}$-hebbar ist. Dann gilt $\lim\limits_{n \to \infty} p_n(z) = z$. Der Durchschnitt von $R$ und $G_n$ geht durch $w = p_n(z)$ in ein endliches, mit Horizontalschlitzen versehenes Gebiet über, das ein Rechteck $R_n : |\Re w| < \dfrac{a_n}{2}$, $|\Im w| < \dfrac{b_n}{2}$ enthält, wobei die $a_n$ und $b_n$ der Bedingung $\lim\limits_{n \to \infty} a_n = a$, $\lim\limits_{n \to \infty} b_n = b$ genügen. Für alle hinreichend großen $n$ liegen die Schlitze in $R_n$. Bezeichnet $\{\gamma_n\}$ die Menge aller Kurven, die in $R_n$ die Seiten der Länge $b_n$ verbinden, dann ist $\lambda\{\gamma_n\} = \dfrac{a_n}{b_n}$. Nach (8) und (9) folgt daraus $\lambda\{\gamma, R - E\} \leqq \lambda\{\gamma_n\} = \dfrac{a_n}{b_n}$, gültig für alle hinreichend großen $n$. Es gilt also, wenn $E$ eine $\mathfrak{D}$-hebbare Punktmenge ist,

$$\frac{a}{b} \leqq \lambda\{\gamma, R - E\} \leqq \frac{a}{b}, \quad \text{d. h.} \quad \lambda\{\gamma, R - E\} = \frac{a}{b}.$$

Ganz entsprechend folgt, wenn man die Vertikalschlitzfunktionen $q_n(z)$ heranzieht, $\lambda\{\bar{\gamma}, R - E\} = \dfrac{b}{a}$.

Nun sei umgekehrt $\lambda\{\gamma, R - E\} = \dfrac{a}{b}$ und $\lambda\{\bar{\gamma}, R - E\} = \dfrac{b}{a}$ erfüllt. Eine in $G$ schlichte Funktion $\zeta = f(z) = c\,z + \dfrac{c_1}{z} + \cdots$ entwirft als Bild des Randes von $R$ eine einfache geschlossene Kurve. Das von dieser Kurve berandete endliche Viereck wird durch $w = g(\zeta)$ schlicht und konform in ein Rechteck $R_w : |\Re w| < \dfrac{A}{2}$, $|\Im w| < \dfrac{B}{2}$ abgebildet. Nun folgt, wenn man die Abbildungseigenschaften der zusammengesetzten Funktion $w(z) = g\big(f(z)\big)$ beachtet, aus (8), (9) und den Voraussetzungen:

$$\frac{A}{B} \leqq \lambda\{\gamma, R - E\} = \frac{a}{b}, \quad \frac{B}{A} \leqq \lambda\{\bar{\gamma}, R - E\} = \frac{b}{a}, \quad \text{also} \quad \frac{a}{b} = \frac{A}{B}.$$

In $R - E$ ist $\varrho_0 = \left|\dfrac{dw}{dz}\right|$ eine zulässige $\varrho$-Funktion. Wegen $\int\limits_{\gamma} \varrho_0\,|dz| \geqq A$ und damit $L_{\varrho_0}\{\gamma\} \geqq A$, folgt nach Definition der extremalen Länge:

$$\frac{a}{b} \geqq \frac{L_{\varrho_0}^2\{\gamma\}}{A_{\varrho_0}(R - E)} \geqq \frac{A^2}{A_{\varrho_0}(R - E)} \quad \text{oder} \quad A_{\varrho_0}(R - E) \geqq \frac{A^2 b}{a} = A\,B.$$

Das bedeutet aber, daß das $w$-Bild von $R - E$ das Rechteck $R_w$ bis auf eine Menge vom Flächenmaß Null überdeckt. Daraus ergibt sich, da $\left|\dfrac{dw}{dz}\right| > 0$ in $R - E$ gilt, daß das Komplement des von $\zeta = f(z)$ aus $G$ erzeugten Gebietes das Flächenmaß Null hat. Da $\zeta = f(z) = p(z) + q(z)$ eine zulässige, in $G$ schlichte Funktion ist, muß nach 7. die Spanne von $G$ Null sein. Die Punktmenge $E$ ist also $\mathfrak{D}$-hebbar. Grötzsch [6] bebewies ein ähnliches Resultat mit der von ihm mehrfach benutzten Flächenstreifenmethode und zeigte damit, daß eine Vermutung von Koebe über Minimalschlitzbereiche nicht zutrifft.

12. Die in 7. angegebene Invariante $M_{\mathfrak{D}}(z_1, z_2, G)$ läßt sich berechnen, und zwar ähnlich wie $M_{\mathfrak{D}}(z_0, G)$ in 8. Dazu wird zunächst angenommen, daß der Rand $\Gamma$ von $G$ von endlich vielen analytischen Kurven gebildet wird. $P(z)$ bildet $G$ in ein Kreisbogenschlitzgebiet ab, $Q(z)$ in ein Radialschlitzgebiet: $P(z_1) = Q(z_1) = 0$, $P(z_2) = Q(z_2) = \infty$, $\operatorname{Res}_{z=z_2} P(z) = \operatorname{Res}_{z=z_2} Q(z) = 1$. Nach dem Residuensatz gilt

$$D\left(w, \log \frac{P}{Q}\right) = -\frac{i}{2} \int_{\Gamma} w \, d\log PQ = 2\pi \big(w(z_1) - w(z_2)\big).$$

Zusammen mit $D\left(\log \frac{P}{Q}\right) = 2\pi \log \frac{P'(z_1)}{Q'(z_1)} = 2\pi \log \frac{A}{B}$ und $D(w) \leq \pi$ folgt

$$|w(z_1) - w(z_2)| \leq \sqrt{\frac{1}{2} \log \frac{A}{B}}\,.$$

Da für Vielfache von $\log \dfrac{P}{Q}$ das Gleichheitszeichen steht, gilt

$$M_{\mathfrak{D}}(z_1, z_2, G) = \sqrt{\frac{1}{2} \log \frac{A}{B}}\,. \tag{10}$$

Die Gültigkeit von (10) wird für beliebige Gebiete durch Gebietsausschöpfung bewiesen.

Weitergehende Aussagen ergeben sich in dem Falle, daß die Punktmenge $E$ auf $|z| = 1$ liegt. Zunächst wird angenommen, daß $E$ aus endlich vielen abgeschlossenen Bögen $\Gamma_j$ besteht; die Komplementärbögen $\overline{\Gamma_j}$ bezüglich $|z| = 1$ bilden die Menge $\overline{E}$. Dann ist $P(z) \equiv z$, und $Q(z)$ genügt nach dem Schwarzschen Spiegelungsprinzip der Bedingung

$$\overline{Q}\left(\frac{1}{\overline{z}}\right) = \frac{B}{Q(z)}\,.$$

Die Kapazität $\operatorname{cap}\overline{E}$ der Menge $\overline{E}$ berechnet sich zu $B^{1/4}$, so daß nach (10) zwischen der Invarianten $M_{\mathfrak{D}}(0, \infty, G)$ und $\operatorname{cap}\overline{E}$ die Beziehung

$$M_{\mathfrak{D}}(0, \infty, G) = \sqrt{2 \log \frac{1}{\operatorname{cap}\overline{E}}}$$

besteht. Übergang zu einer beliebigen abgeschlossenen Punktmenge $E$ ergibt den

Satz: *Eine abgeschlossene Punktmenge $E$ auf $|z| = 1$ ist genau dann D-hebbar, wenn die innere Kapazität der Komplementärmenge $\overline{E}$ gleich 1 ist.*

Auf diesem Satz beruht eine Konstruktion von Ahlfors-Beurling [1], die zeigt, daß es auf $|z| = 1$ D-hebbare Mengen $E$ gibt, die von positivem linearem Maß sind.

Hinreichende Hebbarkeitskriterien folgert Sario [1] aus einem Kriterium über den hebbaren Rand beliebiger offener Riemannscher Flächen. Weitere Ergebnisse über Extremallängen findet man bei Hersch [1], Pfluger [5], Strebel [1] und [2].

# Literaturverzeichnis.


AHLFORS, L.: [1] Untersuchungen zur Theorie der konformen Abbildungen und der ganzen Funktionen. Acta Soc. Sci. fenn., N. S. 1, Nr. 9 (1930). — [2] Beiträge zur Theorie der meromorphen Funktionen. 7. Congr. Math. Scand. Oslo 1929. — [3] Über eine in der neueren Wertverteilungstheorie betrachtete Klasse transzendenter Funktionen. Acta math., Stockh. 58 (1932). — [4] Sur le type d'une surface de RIEMANN. C. R. Acad. Sci., Paris 201 (1935). — [5] Über eine Methode in der Theorie der meromorphen Funktionen. Soc. Sci. fenn. Comment. Phys.-math. 8, Nr. 10 (1935). — [6] Zur Theorie der Überlagerungsflächen. Acta math., Stockh. 65 (1935). — [7] Über die Anwendung differentialgeometrischer Methoden zur Untersuchung der Überlagerungsflächen. Acta Soc. Sci. fenn., N. S. 2, Nr. 6 (1937).

AHLFORS-BEURLING: [1] Conformal invariants and function-theoretic nullsets. Acta Math., Stockh. 83 (1950).

BERGMANN, ST.: [1] The kernel function and conformal mapping. Math. Surveys, 1950, Nr. V; Amer. Math. Soc.

BIEBERBACH, L.: [1] Theorie der gewöhnlichen Differentialgleichungen. Berlin-Göttingen-Heidelberg: Springer 1953.

BLANC, C.: [1] Les surfaces de RIEMANN des fonctions méromorphes. Comment. math. Helv. 9 (1937). — [2] Les demi-surfaces de RIEMANN. Comment. math. Helv. 10 (1938).

BOCHNER, S.: [1] Über orthogonale Systeme analytischer Funktionen. Math. Z. 14 (1922).

BOUTROUX, P.: [1] Sur quelques propriétés des fonctions entières. Acta math. 28 (1904).

CARTAN, H.: [1] Sur la fonction de croissance attachée à une fonction méromorphe de deux variables et ses applications aux fonctions méromorphes d'une variable. C. R. Acad. Sci., Paris 189 (1929).

CHI-TAI CHUANG, M.: [1] Sur la comparaison de la croissance d'une fonction méromorphe et de celle de sa dérivée. Bull. Sci. math. Ser. 3, 75 (1951).

COLLINGWOOD, E. F.: [1] Exceptional Values of meromorphic functions. Trans. Amer. Math. Soc. 66 (1949). — [2] Sufficient conditions for reversal of the second fundamental inequality of meromorphic functions. J. d'analyse Math. Jerusalem 1952.

COURANT, R.: [1] DIRICHLET's principle, conformal mapping and minimal surfaces. (Mit einem Anhang von M. SCHIFFER.) Intersci. Publ., INC. New York 1950.

DINGHAS, A.: [1] Zu NEVANLINNAS zweitem Hauptsatz in der Theorie der meromorphen Funktionen. Ann. Acad. Sci. Fenn., Ser A I, 151 (1953). — [2] Zur Abschätzung der $a$-Stellen ganzer transzendenter Funktionen mit Hilfe der SHIMIZU-AHLFORSschen Charakteristik. Math. Ann. 120 (1949).

DRAPE, E.: [1] Über die Darstellung RIEMANNscher Flächen durch Streckenkomplexe. Deutsche Math. 1 (1936).

DUGUÉ, D.: [1] Le défaut au sens de M. NEVANLINNA dépend de l'origine choisie. C. R. Acad. Sci., Paris 225 (1947).

ELFVING, G.: [1] Über eine Klasse von RIEMANNschen Flächen und ihre Uniformisierung. Acta Soc. Sci. fenn., N. S. 2, Nr. 2 (1934).

FREI, M.: [1] Sur l'ordre des solutions entières d'une équation différentielle linéaire. C. R. Acad. Sci., Paris 236 (1953).

FROSTMANN, O.: [1] Über die defekten Werte einer meromorphen Funktion. 8. Congr. Math. scand. Stockholm 1934. — [2] Potential d'équilibre et capacité des ensembles avec quelques applications à la théorie des fonctions. Meddel. Lunds Univ. Mat. Sem. 3 (1935).

GRÖTZSCH, H.: [1] Über einige Extremalprobleme der konformen Abbildung I und II. Ber. Sächs. Akad. Leipzig 80 (1928). — [2] Über konforme Abbildung unendlich vielfach zusammenhängender schlichter Bereiche mit endlich vielen Häufungsrandkomponenten. Ber. Sächs. Akad. Leipzig 81 (1929). — [3] Über ein Variationsproblem der konformen Abbildung. Ber. Sächs. Akad. Leipzig 82 (1930). — [4] Über die Verzerrung bei schlichten nichtkonformen Abbildungen und über eine damit zusammenhängende Erweiterung des PICARDschen Satzes. Ber. Sächs. Akad. Leipzig 80 (1928). — [5] Über die Verzerrung bei nichtkonformen schlichten Abbildungen zusammenhängender schlichter Bereiche. Ber. Sächs. Akad. Leipzig 82 (1930). — [6] Zum Parallelschlitztheorem der konformen Abbildung schlichter unendlich-vielfach zusammenhängender Bereiche. Ber. Sächs. Akad. Leipzig 83 (1931).

HABSCH, H.: [1] Die Theorie der Grundkurven und das Äquivalenzproblem bei der Darstellung RIEMANNscher Flächen. Mitt. Math. Seminar Gießen. 1952.

HÄLLSTRÖM, G. AF: [1] Über meromorphe Funktionen mit mehrfach zusammenhängenden Existenzgebieten. Acta Acad. Aboensis. Math. et Phys. 12, Nr. 8 (1940). — [2] Eine quasikonforme Abbildung mit Anwendungen auf die Wertverteilungslehre. Acta Acad. Aboensis, Math. Phys. 18 (1952). — [3] Zwei Beispiele ganzer Funktionen mit algebraischem Höchstindex einer Stellensorte. Math. Z. 47 (1941).

HANCK, H.: [1] Über die Ableitungsfestigkeit gewisser Verzweigungseigenschaften. Diss. Göttingen 1935.

HAYMAN, W. K.: [1] An integral function with a defective value that is neither asymptotic nor invariant under change of origin. J. Math. Soc., Lond. 28 (1953).

HAYMAN, W. K., u. STEWART, F. M.: [1] Real inequalities with applications to function theory. Proc. Cambridge Phil. Soc. 50 (2), (1954).

HERSCH, J.: [1] Longeurs extrémales et théorie des fonctions. Comment. math. Helv. 29 (1955).

HUCKEMANN, F.: [1] Verschmelzung von Randstellen RIEMANNscher Flächen. Mitt. Math. Seminar Gießen. 1952. — [2] Typusänderung bei RIEMANNschen Flächen durch Verschiebung von Windungspunkten. Math. Z. 59 (1954).

JENKINS, J. A.: [1] Some problems in conformal mapping. Trans. Amer. Math. Soc. 67 (1949).

KAKUTANI, S.: [1] Applications of the theory of pseudo-regular functions to the type-problem of RIEMANN surfaces. Jap. J. Math. 13 (1937).

KOBAYASHI, Z.: [1] Theorems on the conformal representation of RIEMANN surfaces. Sci. Rep. Tokyo Bunrika Daigaku, A, Nr. 39 (1935). — [2] On the KAKUTANI's theory of RIEMANN surfaces. Sci. Rep. Tokyo Bunrika Daigaku, A, Nr. 76 (1940).

KÜNZI, H. P.: [1] Représentation et répartition des valeurs des surfaces de RIEMANN à extrémités bipériodiques. C. R. Acad. Sci., Paris 234 (1952). — [2] Surfaces de RIEMANN avec un nombre fini d'extrémités bipériodiques. C. R. Acad. Sci., Paris **234** (1952). — [3] Über ein TEICHMÜLLERsches Wertverteilungsproblem. Arch. Math. **4** (1953). — [4] Neuere Beiträge zur geometrischen Wertverteilungslehre. Comment. Math. Helv. **29** (1955).

LAASONEN, P.: [1] Beiträge zur Theorie der Fuchsoiden Gruppen und zum Typenproblem der RIEMANNschen Flächen. Ann. Acad. Sci. Fenn., Math. Phys. **25** (1944).

LEHTO, O.: [1] Anwendung orthogonaler Systeme auf gewisse funktionentheoretische Extremal- und Abbildungsprobleme. Ann. Acad. Sci. Fenn., Ser. A I **59** (1949). — [2] On the existence of analytic functions with a finite DIRICHLET integral. Ann. Acad. Sci. Fenn, Ser. A I **67** (1949). — [3] A majorant principle in the theory of functions. Math. Scand. **1** (1953). — [4] On an extension on the concept of deficiency in the theory of meromorphic functions. Math. Scand. **1** (1953). — [5] On the distribution of values of meromorphic functions of bounded characteristic. Acta math. **91** (1954).

LE-VAN THIEM: [1] Beitrag zum Typenproblem der RIEMANNschen Flächen. Comment. math. Helv. **20** (1947). — [2] Über das Umkehrproblem der Wertverteilungslehre. Comment. math. Helv. **23** (1949).

LOKKI, O.: [1] Über analytische Funktionen, deren DIRICHLET-Integral endlich ist und die in gegebenen Punkten vorgeschriebene Werte annehmen. Ann. Acad. Sci. Fenn., Ser. A I **39** (1947). — [2] Beiträge zur Theorie der analytischen und harmonischen Funktionen mit endlichem DIRICHLET-Integral. Ann. Acad. Sci. Fenn., A I **92** (1951). — [3] Über eindeutige analytische Funktionen mit endlichem DIRICHLET-Integral. Ann. Acad. Sci. Fenn., Ser. A I **105** (1951).

MALMQUIST, J.: [1] Sur les fonctions à une nombre fini des branches définies par les équations différentielles du premier ordre. Acta math. **36** (1913).

MESCHKOWSKI, H.: [1] Beziehungen zwischen den Normalabbildungsfunktionen der Theorie der konformen Abbildung. Math. Z. **55** (1951). — [2] Einige Extremalprobleme aus der Theorie der konformen Abbildung. Ann. Acad. Sci. Fenn., Ser. A I **117**.

MILLOUX, H.: [1] Les dérivées des fonctions méromorphes et la théorie des défauts. Ann. L'école Norm. Sup. **3** (1945).

MYRBERG, P. J.: [1] Über die Bestimmung des Typus einer RIEMANNschen Fläche. Ann. Acad. Sci. Fenn., A **45**, Nr. 3 (1935). — [2] Über die analytische Fortsetzung von beschränkten Funktionen. Ann. Acad. Sci. Fenn., Ser. A I **58** (1949).

NEVANLINNA, F.: [1] Über die Anwendung einer Klasse von uniformisierenden Transzendenten zur Untersuchung der Wertverteilung analytischer Funktionen. Acta math. **50** (1927). — [2] Über die logarithmische Ableitung einer meromorphen Funktion. Comment. in honorem Ernesti Leonardi Lindelöf. Helsinki 1930.

NEVANLINNA, R.: [1] Le théorème de PICARD-BOREL et la théorie des fonctions méromorphes. Paris: Gauthier-Villars 1929. — [2] Eindeutige analytische Funktionen, 2. Aufl. Berlin, Göttingen, Heidelberg: Springer 1953. — [3] Ein Satz über die konforme Abbildung von RIEMANNschen Flächen. Comment. math. Helvet. **5** (1932). — [4] Über RIEMANNsche Flächen mit endlich vielen Windungspunkten. Acta math. **58** (1932). — [5] Ein Satz über offene RIEMANNsche Flächen. Ann. Acad. Sci. fenn. **54** (1940).

PERRON, O.: [1] Über lineare Differenzengleichungen. Acta math. **34** (1910). — [2] Über lineare Differentialgleichungen mit rationalen Koeffizienten. Acta math. **34** (1910).

Pfluger, A.: [1] Zur Defektrelation ganzer Funktionen endlicher Ordnung. Comment. math. Helv. **19** (1947). — [2] Über ganze Funktionen ganzer Ordnung. Comment. math. Helv. **18** (1946). — [3] Quasikonforme Abbildungen und logarithmische Kapazität. Ann. Inst. Fourier II. (1951). — [4] Über das Typenproblem Riemannscher Flächen. Comment. math. Helv. **27** (1953). — [5] Extremallängen und Kapazität. Comment. math. Helv. **29** (1955).

Pólya, G.: [1] Über das Anwachsen von ganzen Funktionen, die einer Differentialgleichung genügen. Viertelj. naturf. Ges. Zürich 1916. — [2] Lücken und Singularitäten von Potenzreihen. Math. Z. **29** (1929).

Pöschl, K.: [1] Über die Wertverteilung der erzeugenden Funktionen Riemannscher Flächen mit endlich vielen periodischen Enden. Math. Ann. **123** (1951). — [2] Zur Frage des Maximalbetrages der Lösungen linearer Differentialgleichungen zweiter Ordnung mit Polynomkoeffizienten. Math. Ann. **125** (1953).

Rellich, F.: [1] Über die ganzen Lösungen einer gewöhnlichen Differentialgleichung erster Ordnung. Math. Ann. **117** (1940). — [2] Elliptische Funktionen und die ganzen Lösungen von $y'' = f(y)$. Math. Z. **47** (1940).

Rengel, E.: [1] Über einige Schlitztheoreme der konformen Abbildung. Schriften des Math. Inst. Univ. Berlin **1**, H. 4 (1933).

Royden, H. L.: [1] Harmonic functions on open Riemann surfaces. Trans. Amer. Math. Soc. **73** (1952).

Sario, L.: [1] Über Riemannsche Flächen mit hebbarem Rand. Ann. Acad. Soc. fenn., Ser. AI **50** (1948). — [2] Sur le problème du type des surfaces de Riemann. C. R. Acad. Sci., Paris **229** (1949).

Saxer, W.: [1] Über die Picardschen Ausnahmewerte sukzessiver Derivierten. Math. Z. **17** (1923).

Schiffer, M.: [1] The span of multiply connected domains. Duke Math. J. **10** (1943). — [2] Anhang zu Courant [1].

Schubart, H.: [1] Einige ganze Funktionen und ihre Riemannschen Flächen. Math. Ann. **124** (1952).

Schubart-Wittich: [2] Einige ganze Funktionen und ihre Riemannschen Flächen. Math. Ann. **124** (1952).

Schwartz, L.: [1] Exemple d'une fonction méromorphe ayant des valeurs déficientes non asymptotiques. C. R. Acad. Sci., Paris **212** (1941).

Schwengeler, E.: [1] Geometrisches über die Verteilung der Nullstellen spezieller ganzer Funktionen. Zürich 1925.

Selberg, H. L.: [1] Über die Eigenschaft der logarithmischen Ableitung einer meromorphen oder algebroiden Funktion endlicher Ordnung. Avh. Norske Vid.-Akad. Oslo, Math.-naturvid. Kl. Nr. 14 (1929). — [2] Über die ebenen Punktmengen von der Kapazität Null. Avh. Norske Vid.-Akad. Oslo, I, Nr. 10 (1937). — [3] Eine Ungleichung der Potentialtheorie und ihre Anwendung in der Theorie der meromorphen Funktionen. Comment. math. Helv. **18** (1946). — [4] Über eine Ungleichung der Potentialtheorie. Comment. math. Helv. **18** (1946). — [5] Über einen Satz von Collingwood. Arch. Math. Naturv. BX LVII Nr. 9 (1944). — [6] Über den zweiten Hauptsatz der Wertverteilungslehre. Arch. Math. Naturv. BX LVII Nr. 10 (1944).

Shimizu, T.: [1] On the theory of meromorphic functions. Jap. J. Math. **6** (1929).

Speiser, A.: [1] Probleme aus dem Gebiet der ganzen transzendenten Funktionen. Comment. math. Helv. **1** (1929). — [2] Über Riemannsche Flächen. Comment. math. Helv. **2** (1930). — [3] Über beschränkte automorphe Funktionen. Comment. math. Helv. **4** (1932).

STREBEL, K.: [1] Ein Ungleichung für extremale Längen. Ann. Acad. Sci. Fenn. Math. Phys. **90** (1951). — [2] Über die konforme Abbildung, von Gebieten von unendlich hohem Zusammenhang. Comment. math. Helv. **27** (1953).

TEICHMÜLLER, O.: [1] Vermutungen und Sätze über die Wertverteilung gebrochener Funktionen endlicher Ordnung. Deutsche Math. **4** (1939). — [2] Eine Anwendung quasikonformer Abbildungen auf das Typenproblem. Deutsche Math. **2** (1937). — [3] Untersuchungen über konforme und quasikonforme Abbildung. Deutsche Math. **3** (1938). — [4] Eine Umkehrung des zweiten Hauptsatzes. Deutsche Math. **2** (1937). — [5] Einfache Beispiele zur Wertverteilungslehre. Deutsche Math. **7** (1944).

ULLRICH, E.: [1] Über die Ableitung einer meromorphen Funktion. Sitzungsber. Preuß. Akad. Wiss., Math.-Phys. Kl. **1929**. — [2] Über ein Problem von Herrn SPEISER. Comment. math. Helv. **7** (1934). — [3] Flächenbau und Wachstumsordnung bei gebrochenen Funktionen. J.-Bericht Deutsch. Math.-Ver. **46** (1936). — [4] Zum Umkehrproblem der Wertverteilungslehre. Nachr. Ges. Wiss. Göttingen, Math.-Phys. Kl. Nr. 9 (1936). — [5] Flächenbau und Wertverteilung. 9. Congr. Math. Scand. Helsinki 1938.

ULRICH, F. E.: [1] The problem of the type for a certain class of RIEMANN surfaces. Duke math. J. **5** (1939).

VALIRON, G.: [1] Lectures on the general theory of integral functions. Toulouse 1923. — [2] Valeurs exceptionelles et valeurs déficientes des fonctions méromorphes. C. R. Acad. Sci., Paris **225** (1947). — [3] Fonctions entières et équations différentielles. Bull. Soc. Math. **76** (1952). — [4] Sur les déficientes des fonctions algébroides méromorphes d'ordre nul. J. d'analyse Math. Jerusalem 1951. — [5] Fonctions analytiques. Presses Universitaires de France (1954).

WIMAN, A.: [1] Über den Zusammenhang zwischen dem Maximalbetrage einer analytischen Funktion und dem größten Glied der zugehörigen TAYLORschen Reihe. Acta math. **37** (1914). — [2] Über den Zusammenhang zwischen dem Maximalbetrage einer analytischen Funktion und dem größten Betrage bei gegebenem Argument der Funktion. Acta math. **41** (1916).

WITTICH, H.: [1] Über die konforme Abbildung einer Klasse RIEMANNscher Flächen. Math. Z. **45** (1939). — [2] Bemerkung zur Wertverteilung von Exponentialsummen. Arch. Math. **4** (1953). — [3] Zum Beweis eines Satzes über quasikonforme Abbildungen. Math. Z. **51** (1948). — [4] Über die Wachstumsordnung einer ganzen transzendenten Funktion. Math. Z. **51** (1948). — [5] Über den Einfluß algebraischer Windungspunkte auf die Wachstumsordnung. Math. Ann. **122** (1950). — [6] Über eine Extremalaufgabe der konformen Abbildung. Arch. Math. **2** (1949/50). — [7] Bemerkung zu einer Funktionalgleichung von H. POINCARÉ. Arch. Math. **2** (1949/50). — [8] Ganze transzendente Lösungen algebraischer Differentialgleichungen. Math. Ann. **122** (1950). — [9] Über das Anwachsen der Lösungen linearer Differentialgleichungen. Math. Ann. **124** (1952). — [10] Zur Theorie der RICCATIschen Differentialgleichung. Math. Ann. **127** (1954). — [11] Einige Eigenschaften der Lösungen von $w' = a(z) + b(z)w + c(z)w^2$. Arch. Math. **5** (1954).

# Ergebnisse der Mathematik und ihrer Grenzgebiete

36. Putnam: Commutation Properties of Hilbert Space Operators and Related Topics. DM 28,—; US $ 7.00

37. Neumann: Varieties of Groups. DM 46,—; US $ 11.50

38. Boas: Integrability Theorems for Trigonometric Transforms. DM 18,—; US $ 4.50

39. Sz.-Nagy: Spektraldarstellung linearer Transformationen des Hilbertschen Raumes. DM 18,—; US $ 4.50

40. Seligman: Modular Lie Algebras. DM 39,—; US $ 9.75

41. Deuring: Algebren. DM 24,—; US $ 6.00

42. Schütte: Vollständige Systeme modaler und intuitionistischer Logik. DM 24,—; US $ 6.00

43. Smullyan: First Order Logic. DM 36,—; US $ 9.00

44. Dembowski: Finite Geometries. In Vorbereitung

45. Linnik: Ergodic Properties of Algebraic Fields. DM 44,—; US $ 11.00

46. Krull: Idealtheorie. DM 28,—; US $ 7.00

47. Nachbin: Topology on Spaces of Holomorphic Mappings. In Vorbereitung